U0341760

稀有金属冶金与材料工程丛书

锆铪及其化合物应用

熊炳昆　　杨新民

罗方承　　张　伟

编　著

北　京

冶金工业出版社

2006

内 容 简 介

本书介绍了锆铪资源及锆英砂(精矿)的生产、锆铪化合物的性质及锆铪化合物的制备方法,重点阐述了金属锆和铪的应用、锆粉的制备与应用,详细介绍了锆铪及其化合物在原子能、航空工业、冶金、石油化工和耐火材料、陶瓷玻璃、铸造等行业的应用,同时还对锆鞣剂、锆铪催化剂及锆铪化合物在其他方面的应用进行了论述。本书是《稀有金属冶金与材料工程丛书》之一,丛书中已出版的《锆铪冶金》一书着重阐述了锆铪的生产方法。

本书可供锆铪科研与生产的人员参考,也可作为材料、冶金、化工等相关行业的教学、科研和生产人员的参考资料。

图书在版编目(CIP)数据

锆铪及其化合物应用/熊炳昆等编著. —北京:冶金工业出版社,2002.12(2006.7 重印)

(稀有金属冶金与材料工程丛书)

ISBN 7-5024-3162-4

Ⅰ. 锆… Ⅱ. 熊… Ⅲ.①锆化合物—应用 ②铪化合物—应用 Ⅳ. O614.41

中国版本图书馆 CIP 数据核字(2002)第 088049 号

出版人 曹胜利(北京沙滩嵩祝院北巷 39 号,邮编 100009)
选题策划 杨传福 谭学余 责任编辑 李 梅 赵培德 美术编辑 王耀忠
责任校对 刘 倩 责任印制 牛晓波
北京鑫正大印刷有限公司印刷;冶金工业出版社发行;各地新华书店经销
2002 年 12 月第 1 版, 2006 年 7 月第 2 次印刷
850mm×1168mm 1/32; 13.25 印张; 352 千字; 402 页; 1501 –3000 册
45.00 元
冶金工业出版社发行部 电话:(010)64044283 传真:(010)64027893
冶金书店 地址:北京东四西大街 46 号(100711) 电话:(010)65289081
(本社图书如有印装质量问题,本社发行部负责退换)

出版者的话

稀有金属作为具有优异特性和特殊功能的新型材料,广泛应用于工业、农业和第三产业,特别是在高新技术领域中的应用,如在信息技术、生物技术、新能源技术、新材料技术、空间技术、海洋工程技术和超导技术等领域,稀有金属都显示出不可替代的作用。稀有金属材料工业既是高科技产业形成和发展的基础,同时也是国民经济可持续发展的支撑行业。稀有金属材料的生产、储存和应用已经成为一个国家先进性和综合国力的标志。

当前,高技术正处于迅速发展时期,材料是现代社会三大支柱之一,稀有金属的提取冶金与开发利用,作为现代新材料的研发基础,越来越受到人们的关注。我国稀有稀土金属资源丰富,综合利用价值高。有关专家指出,国家将重点发展有自主知识产权的、有明显资源优势和技术优势的、有良好市场前景的新材料,其中稀有稀土材料的丰富资源和优异性能使它成为我国具有优势的战略物资,是国家今后重点发展的新材料。但是,稀有稀土金属材料的基础研究和应用研究还很薄弱,还需要广大冶金、材料工作者做大量的科研和开发工作,并不断进行总结和推广,以提高我国在稀有金属冶金和材料工程方面的科技水平。为此,我社计划出版《稀有金属冶金与材料工程丛书》,组织我国稀有金属冶金与材料专家、学者,有针对性、系统性地对稀有金属的提取制备与分离技术、加工技术与材料应用方面的最新科研进展以及国外相关技术成果进行归纳总结和评价,拟分别陆续出版《锆铪冶金》、《锆铪及其化合物应用》、《钨钼冶金》、《钽铌冶金》等图书。《稀有金属冶金与材料工程丛书》力求做到技术先进,有实用性和针对性,实例具有代表性,层次结构科学、合理,语言通俗易懂。

本套丛书的组织出版工作,得到了北京有色金属研究总院、中南大学冶金科学与工程学院、中国有色金属学会稀有金属冶金学术委员会等单位的热情帮助,每一位参编人员及他们的同事和领导也给予了大力支持,在此表示衷心感谢。我们期望本丛书的出版发行能为广大读者提供高水平的技术和学术著作,同时也能进一步促进我国稀有金属冶金与材料科研水平的提高及其产业化进程。

序　一

　　锆铪是国民经济、国防建设重要的战略材料。党和政府历来十分重视锆铪的科研、生产和应用工作。早在建国初期,在周恩来总理主持制定的我国科学技术十二年发展规划纲要中,就包括了锆铪分离、锆铪提取冶金工艺的研究项目;在国民经济第二个五年计划中该项目被列为重点解决的任务。此后,先后由北京有色金属研究总院、北京矿冶研究总院、宝鸡有色金属加工厂和上海有色金属研究所等单位,组成我国第一支锆铪科研队伍,进行了从锆英砂采选—冶炼—合金加工方面的研究工作,完全依靠我国自己的力量和科技人员的智慧,研究成功从锆英砂采选经氯化处理、萃取分离、镁热还原、海绵锆(铪)加工成材到产品应用的锆铪冶炼加工流程。其中不乏有创新性的成就,如萃取分离锆铪工艺可以同时获得原子能级氧化锆和氧化铪,镁热还原法制取海绵锆的过程,可通过氩气分压控制以提高还原效率,以及锆铪的微量检测等。在此基础上,依据我国研究取得的成果,自行设计和建立了上海合利冶炼厂、遵义钛厂、锦州铁合金厂、水口山六厂、焦作化工总厂、宝鸡有色金属加工厂等一批可进行锆铪分离、生产海绵锆、铪和生产锆铪管、板、棒、丝材料的企业,为我国核工业的发展,为锆铪在有关行业中的推广应用,奠定了基础。本书作者亲自参加了我国锆铪材料的研究开发工作,对增强我国国力做出了贡献。

　　《锆铪冶金》和《锆铪及其化合物应用》两本书的出版，是我国锆铪事业发展的一个标志。衷心希望我国锆铪的科研、生产和推广应用工作更上一层楼，取得更大的成就。

中国工程院院士　李东英

2002 年 7 月

序　二

在 2001 年 5 月召开的中国有色金属学会稀有金属冶金学术委员会钛锆铪学术交流会上,参加会议的许多长期从事锆铪研究、生产和推广应用的科技工作者和企业家,共同回顾了我国锆铪工业近半个世纪以来的发展历程,畅谈了在党和政府的领导关怀下,我国锆铪工业取得的成就和发展。大家一致认为,我国从 20 世纪 50 年代开始进行锆铪采选、冶炼、合金加工的研究和推广应用工作以来,经过不懈努力,已经实现了金属锆铪及其化合物的产业化,拥有一支具有一定水平的锆铪科研、设计队伍;建立了一批既可生产原子能级海绵锆、海绵铪和拥有先进加工装备的锆材加工企业,同时还在全国建起了多家锆铪化合物生产厂家,目前除可生产金属锆、铪、锆铪合金、锆铪粉末制品外,还能生产近 50 种锆铪的无机化合物和有机化合物,填补了国内生产的空白。由于加强了锆铪的推广应用工作,这些产品已被广泛用于我国的原子能、航空、航天、电子、轻工、纺织、化工、冶金、建材、生物、医药等行业。我国生产的氧氯化锆、氧化锆、碳酸锆和硝酸锆等产品还大量出口国外,在国际市场上占有较大份额。

有关锆铪冶金方面的学术和信息交流也取得了很多成果,到 2001 年已先后召开了 9 届全国性锆铪冶金学术交流会,交流发表论文报告近 200 篇。全国性的锆铪协作组、锆铪情报网也先后组织了大量活动,促进了我国锆铪工业的发展。根据冶金工业出版社编辑出版《稀有金属冶金与材料工程丛书》的建议,在北京有色金属研究总院的组织领导下,经过近两年的辛勤工作,《锆铪冶金》、《锆铪及其化合物应用》两本书即将正式出版,书此以志并表祝贺。

中国工程院院士
中国有色金属学会
稀有金属冶金学术委员会主任

张国成

2002 年 7 月

前　言

　　《锆铪冶金》和《锆铪及其化合物应用》两本书，在北京有色金属研究总院的组织领导和支持关心下，在广州有色金属研究院、亚洲锆业(宜兴新兴锆业)、江西晶安高科、锦州铁合金集团有色冶炼厂的团结协作和大力支持下，经过一年多的共同努力，即将正式出版。

　　锆和铪是重要的战略材料。锆铪及其化合物广泛用于国民经济、国防建设的许多领域，特别是在核工业和现代陶瓷领域中具有十分重要的用途。两本书较系统地介绍了锆铪及其化合物的生产方法、基本原理及应用知识，有利于发展我国的锆铪事业，推动锆铪及其化合物的应用。编著者经过近两年的准备，收集、参阅了大量国外文献资料和专利，吸收了许多国外在锆铪及其化合物研究、生产和应用方面的实践经验及基础理论知识，并参考和整理了国内在锆铪冶金、锆铪化合物的制取和应用方面的研究报告、资料和书刊，总结了多年来我国在科研、生产和推广应用方面的成果和经验。其中，温旺光教授对涉及氯化、还原的热力学和动力学及我国首创的还原过程的氩气分压曲线控制法进行了计算；李蕙媛教授系统地概括和比较了国内外锆铪分离的工艺；国内锆铪方面的几位知名企业家——亚洲锆业(宜兴新兴锆业)董事局主席、中国有色金属学会理事、钛锆铪学术委员会委员杨新民高级工程师，江西晶安高科总经理、全国优秀青年企业家、钛锆铪学术委员会委员罗方承博士，锦州铁合金集团有色冶炼厂厂长、知名青年企业家、钛锆铪学术委员会委员张伟高级工程师，根据他们多年来在生产、研发中积累的经验，为两本书提供了宝贵的资料，并编写了部分章节；同时，还重点参考了国内的一些著作，如申泮文、车云霞先生编著的《无机化学·钛》分册，林振汉先生编著的《有色金属提取冶金·锆铪》分册，张景荣先生等编著的《元素地球化学》等著作，才使得这两本书比较系统、完整。

两本书分别由北京有色金属研究总院副总工程师郗安华教授、黄松涛教授、于金凤高级工程师、高国强高级工程师、张力高级工程师和何芬高级工程师审阅。中国材料协会、中国有色金属工业协会及其钛(锆铪)分会给予了宝贵的支持，谨致深切谢意。

由于两本书涉及的专业和基础知识十分广泛，编著者水平有限，书中漏误，请读者不吝指正。

编著者

2002 年 7 月

目　　录

1 锆铪矿物资源及分布

1.1 锆铪在地壳中的丰度

锆在地壳中的含量十分丰富，比一般的有色金属如铜、铅、镍、锌还要多，见表 1-1。锆铪之所以被称为"稀有金属"，是因为锆和铪的制取工艺较为复杂，不易被经济地提取。由于锆和铪的化学性质非常相似，所以，自然界中锆和铪是共生的，但与锆共生的铪一般只占锆铪总质量的 1%～2%●。

表 1-1 锆和铪及某些元素在地壳内的丰度

元　素	质 量 分 数	摩 尔 分 数
Zr	20×10^{-3}	40×10^{-4}
Pb	1.6×10^{-3}	1.6×10^{-4}
Cu	10×10^{-3}	36×10^{-4}
Zn	5×10^{-3}	15×10^{-4}
Hf	0.32×10^{-3}	

1.2 锆铪矿物

已经发现的以 Zr(锆)、Hf(铪)为主要组分的矿物大约有 40 种。除了个别情况以外(如泰国玄武岩中的锆英石)，所有这些矿物在成因上都与碱性岩(包括碱性超基性岩在内)或花岗岩有关。但在这两类岩石中，不仅 Zr、Hf 的地球化学作用不完全相同，而且 Zr、Hf 的矿物学性质也有显著的区别，主要有以下几类[1,2]：

（1）碱性岩中，Zr、Hf 的矿物种类较多，而花岗岩中 Zr、Hf 矿物的种类较少。其中如异性石、负异性石、钠锆石、斜钠锆石、

● 质量分数，以下凡未经说明的百分数均为质量分数。

硅钠钛矿等皆为碱性岩所特有的矿物。花岗岩中最常见的 Zr、Hf 矿物为锆英石，有时有硅钾锆石等，但产量很少，分布不广。

（2）一般产于碱性岩中的 Zr、Hf 矿物，化学组成及电价补偿比较复杂，如钛硅锆钠石、异性石及锆钙钛矿等。而产于花岗岩中的 Zr、Hf 矿物，一般化学组成及电价补偿关系比较简单。

（3）产于碱性岩中的 Zr、Hf 矿物，与 Na、Ti、Nb、Th 及 ΣCe 有密切的组合关系，如钛锆钍矿、钛铈硅石、钶铈钇矿、硅钠钛矿、钶锆钠石、锆钙钛矿、钛锆矿、水硅钠钛石、片榍石、异性石、负异性石及钛硅钠锆石等。而产于花岗岩中的 Zr、Hf 矿物与 Ta、U、ΣY 及 K 等元素的组合关系比较密切，例如产于花岗岩或花岗伟晶岩中的锆英石，其中 Nb/Ta、Th/U 及 ΣCe/ΣY 的比值都较小。至于如硅钾锆石（$K_2ZrSi_6O_{15}$）在碱性岩中尚未发现。

（4）与碱性岩成因有关的 Zr、Hf 矿物相对贫 Hf，而在成因上与花岗岩有关的 Zr、Hf 矿物则相对富 Hf，见表 1-2。

表 1-2　与矿物成因相关的锆铪矿物

矿　物	w_{HfO_2}/w_{ZrO_2}	矿　物	w_{HfO_2}/w_{ZrO_2}
（1）花岗岩系含锆、铪矿物		（2）霞石正长岩系含锆、铪矿物	
锆英石（Zircon）	0.04	锆英石（Zircon）	0.015
水锆石（Malacone）	0.07	钠锆石（Catapleiite）	0.01
苗木石（Naegite）	0.07	异性石（Eudialyte）	0.01
曲晶石（Cyrtolite）	0.4	橙针钠钙石（Rosenbuschite）	0.015
		钶锆钠石（Woehlerite）	0.03

（5）碱性岩中的一部分矿物，如异性石等，由于电价补偿关系比较复杂，晶格的稳定性较差，化学抵抗力较弱，因此在酸中较易溶解，也容易因蚀变或风化作用形成 Zr、Hf 的次生矿物。如水锆钠石即为异性石的蚀变产物。

（6）在与碱性岩有关的矿物如低温热液脉中，往往有 Zr、Hf 矿物存在，而在与花岗岩有关的中、低温热液脉中，则这种情况较少。

在碱性岩及花岗岩中，Zr、Hf 与 Nb、Ta、ΣCe、ΣY、Th、U 等在矿物学性质上产生上述差别的原因，主要受岩浆来源不同和岩石化学特点的控制。

主要的 Zr、Hf 矿物见表 1-3。

表 1-3 主要锆铪矿物种类

矿物名称	化学组成	密度/ $g \cdot cm^{-3}$	硬度	颜色	$w_{ZrO_2}/$ %
斜锆石（Baddeleyite）	ZrO_2	5.5~6	6~6.5	白、红、黄	80~98
锆英石（Zircon）	$ZrSiO_4$	4.2~4.9	7.5	无、黄、绿、褐、赤、黑、紫	61~67
钛锆钍矿（Zirkelite）	(Ca, Fe) (Ti, Zr, Th)$_2$O$_5$	4.7	5.5	黑	52
钛铈矽石（Titanocerite）	铈的硅钛酸盐	5.1	5~6	黑	12
铈铈钇矿（Polymignite）	Ca、Ce 的钛锆铌酸盐	4.8	6.5	黑、黑褐	20~30
锆钽矿（Lavenite）	Mn、Ca 等的硅锆钽盐	3.5	6	黄、褐	31
硅钠钛矿（Lorenzenite）	Na$_2$O·2(Ti, Zr)O$_2$·2SiO$_2$	3.4	6	黑、紫褐	12
铈锆钠石（Wohlerite）	Na、Ca 等的硅锆铌酸盐	3.42	5.5~6	黄、褐	16~23
橙针钠钙石（Rosenbuschite）	Na、Ca、Zr 的硅钛酸盐	3~3.1	5~5.5	淡红、褐	20
钾钙板锆石（Wadeite）	K$_2$CaZrSi$_4$O$_{12}$	3.1		无	21
钠锆石（Catapleiite）	H$_4$(Na$_2$, Ca)ZrSi$_3$O$_{11}$	2.75	6	淡黄、黄褐	30~40
斜钠锆石（Elpidite）[①]	H$_6$Na$_2$Zr(SiO$_3$)$_6$	2.54	7	白、砖红	21
锆钙钛矿（Uhligite）	Ca$_3$(Ti, Al, Zr)$_9$O$_{20}$	4.15	5.5	黑	22
钛锆矿（Oliveiraite）	3ZrO$_2$·2TiO$_2$·2H$_2$O			黄绿	
水硅钠钛石（Murmanite）	Na、Fe、Mn、Ca 的硅钛锆酸盐		2~3	紫	
片榍石（Guarinite）[②]	(Na, Ca) (Si, Zr)O$_8$，有时含氟	3.27	5.5	黄、褐	22
异性石（Eudialyte）[③]	Zr、Fe、Ca、Ce、Na 等的偏硅酸盐含 Cl，其化学式大致为：(Na, Ca, Fe)$_6$Zr(OH, Cl)·(SiO$_3$)$_6$	2.9~3.0	5~5.5	紫、红、褐	
硅锆铁矿（Zirfesite）	(ZrO$_2$, Fe$_2$O$_3$)·SiO$_2$·nH$_2$O			淡黄	30.47
硅钾锆石（Dalyite）	K$_2$ZrSi$_6$O$_{15}$	2.84±0.02		无色	21.70
锆石榴石（Kimzeyite）					20.25
基性异性石（Ловозерит）	(H, Na, K)$_2$O·(Ca, Mn, Mg)·O·(Zr, Ti)O$_2$·6SiO$_2$·3H$_2$O	2.384	5	暗褐、黑	16.54
钛硅锆钠石（Сейдозерит）	Na$_8$Zr$_3$Ti$_3$Mn$_2$[Si$_8$O$_{32}$F$_4$]	3.472	4~5	褐红、红黄	
黑稀金矿（Kobeite）	(TR, U···)(Ti, Zr ···)$_3$(O, N)$_8$			黑色	14.91~17.08

① "Elpidite" 与 "Catapleiite" 不同，前者含水分较高，结晶为斜方晶系，后者为单斜晶系。但目前在我国一般把这两种矿物都定名为钠锆石。为了区别，建议将前者译为斜钠锆石。

② "Guarinite" 与 "Hiortdahlite" 相同。

③ "Eucolite" 与 "Eudialyte" 的化学组成类似，惟有 "Eucolite" 为负光性。

1.3 锆铪矿物的特性

1.3.1 主要锆铪矿物特性

A 锆英石

锆英石是主要的 Zr、Hf 工业矿物,在 Zr、Hf 矿物中分布最广、储量最大,类型也最多。Zr 的克拉克值虽然高于 Nb 和 Ta,而其矿物种类则远比 Nb 和 Ta 的矿物种类要少,这主要与 Zr 和 Hf 在岩浆或岩浆残液中容易形成电价补偿关系简单而又比较稳定的锆英石有关。

锆英石主要产于花岗岩、碱性岩或与这些岩石有关的伟晶岩及岩浆期后矿床中,此外在变质岩、沉积岩以及某些喷出岩中也有锆英石存在。

锆英石的化学组成,一般以 $(Zr, Hf)SiO_4$ 的化学式表示,$(Zr, Hf)O_2$ 及 SiO_2 所占的质量分数理论值分别为:$(Zr, Hf)O_2$ 为 67.1%;SiO_2 为 32.9%。一部分锆英石的化学组成接近于理论值,见表 1-4。

表 1-4 锆英石接近理论值的一些产地

成分 产地	分析值/%								
	CaO	MgO	Fe_2O_3	Al_2O_3	$(Zr, Hf)O_2$	SiO_2	TiO_2	H_2O^+	H_2O^-
中　　国	0.13	0.12	0.83	0.20	65.44	33.44	痕迹	0.43	0.25
斯里兰卡					64.80	33.90			
斯里兰卡			痕迹		66.71	33.05			
斯里兰卡			1.08		64.25	33.86			
斯里兰卡			痕迹		66.32	33.81			
斯里兰卡			2.04		64.25	32.87			
挪　　威			2.85		64.05	32.53			

但另外有一部分锆英石的化学组成与理论值的差别较大,其中除含 Ca、Mg、Mn、Fe 以外,尚含有 Be、RE、Th、U、Nb、Ta、P 及较高的水。一般称这些锆英石为变种锆英石,见表 1-5。

表 1-5　一些变种锆英石的产地和成分

成分	山口石(日本)	苗木石1(日本)	苗木石2(日本)	矽锆石(前苏联)	曲晶石(美国)	曲晶石(美国)	曲晶石	水锆石(挪威)	水锆石(前苏联)	Tachya-phalt(挪威)	铍锆石(Alvite)(挪威)	大山石(日本)	Aerste-dite(挪威)	Adelpho-lite(芬兰)	未定名矿物
CaO	2.25				痕迹		1.99	0.08			2.44	0.6	2.61		0.61
MgO	0.05						0.23				1.05	0.8	2.05		0.72
MnO	0.12					痕迹	0.06	0.14	1.20		0.27				0.17
BeO				0.93	3.63						14.73				
FeO									3.11				1.14		
Fe$_2$O$_3$	4.28						2.34	3.67		3.72	5.51	0.6		3.47	7.44
Al$_2$O$_3$	3.53						0.56			1.85		2.0			3.12
TR$_2$O$_3$	10.93	9.12	6.68		2.07	1.40	0.52	0.34		{12.32	4.30	17.7		3.94	0.33
ThO$_2$	0.07	5.01	2.85				1.18					0.6			痕迹
TiO$_2$	0.90						痕迹								
SnO$_2$					0.47	0.41								0.61	
SiO$_2$	23.00	20.58	29.55	42.91	26.38	26.18	26.04	30.87	31.87	34.58	26.10	25.7	19.71	24.33	20.14
Nb$_2$O$_5$	{1.03	{7.69	{1.12												{1.90
Ta$_2$O$_5$															
P$_2$O$_5$	5.30		1.42				0.16					7.6			1.44
UO$_2$	4.93		2.69		{1.59	{1.40	{0.83				痕迹				{2.33
UO$_3$		3.03													
ZrO$_2$	{39.65	{55.3	{53.03	{55.18	{60.78	{64.60	{56.30	{61.17	{59.82	{38.96	{32.48	{40.9	{68.96	{57.42	{52.78
HfO$_2$															
H$_2$O	2.89	2.77	2.77	0.95	4.56		9.83	3.09	4.00	8.49	8.84	3.5	5.53	9.53	9.61
总计	99.97			99.97	99.48	98.97	100.04	99.02	100.0	99.92	95.72	100.0	100.0	99.30	100.59

变种锆英石主要产于白云母交代型的花岗伟晶岩，与一般锆英石比较，在化学组成上的特点如下。

(1) 部分变种锆英石含有大量的稀土，P_2O_5 的含量也往往较高。例如大山石，RE_2O_3 的含量为 17.7%，P_2O_5 为 7.6%；山口石中 RE_2O_3 的含量为 10.93%，P_2O_5 为 5.30%；

(2) 部分变种锆英石中 Nb、Ta 的含量较高。如苗木石，$(Nb, Ta)_2O_5$ 的含量达 7.69%，RE_2O_3 达 9.12%，U、Th 的含量也较高，而不含 P_2O_5；

(3) 个别的变种锆英石，如铍锆石含有大量的 BeO（达 14.73%）。除这种矿物以外，其他已知的 Zr、Hf 矿物，都不含大量的 BeO。以 Be 为主要组分的矿物，一般 Zr、Hf 的含量也都很低。在某些钠长石化的花岗岩以及白云母交代型花岗伟晶岩中，变种锆英石或锆英石与绿柱石、铍锆石等有时共生，但 Zr、Hf 与 Be 在矿物中没有密切的组合关系。铍锆石也仅见于挪威一个产地，原分析结果是否可靠，值得怀疑；

(4) 山口石、苗木石及曲晶石等 U 含量较高；

(5) 水分的含量普遍较高；

(6) Hf 的含量相对较高，这与变种锆英石在花岗伟晶岩中结晶较晚有关。在挪威发现的花岗伟晶岩中所发现的变种锆英石，HfO_2 的含量竟高达 24%，为目前已知的含 Hf 最高的锆英石。这种矿物与铱钇石等共生，RE_2O_3 的含量为 1%～4%，不含 U、Th 等元素。另外有些变种锆英石，HfO_2 的含量可达 17%，而在一般锆英石中，HfO_2 的含量在 3% 以下。

根据化学组成上的特点，已知的变种锆英石的种类与特性如下：

(1) 山口石类，含有较高的 RE_2O_3 及 P_2O_5；

(2) 苗木石类，含有较高的 RE_2O_3 及 $(Nb, Ta)_2O_5$；

(3) 曲晶石类，含有较高的 RE_2O_3 及 U_2O_8；

(4) 铍锆石类，含有较高的 BeO；

(5) 水锆石类，H_2O 的含量高。

由于锆英石结晶构造的特点,配位数较小的钇族稀土元素比较容易进入锆英石的晶格。事实上根据多数锆英石的测定,其中多数以钇族稀土元素为主,而且如 Y、Yb 等往往占有最高峰。但当 ΣY 置换 Zr、Hf 时,必伴随有电价的补偿,因此在多数变种锆英石中,ΣY_2O_3 与 P_2O_5 或 ΣY_2O_3 与 $(Nb, Ta)_2O_5$ 之间,往往有相同的消长关系:

$$\Sigma Y^{3+} + P^{5+} \longrightarrow Zr^{4+} + Si^{4+}$$
$$\Sigma Y^{3+} + Ta^{5+} \longrightarrow Zr^{4+} + Si^{4+}$$

磷钇矿与锆英石的结晶构造类似,所以 ΣY + P 与 Zr + Si 的置换是可能的。钍石与锆英石也属于同一种晶格类型,因此也可能发生 Th 与 Zr 的置换。有一些变种锆英石,Th 的含量较高,即可能与这种置换有关。Ce^{4+} 与 Zr 置换比较有利,这种置换在碱性岩的某些矿物中可能更为普遍。

关于 U 在锆英石中的存在状态,还是一个需要研究的问题。假如将 ZrO_2、UO_3 及 SiO_2 一起加热时,则生成 $ZrSiO_4$ 和 UO_{2+x},而不形成 $(Zr, U)SiO_4 \cdot UO_{2+x}$,目前还未见合成 $USiO_4$ 的工艺条件的报道。

锆英石的晶格比较稳定,但有一部分锆英石(尤其是变种锆英石)常发生似晶体化。一般矿物发生似晶体化的原因很多,主要与以下几方面的因素有关:

(1) 化学组成和电价补偿关系复杂;

(2) 放射性元素的存在,尤其是放射性元素与少量 Be 共存时,更能促进矿物的似晶体化;

(3) 大量变价元素的存在;

(4) 氧化还原电位等介质条件的改变;

(5) 水解作用;

(6) 矿物的年龄。在其他因素同样的情况下,时代较老者,似晶体化的程度较深。例如在前寒武纪生成的褐钇铌矿,都变成了似晶体,而海西期以后的褐钇铌矿,则往往保持原来的结晶状态。

　　变种锆英石比一般锆英石之所以容易变为似晶体的原因，主要与电价补偿关系比较复杂、U 和 Th 等放射性元素的作用以及水解作用等有关。有必要注意锆英石似晶体化与时间的关系，很可能时代较老者，似晶体化的程度较深，而时代较新者，似晶体化的程度较差。

　　似晶体的锆英石，硬度降低、密度减小，溶解度增大，高温下可再结晶。但加热到 1540℃ 以上时，$ZrSiO_4$ 即开始分解（Zr-$SiO_4 \rightarrow ZrO_2 + SiO_2$）。这可能为一种可逆反应，当冷却时，反应向左；加大压力，可以降低锆英石的再结晶温度。根据试验，在高压罐中加热，于 $1.013 \times 10^8 Pa$（1000 大气压）的条件下，似晶体化的锆英石在 600 ℃ 附近即可转化为结晶体。

　　弗兰德尔曾将 ZrO_2、SiO_2 及水在高压罐中加热到 400～700℃ 而合成具有清晰的 X 射线衍射谱的锆英石小晶体。当加入 ZrF_4 时，反应更快。因此在水的作用下，锆英石的结晶温度与其他多数矿物同样，将显著降低。

　　变种锆英石中，一般水的含量较高，其中一部分可能为吸附水，另外一部分可能成 $(OH)^-$ 根置换 $[SiO_4]^{4-}$。在这种情况下，将使锆英石单位晶胞的体积减小。假如已经变为似晶体，则在加热时，可以发生以下的反应：

$$Zr[SiO_4]_{1-x}(OH)_{4x} \longrightarrow (1-x)ZrSiO_4 + xZrO_2 + 2xH_2O$$

即由于脱水，含水的锆英石转化为正常的锆英石及斜锆石。

　　锆英石具有重要的标型特性，当形成条件不同时，其化学组成及物理性质也往往不同。一般根据锆英石的晶形、颜色、大小、似晶体化的程度、Zr/Hf 比值、Nb/Ta 比值、Th/U 比值以及 RE 配分等，结合其他因素，可以作为岩石对比、岩相划分、矿化阶段和矿物形成条件推定的根据之一。在成因上与花岗岩有关的锆英石，其化学组成（如 Zr/Hf 比值较低等）不同于碱性岩中的锆英石。而就成因上与花岗岩有关的锆英石来说，也往往因时代的不同、地区的不同以及矿化阶段和矿床类型的不同，在物理、化学性质方面产生一定的变化。而且这种变化有时是很有规律的，如在同一花岗岩体中，由早期岩相到晚期岩相，锆英石的晶形由简单到复杂，Zr/Hf 比值也依次降低。有时这些性质不太明显，但并不是没有变化。了解矿物的微细变化，对于砂矿中稀有元素矿物的来源、矿体中有用矿物的水平垂直分布、矿物的形成条件以及矿物共生组合的研究，具有一定的指导意义。

B 钛硅锆钠石

钛硅锆钠石产于洛沃捷罗的碱性伟晶岩中，与黄绿石、异性石、钛铁矿、钛锆钽矿、磁铁矿、磷灰石、霞石、霓石及微斜长石等伴生。颜色为褐红色或红黄色，硬度为 1～4，密度为 3.472。半透明，玻璃光泽，性脆。二轴晶正光性，$2V = 68°$，$\alpha = 0.1725nm$，$\beta = 0.1758nm$，$\gamma = 0.1830nm$，$\gamma - \alpha = 0.0105nm$。光轴面平行于(001)，X = b，Z = a，$\gamma > \nu$。具有明显的多色性，X 为暗红色，Y 为红色，Z 为亮黄色。

结晶属于单斜晶系，针状晶体，外观与闪叶石类似。$a_0 = (0.553 \pm 0.003)nm$，$b_0 = (0.71 \pm 0.004)nm$，$c_0 = (1.83 \pm 0.01)nm$，$\beta = 102°43'$。(001)解理完全，空间率为 $C_s^2 - P_c$ 或 $C_{2h}^4 - P2/c$。本矿物的相对分子质量为 379，单位晶胞的体积为 $0.701nm^3$ ($V = a_0 b_0 c_0 \sin\beta$)，密度为 3.472 g/cm^3，故单位晶胞中的分子数 $Z = \dfrac{3.472 \times 701}{1.66 \times 379} = 3.87 \approx 4$。粉晶照相的结果见表 1-6，而在 HCl 中溶解困难，化学分析结果见表 1-7。

表 1-6 钛硅锆钠石粉晶照相结果

d/nm	I	d/nm	I	d/nm	I
0.329	2	0.1761	3	0.1459	2
0.315	1	0.1714	1	0.1426	2
0.297	10	0.1677	2	0.1386	3
0.287	7	0.1633	4	0.1367	2
0.258	4	0.1612	1	0.1276	2

d/nm	I	d/nm	I	d/nm	I
0.243	3	0.1572	1	0.1216	2
0.225	3	0.1527	3	0.1200	1
0.214	1	0.1509	1		
0.1830	7	0.1481	2		

表 1-7 钛硅锆钠石的分析结果

成　　分	分析值/%	原子数	成　　分	分析值/%	原子数
Na_2O	14.55	0.569	SiO_2	31.40	0.523
CaO	2.80	0.050	Nb_2O_5	0.60	0.004
MgO	1.79	0.045	H_2O	0.60	0.067
MnO	4.22	0.060	F	3.56	0.187
FeO	1.06	0.015			
Fe_2O_3	2.85	0.036		101.11	
Al_2O_3	1.38	0.027	相对于氟的氧	1.49	
ZrO_2	23.14	0.188		99.62	
TiO_2	13.16	0.164			

根据光谱分析，其中尚含有少量 Pb、Sn、Cr、Be 及 Ga 等元素，另外 X 射线光谱分析的结果表明，ZrO_2 的含量为 23%，HfO_2 的含量为 0.40%。假如以 Si 的原子数为 2（钶锆钠石族矿物中 Si 的原子数为 2），则钛硅锆钠石的化学组成可用 $Na_{1.79}Ca_{0.19}Mg_{0.17}Mn_{0.23}Fe_{0.06}^{2+}Fe_{0.13}^{3+}Al_{0.10}Zr_{0.72}Ti_{0.63}Nb_{0.02}[Si_2O_8(F_{0.72}O_{0.28})]$ 或 $Na_2Zr_{0.75}Ti_{0.75}\cdot Mn_{0.50}[Si_2O_8F]$ 的化学式表示，单位晶胞中包含：$Na_8Zr_3Ti_3Mn_2[Si_8O_{32}F_4]$。

与钶锆钠石、锆钽矿、片榍石、橙针钠钙石及硅铌钙矿等钶锆钠石族矿物比较，钛硅锆钠石的折光率较高，粉晶照相及轴率也有显著差别，上述诸矿物单位晶胞的边长见表 1-8。

表 1-8   钛硅锆钠石等矿物的单晶胞边长

边　长	钛硅锆钠石	钶锆钠石	锆钽矿	片榍石	橙针钠钙石	硅铌钙矿
a_0/nm	0.553	1.080	1.093	1.091	1.012	1.083
b_0/nm	0.710	1.026	0.999	1.029	1.139	1.042
c_0/nm	1.830	0.726	0.718	0.732	0.727	0.738
β	102°43′	108°57′	110°18′	108°50′	99°38′	109°40′

化学组成方面，钛矽锆钠石含有较高的 Na_2O 和 TiO_2，而 CaO 的含量则明显较低，见表 1-9。

表 1-9   钛硅锆钠石等矿物的化学组成   （单位：%）

成　分	钛硅锆钠石	钶锆钠石	锆钽矿	片榍石	橙针钠钙石	硅铌钙矿
CaO	2.80	26.95	13.61	32.53	24.87	47.50
Na_2O	14.55	7.50	9.74	6.53	9.93	0.78
TiO_2	13.16	0.42	5.28	1.50	6.85	0.22
ZrO_2	23.14	16.11	23.20	21.48	20.10	
Nb_2O_3	0.60	12.85	2.97			16.56
TR_2O_3		0.66		0.34	0.33	

因此谢苗诺夫将该矿物命名为"сейдозерит"，晶系与锆钽矿、钶锆钠石、硅铌钙矿及钛锆钽矿等相同，皆为单斜晶系，但钛矽锆钠石的轴率与这些矿物有显著的区别。在化学组成方面，与钛锆钽矿彼此类似，钽钛矽锆钠石的 CaO 含量显著较低，而 Na_2O 的含量较高。本矿物也与其他的钶锆钠石族矿物同样，在元素共生方面具有碱性岩系的特点。

C　基性异性石

基性异性石产于科拉半岛洛沃捷罗碱性岩体中，与霞石、角闪石、闪叶石及水硅钠钛石等矿物伴生，可能为异性石的蚀变产物。颜色为暗褐色或黑色，条痕为褐色，树脂光泽，不透明。断口不平或呈贝壳状，硬度为 5，密度为 2.384g/cm^3。薄片为淡红色，一轴晶负光性，$\omega = 1.561$，$\varepsilon = 1.549$，具有微弱的多色性，不溶于 HCl、NHO_3 或 H_2SO_4，化学分析结果见表 1-10。

表 1-10　基性异性石的化学分析值

成分 \ 编号	分析值/%	
	1	2
Na$_2$O	3.74	3.00
K$_2$O	1.90	3.15
CaO	3.34	2.28
MgO	0.76	0.70
SrO	0.06	
MnO	3.46	2.78
Fe$_2$O$_3$	0.72	0.23
Al$_2$O$_3$	0.40	0.93
RE$_2$O$_3$	0.56	
ZrO$_2$	16.54	16.25
TiO$_2$	1.02	1.24
SiO$_2$	52.12	55.93
H$_2$O$^+$	8.62	9.01
H$_2$O$^-$	6.41	4.39
总　计	99.65	99.89

根据以上分析结果,本矿物的化学组成为 Ca、Mn 及 Na 的含水锆硅酸盐,可用 $(H, Na, K)_2O \cdot (Ca, Mn, Mg)O \cdot (Zr, Ti)O_2 \cdot 6SiO_2 \cdot 3H_2O$ 的化学式表示。

　D　锆石榴石

锆石榴石多产于美国阿肯色州的碳酸岩中,与磁铁矿、钙钛矿、磷灰石、石榴石及钙镁橄榄石等矿物伴生。结晶属等轴晶系,薄片为淡褐色,$N = 1.95$,粉晶照相与石榴石一致,$a_0 = 1.246nm$,矿样经光谱分析的结果见表 1-11。

表 1-11　锆石榴石光谱分析结果

成　　分	分析值/%	成　　分	分析值/%
CaO	16.8	Al$_2$O$_3$	11.4
MgO	0.5	SiO$_2$	21.4
MnO	0.13	TiO$_2$	5.8
Fe$_2$O$_3$	16.45	SnO$_2$	0.09
Sc$_2$O$_3$	0.09	ZrO$_2$	20.25

H_2O、P_2O_5、F 及 CO_2 等未经检查，由光谱分析尚发现有痕量的 Cu、Ba 及 Sr。本矿物的特征，主要是 Zr 含量高，已知的石榴石都不含较高的 Zr，但矿物未经详细研究。

E　硅钾锆石

硅钾锆石产于阿森松岛（Ascension Island）的碱性花岗岩中，与微纹长石、石英、角闪石及霓石等共生，本矿物为花岗岩的一种副矿物，约占岩石全部的 0.2%。无色，玻璃光泽，硬度为 7.5，密度为 $(2.84 \pm 0.02)g/cm^3$。二轴晶负光性，$2V = 72°$，$\alpha = 1.575 \pm 0.002$，$\beta = 1.590 \pm 0.002$，$\gamma = 1.601 \pm 0.002$。晶体为短柱状，长约 $0.05 \sim 0.5mm$，（101）及（010）解理清晰。结晶属三斜晶系，$a = 0.751nm$，$b = 0.773nm$，$c = 0.700nm$，$\alpha = 106°$，$\beta = 113.5°$，$\gamma = 99.5°$。不溶于 HNO_3 而溶解于热 HF，分析结果见表 1-12。

表 1-12　硅钾长石的分析结果

成　分	分析值/%
Na_2O	1.75
K_2O	14.60
Fe_2O_3	0.37
ZrO_2	21.70
SiO_2	61.85
H_2O	0.64
总　计	100.91

根据上述分析结果，$w_{(K, Na)_2O} : w_{ZrO_2} : w_{SiO_2} = 2.11 : 1.01 : 5.95$，即本矿物的化学组成可以用 $K_2ZrSi_6O_{15}$ 的化学式表示。

F　钾钙板锆石

钾钙板锆石产于澳大利亚富白榴石的碱性岩中，无色，密度 3.10，一轴晶正光性，$\omega = 1.625$，$\varepsilon = 1.655$，$\varepsilon - \omega = 0.030$。结晶属于六方晶系，底面呈六方形。不溶于 HCl、HNO_3 或 H_2SO_4，化学分析结果见表 1-13。

表 1-13 钾钙板锆石的成分

成　　分	分析值/%	成　　分	分析值/%
Na$_2$O	2.82	ZrO$_2$	21.29
K$_2$O	18.40	TiO$_2$	1.63
MgO	0.28	SiO$_2$	39.43
CaO	5.22	P$_2$O$_5$	3.15
SrO	0.16	H$_2$O$^+$	1.30
BaO	1.20		
Fe$_2$O$_3$	痕迹	总　　计	100.86
Al$_2$O$_3$	5.98		

本矿物为 K、Ca 和 Zr 的硅酸盐，根据以上分析结果，其化学组成大致可用 K$_2$CaZrSi$_4$O$_{12}$表示。与钠锆石类似，惟有 K$_2$O 的含量高于 Na$_2$O，而且 H$_2$O 的含量远较钠锆石为低。在 ZrO$_2$ 的分析值中，应包括 HfO$_2$。

G　锆钙钛矿

锆钙钛矿产于坦桑尼亚的霞石正长岩中，颜色为黑色，条痕为灰色或褐灰色，薄片为黄褐色或暗褐色。金属光泽，贝壳状断口，硬度 5.5，密度(4.15±0.1)g/cm^3。假等轴状，a_0 = (0.7639 ±0.0003)nm，(001)解理不完全。化学分析结果见表 1-14。

表 1-14 锆钙钛矿的成分

成　　分	分析值/%
CaO	19.00
Al$_2$O$_3$	10.50
Fe$_2$O$_3$	痕迹
TiO$_2$	48.25
ZrO$_2$	21.95
Nb$_2$O$_5$	痕迹
总　　计	99.70

本矿物的化学组成可用 $Ca_3(Ti, Al, Zr)_9O_{20}$ 的化学式表示，$w_{Ti}: w_{Al}: w_{Zr} = 61:21:18$，Al 和 Zr 可能与 Ti 置换。根据 X 射线的研究，本矿物与钙钛矿具有类似的结晶构造，可能为钙钛矿的一种变种。关于本矿物的化学组成有进一步研究的必要。

H 硅锆铁矿

硅锆铁矿产于科拉半岛的碱性岩中，为异性石的蚀变产物。颜色为淡黄色，成粉末状，密度很小。在显微镜下呈片状，具有珍珠光泽，等方性，$N = 1.620$。根据差热分析的结果，与水铝英石类似，在 135℃ 有吸热反应，而在 700℃ 时有显著的放热反应。在 700℃ 左右矿物开始熔解并转化为砖红色的其他化合物，这种化合物不溶于 HCl，$N = 1.720$。当加热到 135℃ 时，脱水 20.96%，200℃ 时脱水 23.56%，于 300℃ 全部脱水。未经加热的硅锆铁矿溶解于稀盐酸，化学分析结果见表 1-15。

表 1-15 硅锆铁矿的成分

成　　分	分析值/%	成　　分	分析值/%
Na_2O	痕迹	TR_2O_3	2.12
K_2O	0.21	ZrO_2	30.47
CaO	0.14	TiO_2	0.96
MgO	0.57	SiO_2	21.27
MnO	0.24	$(Nb, Ta)_2O_5$	2.40
FeO		H_2O^+	9.66
Fe_2O_3	14.27	H_2O^-	16.17
Al_2O_3	1.63	总　　计	100.11

根据以上的分析结果，本矿物的化学组成大致可以用 $(ZrO_2, Fe_2O_3)\cdot SiO_2 \cdot nH_2O$ 的化学式表示。

I 胶锆石

胶锆石产于霞石正长伟晶岩中，颜色为黄白色，密度为 2.8～2.9g/cm³。晶型不明，呈粉末状，具有黏土矿物特有的气味和外观。显微镜下，呈均质体，$N = 1.655 \pm 0.003$。在 20～300℃ 之间有吸热反应。根据粉晶照相的结果，有少数绕射线与锆英石一致。容易溶解于酸，化学分析结果见表 1-16。

表 1-16 胶锆石的成分

成　分	分析值/%	成　分	分析值/%
CaO	2.11	SiO_2	23.96
MgO	0.10	Nb_2O_5	0.17
Al_2O_3	5.49	Ta_2O_5	0.03
Fe_2O_3	1.65	H_2O^+	9.67
TR_2O_3	0.27	H_2O^-	9.60
ZrO_2	46.30	总　计	100.65
HfO_2	1.30		

其化学组成为 $ZrSiO_4 \cdot nH_2O$，与一般锆英石比较有以下特点：

（1）晶形、密度及光性等与锆英石不同；

（2）Al_2O_3 及 H_2O 的含量较高；

（3）化学性质与锆英石不同。

因此本矿物可能为锆英石的蚀变或风化产物，也可能混有其他的杂质矿物。

J　水砷锆石

水砷锆石产于美国怀俄明州的砂岩中，透明，密度为 $3.0 \sim 3.2 g/cm^3$。显微镜下呈均质体，部分为非均质体，$N = 1.70 \sim 1.72$。X 射线绕射谱与锆英石类似，于 950℃加热 2 h，则出现清晰的与锆英石相同的绕射线。不溶于 HCl 或 HNO_3。根据部分分析结果，含 As 0.68%，U 0.11%，H_2O 16.6%，其化学组成为 $[(Zr, U)_{1-x}Fe_x^{3+}][(SiO_4)_{1-x}^{4-}AsO_4^{3-}] \cdot 2H_2O$ 的化学式表示。

含 As 的锆英石变种，过去尚未发现，而在某些热液矿床中有发现的可能。由于本矿物未经系统的化学全分析，所以不能予以肯定。

K　硅锆石

硅锆石产于希宾的碱性伟晶岩中，颜色为淡褐色、暗褐色或褐灰色，为异性石的蚀变产物。非晶质体，$N = 1.592$，于 130℃、350℃、760℃ 及 970℃ 有吸热反应。化学分析结果见表 1-17。

表 1-17　硅锆石的成分

成　分 ＼ 编　号	分析值/%	
	No.1	No.2
Na_2O	8.12	5.97
K_2O	3.29	9.34
BeO	0.02	—
CaO	8.46	3.82
MgO	0.43	0.25
MnO	3.16	2.89
Al_2O_3	1.30	1.00
Fe_2O_3	2.58	1.47
TR_2O_3	1.34	0.78
ZrO_2	17.11	18.84
TiO_2	0.91	0.80
SiO_2	44.08	43.20
Nb_2O_3	0.24	
H_2O^+	7.13	
H_2O^-	2.77	3.77
灼减		7.40
总　　计	100.94	99.53

与硅锆铁矿比较，硅锆石中 Fe 的含量低，Fe_2O_3 的含量一般在 2% 左右。硅锆石中，有 Si 和 Na 的含量较低、Zr 和 K 的含量较高的变种。

L　硅钠锆石

硅钠锆石产于洛沃捷罗碱性岩中，与褐硅钠钛矿等共生。一般成不规则粒状存在于造岩矿物的裂隙中。无色，玻璃光泽，有时为丝绢光泽。断口不平，密度为 3.30g/cm³。二轴晶负光性，$\alpha = 1.670$，$\gamma = 1.710$。根据粉晶照相的结果，其最强的线为：0.397nm (10)、0.411nm(7)、0.1542nm(7)、0.1097nm(6)、0.1013nm(6)。溶解于 HCl、HNO_3 或 H_2SO_4，化学分析结果见表 1-18。

表 1-18 硅钠锆石的成分

成 分	分析值/%	成 分	分析值/%
Na$_2$O	16.03	TiO$_2$	0.60
K$_2$O	0.94	SiO$_2$	39.39
FeO		H$_2$O$^+$	0.95
Fe$_2$O$_3$	0.31	H$_2$O$^-$	0.35
ZrO$_2$		总 计	98.92
HfO$_2$	40.35		

1.3.2 有工业开采价值的锆铪矿物特性

在锆铪矿床中，以砂矿床最具工业价值。西方国家和中国的锆英石大部分为钛砂矿床的伴生产品，尤其是海滨砂矿占主要地位。虽然已发现的含锆铪矿物近 40 种，目前进行开采的主要是锆英石和斜锆石，具有开采前景的则有异性石、钛锆钍矿等，它们的基本特性见表 1-19。

表 1-19 具有开采价值的锆矿的基本特性

矿石名称	分子式	晶型	外观	莫氏硬度	密度/g·cm^{-3}	化学性质
锆英石	ZrSiO$_4$	正方	白色至深褐色	7	4.7	不溶于酸，高温下与碱反应
斜锆石	天然 ZrO$_2$	单斜	褐黄色，有金属光泽	6~7	5.5~6.0	被 H$_2$SO$_4$ + HCl 分解
异性石	[(Na,Ca,Fe)$_6$Zr (Si$_6$O$_{17}$)(OH, Cl)]	三角晶系	粉红-紫红色	5.0~5.5	2.8~3.0	易被酸分解
钛锆钍矿	(Ca,Fe)O·2 (Zr,Ti,Th)O$_2$					

1.4 锆铪资源概况

1.4.1 世界锆铪资源概况

世界各地的锆铪主要赋存于海滨砂矿矿床中，只有少部分赋存于积砂矿和原生矿中，工业价值不大。锆铪资源中有工业价值的主要矿物是锆英石及斜锆矿，它们多与钛铁矿、独居石、金红石、磷钇矿、锡石矿物共生，呈综合性砂矿床产出。关于世界锆铪储量有许多不同的数据，但多数报告中总储量倾向于表 1-20 中的数据。

表 1-20 世界各国锆储量

国 家	澳大利亚	美 国	加拿大	巴 西	前苏联	马达加斯加	塞拉利昂
储量/kt	13514	7356	907	1950	4535	181	1814

国 家	南 非	中 国	印 度	马来西亚	斯里兰卡	世界总计	
储量/kt	10974	907	2721	181	1360	46300	

1.4.2 澳大利亚锆铪资源概况

澳大利亚是锆铪资源和产量最多的国家，主要是海滨砂矿，其资源特点见表 1-21。澳大利亚的海滨砂矿，主要分布在悉尼以北至昆士兰州、布里斯班的东海岸岛屿和西部的埃尼巴至卡皮尔海岸。东海岸的矿体靠近海边，矿石较为松散，粒度均匀，杂质稍多但含泥量较西海岸少，原矿的重矿物含量为 0.3%～1.0%，平均为 0.6%～0.7%。主要矿物有钛铁矿、金红石、锆英石和少量独居石。脉石为石英、长石、电气石等。西海岸矿体原矿品位高，重矿物品位达 5.5%～50%，平均为 15%～17%，以钛铁矿为主，含量占矿物的 70% 以上。回收对象主要是钛铁矿、金红石、锆英石、白钛石和独居石等。

表 1-21　澳大利亚海滨砂矿特征

名　　称	矿　床　特　征
东海岸矿区	矿体靠近海边，矿石较松散，粒度均匀，杂质多，含泥量少 主要有用矿为钛铁矿、金红石、锆英石，后两者之比为 1:1，原矿的主要矿物含量为 1%～5%
西海岸矿区	矿体深入腹地 30km，矿体的原矿品位高，重矿物含量为 5.5%～5.0%，平均为 1.5%～1.7%，有用矿物中以钛铁矿为主，占 70%，其次为金红石及锆英石，其比例为 1:3

1.4.3　其他国家锆铪资源概况

美国是除澳大利亚、南非外的第三大锆资源国，美国主要的锆英石矿床在加利福尼亚州、佛罗里达州、爱达荷州和俄勒冈州，而美国东海岸的锆资源总量达 10 800 000 t。

巴西和南非是斜锆石的主要产地之一，但巴西所产的是含硅斜锆石矿。近 10 年来，南非(法拉波拉等地)已成为斜锆石的惟一生产国，它所生产的斜锆石几乎不含硅，纯度达 97%～99%。尼日利亚是主要的变质锆英石储量大国，锆英石是尼日利亚铌铁矿与锡矿的副产品。这种矿石含有 70% 的锆英石和 3.5%～5% 的 HfO_2。曲晶石可在美国的科罗拉多州、康涅狄格州、马萨诸塞州、纽约州等地得到；在印度、加拿大、挪威和乌克兰等国也有，马尔加什有水锆石，日本则有苗木石。有报道说在坦桑尼亚发现相当数量的褐帘石，含铪量高达 8%[4]。

1.4.4　中国锆铪资源概况

资料报道，中国锆矿储量居世界第 9 位。其中，砂矿主要集中在广东、海南、广西和山东，而四川、云南主要是岩矿。其他省份如湖南、湖北、安徽、福建、江西、辽宁等省也有一些锆资源。

我国北起辽东半岛、南至北部湾的广西沿海地区及海南岛，在东海岸除江苏、浙江省的岸岩岸和泥岸外均有海滨砂矿，主要

～ 20 ～

为残坡型和海滨沉积型，其特点是砂矿矿石松散，粒度均匀，含泥量少，有用矿物单体解离度较好，大多数露出地表，无覆盖层；水平面上矿物厚度一般为 1.5～1.9 m，开采条件好，属易选矿。但矿床较分散，原矿中含 TiO_2 和 ZrO_2 较低，矿石中 Th、U 元素含量稍高，与钛铁矿、独居石、褐钇铌矿共生。

中国三大矿区锆资源分布及特征见表 1-22。

表 1-22 中国锆英石三大矿区矿床特征

矿区名称	矿区位置及分布	矿藏特征
广东、海南矿区	分布于海南岛、湛江和汕头 3 个地区，其中以海南岛储量最大，分布范围最广	海南矿区矿床储量大，分布范围广。海滨砂矿中锆英石含量为 0.43～2.76kg/m³；残积砂矿为 0.73～1.63kg/m³；冲积砂矿为 0.09～0.45kg/m³
广西矿区	主要矿床位于钦州地区北部湾一带沿海	钦州地区为海滨砂矿，海滨砂矿中主要有独居石，主要有用矿石为锆英石、斜锆石、钛铁矿、独居石
山东矿区	以石岛为中心的大型河积及海积矿区	砂矿中主要有用矿石为锆英石，其次为金红石和钛铁矿

关于中国的锆铪资源占有量，虽有多种报道说居世界第 9 位，但国内外公开发表的一些资料表明，中国锆的储量为 200 余万 t，仅广东一地即占 200 万 t，见表 1-23[5]。表 1-24、表 1-25 给出了广东一些矿点的矿物组成和矿物共生情况。

表 1-23 中国广东等省的锆铪储量（1980～1981 年）

项目	广东		广西		山东		云南	
	锆	铪	锆	铪	锆	铪	锆	铪
储量/万 t	200.22	0.642	10.47	0.12	8.39	0.047	19.46	

表 1-24　广东省部分矿点的矿物共生状况

矿物共生状况	钛铁矿 锆英石	钛铁矿 锆英石 独居石	以磷矿为主 的砂矿	以褐钇铌矿 为主的砂矿	以锡石等为 主的砂矿
矿点数	24	9	6	5	5

表 1-25　广东省部分矿点的锆铪矿物组分

名　　称	矿物组成/kg·m^{-3}		
	锆英石	独居石	钛铁矿
乌场	3.0	1.03	15.36
沙笼	2.52	0.21	29.70
南港	1.62	0.79	41.90

　　广东省陆丰甲子锆矿，是中国锆矿资源较有代表性的矿点之一[6]。甲子锆矿位于我国广东省陆丰县境内，是一个以含锆英石为主的海滨砂矿矿床。甲子锆矿矿床属海滨堆积砂坝砂矿。矿体沿甲子湾东西走向，基本与海岸线平行，平均长度 5500 m，平均宽度 870 m，平均厚度 3.64 m，占储量 91.8% 的矿体出露地表，矿石粒度比较均匀，含泥量较少，开采条件较好。

　　该矿主要有用矿物为锆英石，其次为钛铁矿，其他可综合回收的矿物有：白钛石、金红石、锡石、锐钛矿、独居石等。其他金属矿物有：磁铁矿、钛磁铁矿、赤铁矿、褐铁矿、黄铁矿等，由于含量很少，无回收价值。脉石矿物以石英为主，含量占总矿物量的 95% 以上，其他脉石矿物有：绿帘石、石榴子石、电气石、长石、绿泥石、云母及磷灰石等。矿石中各种矿物大多数呈单体存在，有用矿物粒度较细，锆英石、锐钛矿、金红石多富集在 0.125～0.063 mm 粒级中，而钛铁矿则富集在 0.25～0.063 mm 粒级中，相对而言，钛铁矿粒度较粗。矿石密度 2.66 t/m³，分散密度 1.534 t/m³。主要矿物分析及筛分分析分别见表 1-26～表 1-29。

表 1-26　甲子矿矿石中各种矿物含量

名　称	钛铁矿	白钛矿	锐钛矿	金红石	锆　石	独居石	磁铁矿
含量/%	1.7949	0.3032	0.0089	0.0621	0.5930	0.0604	0.0759
名　称	赤铁矿	褐铁矿	电气石	黄　玉	绿帘石	石　英	其　他
含量/%	0.0311	0.0121	0.1219	0.0778	0.0118	98.8386	0.0212

表 1-27　甲子矿原矿多项分析结果

成　分	TiO_2	ZrO_2	SiO_2	P	Sn	Fe_2O_3	Al_2O_3	CaO
含量/%	1.20	0.5	91.60	0.017	0.0038	2.95	2.22	0.26
成　分	MgO	$Nb_2O_5 + Ta_2O_5$	ThO_2	S	合　计			
含量/%	0.02	0.0067	0.001	0.008	98.3365			

表 1-28　甲子矿的几种单矿物简项分析结果　　（单位:%）

名　称	TiO_2	ZrO_2	Nb_2O_5	Ta_2O_5	FeO	备　注
钛铁矿	52.86	0.195	0.135	0.04	40.38	
白钛矿	73.89		0.36	0.075		
锆英石	0.15	66.64				内含 HfO_2 1.15

表 1-29　甲子矿原矿筛分结果

筛级/mm	产率/%	品位/%		占有率/%	
		TiO_2	ZrO_2	TiO_2	ZrO_2
5.0～0.32	26.64	0.13	0.05	2.79	2.83
0.32～0.20	17.50	0.32	0.06	4.51	2.23
0.20～0.16	25.09	0.50	0.09	10.09	4.80
0.16～0.10	20.69	1.66	0.39	27.65	17.16
0.10～0.06	3.65	15.04	7.29	44.19	56.57
小于 0.06	6.43	2.08	1.20	10.77	16.41
合　计	100.00	1.242	0.47	100	100.00

2000 年出版的中国《矿产资源综合利用手册》[7]对中国锆铪资源储量作了阐述。指出中国已发现锆铪矿床产地近百处，1995年末中国保有 ZrO_2 储量 3.728×10^6 t，锆英石保有储量 2.0592×10^6 t，其中 98%集中在广东、海南、广西、云南和内蒙。

发现的矿床分岩矿和砂矿两大类，分别占总储量的 30%和70%。岩矿储量几乎全部集中在孔鲁特 801 矿，该矿床为碱性花岗岩矿床，含锆铪矿物主要为锆石，有铌、铍、金、稀土多种有用元素伴生。但此矿由于选矿困难，暂未开采和利用。

具有工业意义的锆矿床为分布在东南沿海的砂矿，包括滨海沉积砂矿、河流冲积砂矿、沉积砂矿和风化壳砂矿，锆砂多作为钛铁矿、金红石、铌铁矿、独居石和磷钇矿的共(伴)生矿物。矿石的品位在 0.04%与 $7.094 \mathrm{kg/m^3}$ 之间。目前开发利用的含锆铪矿物主要有广东南山海独居石矿；海南甲子锆矿、沙笼钛矿、清澜钛矿和南岗钛矿等，锆砂在选矿过程中回收。

以锆砂含铪 1%计，中国锆石储量中伴生铪资源总计达 $5 \times 10^4 \sim 8 \times 10^4$ t，已探明储量的铪矿产地有 4 处，共有铪 1800t，为资源总量的 2.2%，均为锆石砂矿床，主要集中在广西北流 520锆石风化壳型砂矿和山东荣成石岛锆石海滨砂矿两处。

参 考 文 献

1 张景荣等. 元素地球化学，锆铪. 北京：科学出版社，1986
2 郭承基. 稀有元素矿物化学. 北京：科学出版社，1965
3 洛谢夫 Н А. 稀有元素地球化学. 北京：科学出版社，1960
4 托马斯 D E. Metallyrgy of Hafnium, 1960
5 熊炳昆，郭靖茂，侯嵩寿. 有色金属进展，锆铪，中国有色金属总公司，1984
6 刘承宗，王纲乾. 选矿手册，钛锆矿选矿. 北京：冶金工业出版社，2000
7 孙传尧. 矿产资源综合利用手册. 北京：科学出版社，2000

2 锆英砂的生产

2.1 概述

锆英砂[Zr(Hf)SiO$_4$]是生产金属锆、铪及其化学制品的主要原料,除南非和巴西主要从斜锆矿中生产 ZrO$_2$ 外,其他国家都从砂矿中采选锆英砂,而海滨砂矿又是目前世界上工业利用主要的矿床类型之一。我国沿海地区大部分蕴藏有砂矿资源,尤其是广东沿海及海南储量丰富。目前,海滨砂矿是全世界也是我国锆英石、金红石等矿产品的主要资源。

2.1.1 海滨砂矿的矿床

海滨砂矿是原生矿床在海潮及其他自然条件作用下,经风化、破碎、分级、富集而生成。按其成因可分为海成砂矿及海陆混合成因砂矿两大类。在海滨砂矿矿床中,海陆混合成因砂矿意义较小,主要是海成砂矿类型。

海成砂矿矿体呈长条状沿海岸线分布,砂矿赋存于第四纪系不含土或含土很少的中、细粒石英砂或黏土石英岩中。矿体部位严格受地貌控制。矿体多呈层状,矿层产物一般均微向海倾斜。海成砂矿一般规模较大,矿石品位较富。按从海到大陆的方向,海成砂矿大体可分成:(1) 现代海潮影响区砂矿;(2) 砂提砂矿;(3) 砂地砂矿;(4) 堆积阶地砂矿。

现代海潮砂矿直接分布于潮汐带,为较重要的砂矿类型。这类砂矿矿体多呈细长条带状,平行海岸线分布。矿体一般较小,矿层较薄,有用矿物较富集,但品位不稳定。砂堤砂矿呈狭条状平行海岸线分布于现代海潮影响区砂矿的内侧,具有储量大、矿层厚、品位高、有用矿物种类多的特点。特别是近海砂堤,直接露出地表,有较大的工业价值。砂堤砂矿呈条带状沿海岸线分布,产状水平或微向海倾斜。有用矿物富集于松散的中、细粒石英砂岩中,含泥量较少。含矿特点是有用矿物种类比较单一,矿体规模品位属中等,矿体为似层状,厚度稳定,下界平缓,垂直方向为上富下贫。堆积阶地砂矿是海成砂矿的重要类型之一,有用矿物富集于厚层堆积砂相阶地及薄层堆积砂相阶地及细粒黏土质或亚矿土中。矿体呈长条状大致平行海岸线分布,富矿常见于阶地前缘、中央及后缘,有用矿物品位在垂直方向上,贫富交替出现,有上富下贫的趋势。

2.1.2 锆铪海滨砂矿的特征

锆铪海滨砂矿是经天然风化、破碎、富集生成。因此,为人们开发利用这些资源创造了有利条件。从资源开发角度出发,海滨砂矿有如下几个特征:

(1) 容易开采。含锆铪海滨砂矿一般比较松散,含泥量少,没有或仅有较薄的覆盖层。因此,开采海滨砂矿无须像开采原生矿所需的剥离、井巷、穿孔、爆破等昂贵的工程投资及生产费用,使用采、挖机械,如采砂船、铲运机、装载机、斗轮挖掘机等,都能在较高效率情况下进行开采;矿体一般露出地表,不需剥离,有的要剥离也仅是矿体上部腐殖层,剥离量很少。因此海滨砂矿采矿成本低,在原矿品位较低的情况下,也能被开发利用。

(2) 不需破碎及磨矿即可入选。含锆铪海滨砂矿在成矿过程中有用矿物与脉石矿物间经天然作用已达到单体解离状态,呈连生成状态的为数很少。因此,在入选前不需要进行破碎及磨矿作业,只需要经过隔渣及筛分即可入选。因而可节省在开采原生矿时占成本比例较大的破碎磨矿费用,使选矿成本降低。

(3) 可选性好。含锆铪海滨砂矿矿石粒度均匀,含泥量少,在有用矿物与脉石矿物间存在着明显的密度差和粒度差。所以,海滨砂矿矿石一般属易选矿石,适合高效选矿设备的应用,并有较高的选别指标。以在海滨砂矿选矿中应用比较普遍的圆锥选矿机为例,一台 $\phi2m$ 多层圆锥选矿机处理量达 90 t/h,重矿物粗选精矿品位和回收率均可达 90% 左右。由于海滨砂矿易选,工艺流程简单,设备效率高,厂房面积小,所以,一般海滨砂矿粗选厂均建为移动式,即适合海滨砂矿矿床特点,又有较好的技术经济效果。

(4)产品质量高。含锆铪海滨砂矿中有用矿物单体解离度好,纯度高,含杂质少。在同类矿产品中海滨砂矿产品一般较其他类型产品质量好。因而,可简化再加工的工艺过程,降低再制品成本,在同类矿产品中海滨砂矿产品深受用户欢迎。

(5)海滨砂矿的开采有利于环境。海滨砂矿开采过程中无污染环境的废物排出。由于在海滨砂矿中一般均不同程度的含有放射性元素的矿物,通过开发回收矿物,既有效地利用了这些资源,又达到了净化海滨环境的作用。

2.1.3 锆铪海滨砂矿的采选工艺概述

锆砂矿除少数矿体上部有覆盖层需经剥离外,一般不需剥离,即可采用干采或船采机械进行开采。干采机械有推土机、铲运机、装载机及斗轮挖掘机等;船采所用采船有链斗式、搅吸式及斗轮式三种。采得矿石经皮带运输机或砂泵管道输送至粗选。

粗选的目的是将入选矿石按矿物密度不同进行分离。丢弃低密度脉石矿物尾矿,获得重矿物含量达 90% 左右的重矿物混合精矿,作为精选厂给料。粗选厂一般与采矿作业合为一体,组成采选厂。为适应砂矿床特征,一般粗选厂均为移动式,移动方式有水上浮船及陆地轨道、履带、托板及定期拆迁等方式。粗选一般选用处理量大,回收率高及便于移动式选厂应用的设备,较普遍的是圆锥选矿机及螺旋选矿机,少量采用摇床。上述设备有单一使用的,也有配合使用的:单一圆锥选矿机主要用于规模大或原矿中重矿物含量高的粗选厂;多数厂采用以圆锥选矿机粗选,螺旋选矿机再精选;一些规模较小的选矿厂,往往采用单一的螺旋选矿机粗选。

由于锆砂矿为含有多种有价矿物的综合性矿床,粗精矿要进行精选,精选的目的是将粗精矿中有回收价值的矿物进行有效的分离及提纯，达到各自的精矿质量要求，使之成为商品精矿。精选厂一般建成固定式。粗精矿采用汽车、火车或管道输送等方式运输到精选厂处理。精选作业分为湿式及干式，以干法作业为主。根据粗精矿的性质，在精选工艺的前段通常采用部分湿法作业。有时在精选过程中还存在干法、湿法交替的过程，不过从能源消耗及简化工艺流程角度考虑，在可能条件下力争减少这一过程。

精选厂的湿法作业种类有：采用摇床或螺旋选矿机重选，进一步丢弃残存在粗精矿中的密度小的脉石矿物，对于含盐分的粗精矿，同时具有清洗盐分的作用；采用湿式磁选法预先选出部分易选钛精矿，减少干选入选矿量；在粗精矿中可用氢氧化钠、盐酸、稀氢氟酸、焦亚硫酸氢钠等药剂进行高浓度搅拌，达到清除矿物表面污染，提高精选效果的目的；采用浮选法进行锆英石、独居石产品的精选。

干式精选是按产品中各矿物间的磁性、导电性、密度等差异进行分选。依粗精矿组成及性质而异，干选工艺流程的结构变化较大，对于矿物组成比较复杂，综合回收矿物种类较多的粗精矿的干选，流程比较复杂，作业较多。流程结构变化也较大；对于矿物组成简单的粗精矿，干选流程则很简单。

磁选是采用不同类型及场强的磁选机，对比磁化系数不同的矿物间的分选。常用的磁选设备有盘式（单盘、双盘、三盘）、交叉带式、提式、对极式等磁选机，在干选流程中通常是首先采用弱磁选分出强磁性矿物——磁铁矿，然后采用中磁场选出大部分磁性较强又比较易选的钛铁矿产品。强磁选则用于部分磁性较弱的钛铁矿及独居石与非磁性矿物锆英石、金红石、白钛石等的分离。

电选是利用粗精矿中矿物间导电性的差异进行分选。所用电选机有辊式、板式、筛板式三种。电选在粗精矿干选流程中常用于导体与非导体矿物间的分组，金红石与锆英石的分离，难选钛铁矿及锆英石、独居石等矿物的精选。

在生产实践中，有时采取变化磁场及电场强度等操作条件，使电、磁选作业交替进行,以提高分选效果。

在干式精选工艺过程中经磁选或电选的某些矿物由于电、磁性相近,得到同步富集,当这些被分离矿物间存在可选密度差的情况下,通常采用重选法再进行分选。为了减少干湿交替的工艺过程,这些产物的重选分离则采用干式重选—风力摇床进行。锆英石、独居石、蚀变钛铁矿最终产品精选,很多情况下均采用风力摇床精选进行再富集。

2.2 锆铪海滨砂矿的开采

为适应含锆铪海滨砂矿床特征,海滨砂矿采选厂绝大多数建为移动式,只有精选厂建为固定式。采选厂建为移动式,适合海滨砂矿采掘进展快的特点,可缩短采选间物料输送距离,实现边采、边选、边回填,有利于降低采选成本。海滨砂矿采矿,按照矿体埋藏深度及矿区地理条件不同,采矿方法可分为两大类。一类为干采,另一类为湿采。湿采一般用于矿体埋藏于水平面以下,矿区水源比较充足的矿床开采。干采则多用于矿体埋藏深度在水平面以上,矿区用水比较困难的矿床开采。

湿采采用各种挖掘船进行。其形式以链计式和绞吸式两种为主,前者相比使用较多,而后者效率较高。如澳大利亚东海岸海滨砂矿,由于在海岸矿体的一部分延伸至静水位以下,无大块石,矿石也比较松散,且东海岸水源充足,故均采用绞吸式挖掘船进行开采。此外,南非共和国、美国新泽西州等海滨砂矿也采用绞吸船采矿。塞拉利昂则采用链斗船进行采矿。湿采生产规模为 105～1700 t/h。

干采是采用各种挖掘机进行采矿。常用干采机械有大型拖拉铲运机、推土机、前端式装载机及斗轮挖掘机等。如澳大利亚西海岸主要采用干采,东海岸的克雷克采选厂,因为矿石比较坚硬,已由原来的挖掘船改为斗轮式挖掘机进行干采。

除上述两种主要采矿方法外,还有两者混合式开采,这种方法是先采用干式挖掘机械松动,然后再用船采。由于该矿床矿石比较坚硬,故先用推土机松动,然后再用绞吸式采砂船进行采矿。

采出矿的运输也分干运、水运两种。配合干采用的运输设备有胶带运输机、汽车、拖拉铲等等。有的设备是采运混合的,前端装载机。水运全部采用砂泵、管道运输。

采出矿在入选前依矿石性质不同要经 1～3 次筛分及浓缩脱水。筛分目的是将矿石中卵石、粗砂杂草等筛除,以保证入选矿粒度要求。筛分粗筛采用条格筛,细筛则采用振动筛进行。浓缩脱水目的是采用旋流器、浓密斗等将水运中多余水脱除,保证入选浓度。同时将原矿中不可选或不含矿细泥脱出,以保证选矿效果。

2.3　锆铪矿的选矿流程

含锆的矿床中,经常伴生有钛铁矿、金红石、黄绿石及独居石等有用矿物。选矿时常常采用重选、磁选、电选及浮选等联合选矿方法进行分离。

采用浮选法选别细粒浸染的锆英石－黄绿石或重选矿泥的流程见图 2-1。即原矿经磨矿磨到小于 0.074 mm 占 95% 以后,加入苏打、苛性钠和油酸,在碱性介质中抑制长石,浮选其他所有的矿物。混合精矿再在苏打和硫化钠的介质中首先精选出长石－霓石－辉石产品,其泡沫再加入苏打和水玻璃抑制黄绿石和锆英石,进行三次方解石浮选得出方解石产品。其中矿(含锆英石、黄绿石产品)进行三次清洗和浓缩后,在固:液＝1:1 的矿浆中加入硫酸处理 30 min,然后进行洗涤及过滤,在 pH＝5～6 条件下,采用丁基黑药浮选硫化矿产品,其尾矿在 pH＝1.5～2.0 的酸性介质中加入 2kg/t 烷基硫酸钠或异辛基磷酸钠进行锆英石与黄绿石粗选,粗选的泡沫在 pH＝1.5～2.0 条件下进行 5 次精选,最终得到锆英石和黄绿石精矿。

按此流程,原矿中含 0.37% ZrO_2,0.08%～0.10% Nb_2O_5,经过浮选可得到含 23.5% ZrO_2 及 7.2% Nb_2O_5 的粗精矿,其回收率分别为 60.5% 及 73.2%。如果按着此流程不进行硫化矿浮选时,酸处理后的产品直接用烷基硫酸钠在 pH＝1.5～2.0 条件下浮选,可得到含 17%~18% ZrO_2 及 4.0% Nb_2O_5 的粗精矿,其回收率分别为 88.2% 及 86.5%。

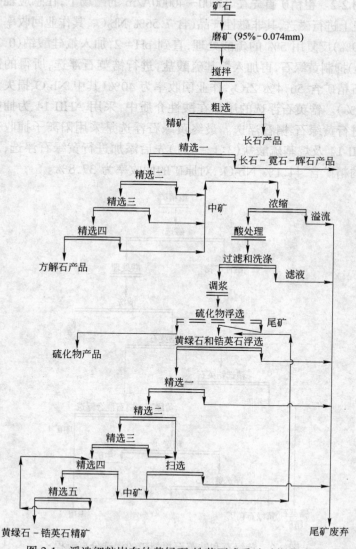

图 2-1 浮选细粒嵌布的黄绿石-锆英石或重选矿泥的流程

前苏联对含 15% 锆英石、5% 黄绿石、15% 铌榍石、8% 霓石、6% 长石、45% 磁铁矿及 6% 其他矿物的粗精矿,制定了精选流程,见图 2-2。粗精矿首先在 24000~40000A/m 的磁场下,在感应辊磁选机上进行磁选,其非磁性产品(含 7.56% Nb$_2$O$_5$,其作业回收率为 95.9%)反复用 5% 的硫酸处理,直到 pH=2,加入氟硅酸钠(0.25 kg/t)抑制黄绿石,再加入烷基硫酸盐,进行锆英石浮选,所得的锆英石精矿含 56.4% ZrO$_2$,作业回收率为 40%(其中 Nb$_2$O$_5$ 损失为 8.8%)。锆英石浮选的尾矿在酸性介质中,采用 AHⅡ-14 为捕收剂进行黄绿石-榍石浮选。最终黄绿石浮选是采用阳离子捕收剂 AHⅡ-14 及烷基硫酸盐(3:1~5:1)先后添加进行黄绿石浮选,所得的精矿含 44.1% Nb$_2$O$_5$,对原矿的回收率为 37.8%。

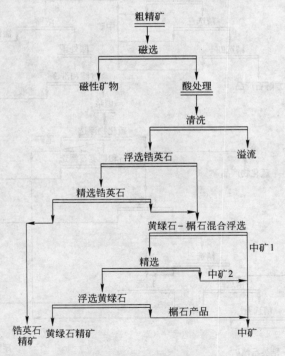

图 2-2 黄绿石和锆英石粗精矿的浮选分离流程

　　某重选厂的粗精矿,粒度为-0.2 mm,采用浮选与磁选相配合进行精选的流程、药剂制度及选别指标见图 2-3。即粗精矿含 3.89% ZrO_2,经过精选后,可得到锆英石精矿,含 60.2% ZrO_2,其回收率为 78.49%。

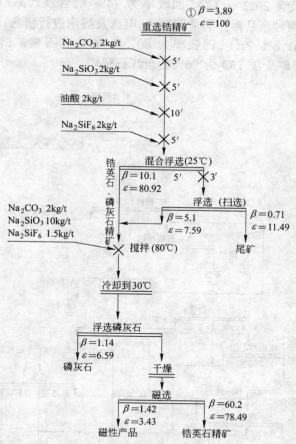

图 2-3　重选粗精矿中锆英石和磷灰石的浮选流程
　　①β 为 ZrO_2 品位,%;ε 为 ZrO_2 回收率,%

从含有化钛铁矿、金红石、锆英石、十字石、蓝晶石和石英的混

合粗精矿中分离锆英石和钛铁矿的联合流程见图 2-4。即粗精矿
经浓缩之后,加入 0.145 kg/t 水玻璃,2.2 kg/t 石蜡皂,在矿浆温
度为 18~20℃,液固比为 2:1 的条件下进行锆英石浮选(粗选 20
min,扫选 5 min),可得到含 15.3% ZrO_2 的泡沫产品,其回收率为
83.8% 及含 29.2% TiO_2,回收率为 74% 的含钛产品(浮选尾
矿)。此两种产品再分别采用磁选、电选及摇床进行精选,最终可
得到含 61.8% ZrO_2,回收率为 80.3% 的锆英石精矿;含 64%
TiO_2钛精矿及含 TiO_2 为 96%的金红石精矿。

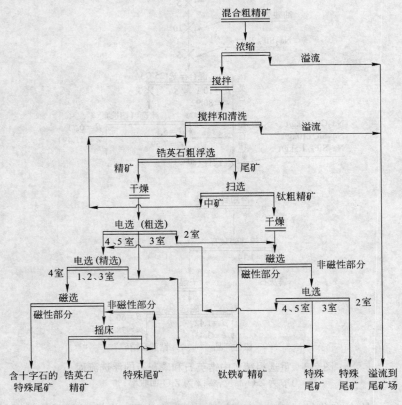

图 2-4　混合粗精矿的精选流程

含锆英石及黄绿石的粗精矿,首先用 1~2kg/t 含 20~25 个碳原子长链的脂肪酸胺的混合物处理 15~20 min,然后进行干燥,筛分成各个级别后,分别进行电选,其选矿流程见图 2-5。按此流程对含 12.40% ZrO_2 及 12.12% Nb_2O_5 的粗精矿进行电选分离,可得到含 17.29% ZrO_2、回收率为 89.4% 的锆英石产品及含 45.56% Nb_2O_5、回收率为 92.8% 的黄绿石精矿,见表 2-1。

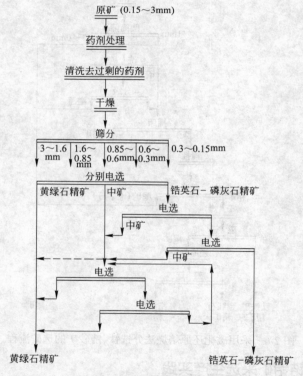

图 2-5 黄绿石-锆英石粗精矿的电选流程

采用磁化焙烧法分离金红石和锆英石的选矿流程见图 2-6。原矿洗矿后经摇床、浮选法得到的粗精矿,再磁选除去钛铁矿产品。尾矿因锆英石和金红石的磁性相似,很难分离,故采用磁化焙烧法进行磁选分离效果较好。

表 2-1 重选黄绿石-锆英石粗精矿的电选结果

产　品	产率/%	w_{ZrO_2}/%		$w_{Nb_2O_5}$/%	
		品　位	回收率	品　位	回收率
黄绿石精矿	25.8	1.48	3.1	45.56	92.8
中矿	10.3	9.44	7.5	3.73	3.2
锆英石精矿	63.9	17.29	89.4	0.75	4.0
原矿	100.0	12.40	100.0	12.12	100.0

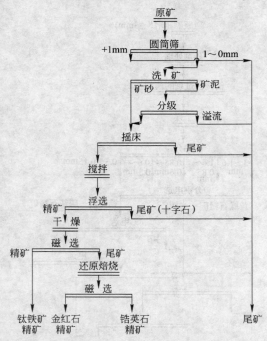

图 2-6 采用磁化还原焙烧法分选钛、锆砂矿的选矿流程

2.4　锆铪矿采选生产实践

2.4.1　澳大利亚海滨砂矿的选矿

　　澳大利亚是开采含锆铪海滨砂矿的主要国家之一。其砂矿类型主要分古代海滨砂矿和现代海滨砂矿两种,海滨砂矿沿海岸纵横长为 150 km,砂矿中重砂矿物含量较高,主要重矿物有:锆英

石、金红石、电气石、角闪石、磁铁矿、赤铁矿及少量的锡石,有些地方还含有金和铂。

重砂矿物中锆英石平均含量最多为 18%～65%,金红石 15%～45%,钛铁矿 20%～30% 及 1% 的独居石。澳大利亚东部最大的 16 个砂矿中重砂的储量为 2 400 000 t,其中含锆英石 970 000 t,金红石 754 000 t,钛铁矿 661 000 t,独居石 13 000 t。

过去,澳大利亚砂矿粗选主要是采用螺旋选矿机进行粗选,近年很多砂矿粗选厂均开始采用圆锥选矿机和扇形溜槽进行粗选。澳大利亚矿床公司(Mineral Deposit Ltd.)推荐的莱切特(Reichert)圆锥选矿机粗选和粗选的示意图见图 2-7。即粗选时采用四段选别,每段由一个双圆锥组成,精矿再送到下一个单圆锥进行处理,单圆锥的精矿再用 6 个扇形溜槽处理,以产品最终精矿和尾矿,尾矿进行再处理。从双圆锥和单圆锥上排出的尾矿合并,并通过下一段进行重复处理。

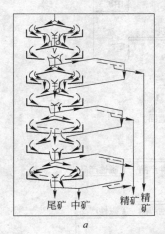 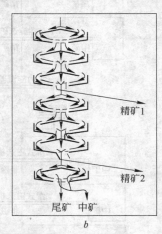

图 2-7　莱切特圆锥选矿机选矿示意图

a—粗选；b—精选

精选的圆锥选矿机只装三段,第一段和第二段由一双圆锥组成,圆锥的精矿在单圆锥中再处理,而单圆锥的精矿依次转入下一个单圆锥上再处理。第三段是双圆锥装置,产出扫选精矿。莱切特圆锥选矿机的处理能力为 50～80 t/(h·台)。

海滨金红石公司(Costal Rutile Ltd.)建成一个锆、钛砂矿选矿厂,其选矿工艺流程见图 2-8。即从采砂船来的矿用泵送到 5 台 36-RDCC-3 型圆锥选矿机进行粗选,粗选的精矿再用一台圆锥选矿机进行精选,精选的精矿再用 8 对螺旋选矿机进行精选,所得到的粗精矿用水力旋流器浓缩后,达到 10 极式的湿式磁选机选出磁铁矿等强磁性矿物,磁选的非磁性产品再送到螺旋选矿机上除去石英等脉石矿物。按此流程从原矿含 2.15% 重矿物,经选矿即得出含 85% 重矿物(33% 锆英石,26%金红石,14% 钛铁矿及 12%

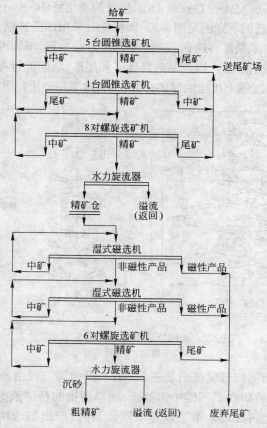

图 2-8　澳大利亚海滨金红石公司选矿厂流程

其他重矿物和15%石英)的粗精矿。

2.4.2 美国锆钛砂矿采选

杰克逊维尔(Jecksonville)选矿厂是处理美国佛罗里达州的砂矿,该矿床长9.6km,宽近0.8 km,平均厚度为3.6 m。矿砂中含4%重矿物,其中钛铁矿占重矿物的40%,白钛石占4%,锆英石占11%,金红石占7%,独居石占0.5%。其脉石矿物主要为硅线石、重晶石、十字石、电气石和柘榴子石等。此选矿厂的选矿工艺流程和设备联系图分别见图2-9及图2-10。

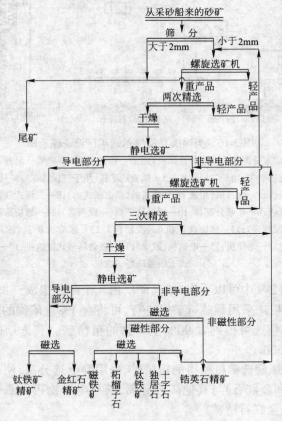

图 2-9　美国杰克逊维尔选矿厂工艺流程

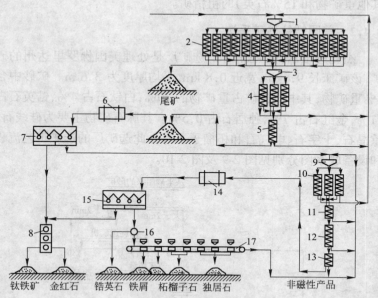

图 2-10　美国杰克逊维尔选矿厂设备联系图

1—矿浆分配器;2—螺旋选矿机(用于一段选矿);3—矿浆分配器;4—
螺旋选矿机(用于二段选矿);5—螺旋选矿机(用于三段选矿);6—圆筒
干燥机;7—电选机(粗选 20 台鼓式的,精选鼓式的);8—三辊式强磁场
磁选机;9—矿浆分配器;10—螺旋选矿机(一段精选);11—螺旋选矿机
(二段精选);12—螺旋选矿机(三段精选);13—螺旋选矿机(四段精
选);14—干燥机;15—电选机(鼓式);16—强磁场辊式磁选机;17—带
式七级强磁场磁选机

从图 2-9 中可以看出,该选矿厂由 4 个部分组成:

(1)粗选采用螺旋选矿机进行,可将含 4%重矿物的原砂矿经
过粗选和精选可得到含 90%重矿物的粗精矿。其选厂的日处理
能力为 7500 t。

(2)螺旋选矿机所得的粗精矿,采用静电选分离,使导电矿物
(钛铁矿和金红石)与其他矿物分离,其导电矿物再经磁选分选出
钛铁矿及金红石精矿。

(3)静电选的尾矿,采用螺旋选矿机进行处理,其精矿再经过

静电选及磁选可得到非磁性的锆英石精矿。

（4）锆英石磁选的磁性产品，进一步采用磁选进行分离，而得到磁铁矿、钛铁矿、柘榴子石及独居石等产品。

按此流程所得的结果为：锆英石精矿含 98% 锆英石，含 TiO$_2$ 小于 0.25%，含 SiO$_2$ 和 Al$_2$O$_3$ 小于 1%；独居石精矿含 95% 独居石；钛精矿含 60% TiO$_2$；金红石精矿含 92% TiO$_2$。

2.4.3   南非锆钛矿采选

南非乌姆加巴巴选矿厂是处理南非的一个含钛砂矿，此矿床长 7 km，宽 0.8 km。选矿厂年产钛铁矿 100 000 t，金红石 6 500 t，锆英石 9 000 t。

此矿床中的重砂矿物粒度平均为 0.15~0.2 mm，但其中所含的独居石粒度较细，一般为 0.074~0.15 mm；而其他脉石矿物大部分为粗粒的，其中 0.2~0.4 mm 的矿物占 60%~65%。

砂矿的选矿是由粗选和精选两个工段组成的，粗选厂的生产能力为 270 t/h，实际上选厂的处理能量可达 450 t/h。原矿经洗矿、筛分、脱泥后，首先采用 288 台螺旋选矿机进行粗选。粗选的精矿分别用 96 台及 48 台螺旋选矿机进行一次及二次精选。精选所得的粗精矿采用湿式磁选机选出一部分磁铁矿后，经脱水、浓缩、干燥后送往精选厂进行精选。其粗选厂的选矿工艺流程见图 2-11。螺旋选矿机的粗选结果见表 2-2。

表 2-2   螺旋选矿产品的矿物组成

产品名称	矿物含量/%							
	磁铁矿	钛铁矿	铌铁金红石	柘榴子石	辉石	金红石	锆英石	石英
粗选给矿	0.3	6.1	0.4	1.6	4.9	0.4	0.7	85.6
粗选精矿	1.4	31.1	1.7	5.9	18.3	1.7	3.1	36.8
一次精选精矿	2.3	56.3	2.7	7.9	13.5	3.5	5.8	8.0
二次精选精矿	2.5	68.9	4.0	3.8	9.0	4.0	6.7	1.1

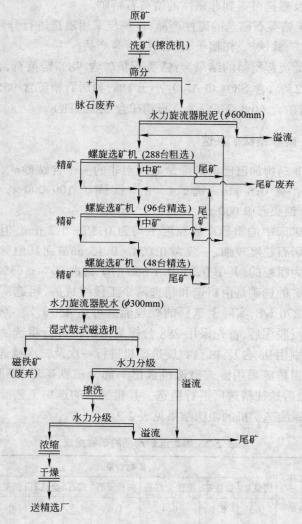

图 2-11 南非乌姆加巴巴选矿厂工艺流程

粗选厂的粗精矿精选流程见图 2-12。即粗精矿筛分后首先通过电选分离导电矿物(钛铁矿及金红石)和非导电矿物(锆英石和独居石等),再分别采用磁选、电选、摇床等设备进行选别,可得最终的钛铁矿、锆英石及金红石精矿,精选时各个作业产品的矿物组成见表2-3,产品化学分析见表2-4。

表 2-3　精选产品的矿物组成

矿　物	矿物含量/%					
	干选的给矿	精选作业的导电部分	精选作业的非导电部分	钛铁矿精矿	金红石精矿	锆英石精矿
磁铁矿	0.9	0.8		0.7		
钛铁矿	67.9	86.7	1.3	97.6	0.4	
铌铁金红石	4.0	3.6		0.6	1.0	
柘榴子石	7.2		28.8		0.3	0.2
辉石	7.9	0.8	26.3	0.2		
金红石	4.0	7.7	2.6	0.1	98.1	0.2
锆英石	6.5	0.4	34.2	0.1	0.2	99.6
石英	1.6		5.6			
独居石			1.2			0.1

表 2-4　产品的化学分析

精矿名称	化学成分含量/%										
	TiO$_2$	FeO	Fe$_2$O$_3$	Cr$_2$O$_3$	CaO	Mg	SiO$_2$	V$_2$O$_5$	ZrO$_2$	MnO	P	S
钛铁矿精矿	50.1	36.1	11.6	0.17	痕迹	0.48	0.65	0.32	0.07	0.89	0.017	0.015
金红石精矿	95.4	0.47	0.2	1.4	0.12	0.042	0.012				
锆英石精矿		0.15	0.21	0.10	31.9	0.054	0.015		66.6		

2.4.4　印度锆钛矿采选

印度的海岸线较长,在克拉拉邦海岸具有较富的重砂矿物,主要有独居石、金红石、钛铁矿、锆英石、硅线石和柘榴子石等。

克拉拉邦的特拉凡科尔(Travancore)砂矿是世界上较大的稀土矿之一,同时也伴生有锆英石和钛铁矿等矿物,见表2-5。由于原矿中含重砂高达 60% 以上,因此不需要粗选作业,直接进行精选分离,其流程见图 2-12。即原矿先经筛孔为 0.6 mm 的振动筛,

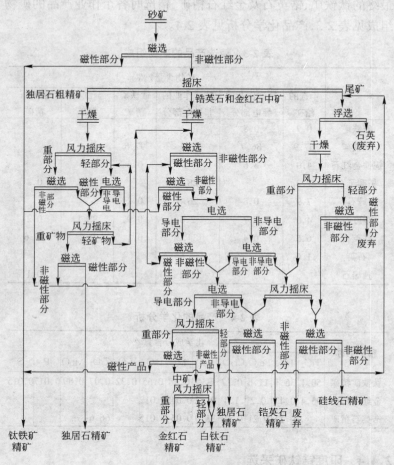

图 2-12 印度特拉凡科尔砂矿选矿流程

除去贝壳和岩石碎屑,筛下产物送到矿仓,再由矿仓经过 50 mm 的管子自流到磁选机中进行磁选,磁选可选出钛铁矿等磁性产品。剩下的非磁性产品再用摇床进行选矿,分别得到含独居石、锆英石、金红石产品及摇床尾矿。独居石产品经干燥后,采用风力摇床、磁选及电选相配合进行选矿,最终可得到独居石精矿含独居石

99%;含锆英石和金红石产品的摇床中矿及尾矿分别经磁选、电选、浮选、风力摇床进行选分,最终可得到金红石精矿(含金红石98%);锆英石精矿(含锆英石 99%),硅线石精矿(含硅线石80%),白钛石精矿(含白钛石 80%)。

印度各选厂的生产能力见表 2-6。

表 2-5　印度富海滨砂矿矿物组成　　　　　(单位:%)

矿　物	蒂鲁瓦凡库尔砂矿床	恰瓦拉矿床	马纳瓦拉库里奇矿床
钛铁矿	75~80	65~77	50~70
金红石	3~5	3~4	4
石榴石	3	0	8
锆英石	4~6	5~10	8
硅镂石	2~4	5~10	2
独居石	0.5~1	1~2	3~5
石　英	9~11	11	12

表 2-6　印度各选厂生产能力　　　　　(单位:t/a)

产　品	恰瓦拉选矿厂	马纳瓦拉库里奇选矿厂	计划中的选矿厂
钛铁矿精矿	130000	52000	65000
金红石精矿	5000	1400	1500
独居石精矿	300	2600	2700
锆英石精矿	7000	4200	5000
硒镂石精矿	450		900

2.4.5　陆丰甲子矿采选[4]

A　概况

甲子锆矿位于我国广东省陆丰县境内,是一个以含锆英石为主的海滨砂矿矿床。资源发现于 20 世纪 50 年代,用水枪开采砂矿,砂泵运输,再用跳汰机及螺旋选矿机及摇床进行粗选,精选厂已形成重选、磁选、电选及浮选等联合工艺流程,主要产品为锆英石,并综合回收钛铁矿、金红石、独居石、锡石等。

　　甲子锆矿矿床属海滨堆积砂坝砂矿,矿体沿甲子湾东西走向,基本与海岸线平行,平均长度 5500 m,平均宽度 870 m,平均厚度 3.64 m,占储量 91.8% 的矿体出露地表,矿石粒度比较均匀,含泥量较少,开采条件较好。主要矿物为锆英石,其次为钛铁矿,可综合回收的矿物有:白钛石、金红石、锡石、锐钛矿、独居石等。其他金属矿物有:磁铁矿、钛磁铁矿、赤铁矿、褐铁矿、黄铁矿等,由于含量很少,但无回收价值。脉石矿物以石英为主,含量占总矿物量的 95% 以上,其他脉石矿物有:绿帘石、石榴子石、电气石、长石、绿泥石、云母及磷灰石等。矿石中各种矿物绝大多数呈单体存在,有用矿物粒度较细,锆英石、锐钛矿。金红石多富集在 0.125～0.063 mm 粒级中,而钛铁矿则富集在 0.25～0.063 mm 粒级中,钛铁矿粒度较粗。矿石密度 2.66 t/m^3,松散密度 1.534 t/m^3。原矿矿物相对含量,主要矿物分析及筛分分析见表 2-7～表 2-10。

表 2-7　甲子矿矿物含量

名　　称	钛铁矿	白钛矿	锐钛矿	金红石	锆石	独居石	磁铁矿
含量/%	1.7949	0.3032	0.0089	0.0621	0.5930	0.0604	0.0759
名　　称	赤铁矿	褐铁矿	电气石	黄玉	绿帘石	石英	其他
含量/%	0.0311	0.0121	0.1219	0.0778	0.0118	98.8386	0.0212

表 2-8　甲子矿原矿分析

成　　分	TiO_2	ZrO_2	SiO_2	P	Sn	Fe_2O_3	Al_2O_3	CaO
含量/%	1.20	0.5	91.60	0.017	0.0038	2.95	2.22	0.26
成　　分	MgO	$Nb_2O_3 + Ta_2O_3$	ThO_2	S	合计			
含量/%	0.02	0.0067	0.001	0.008	98.3365			

表 2-9　甲子矿几种单矿物简项分析　　　　　　（单位:%）

名　　称	TiO_2	ZrO_2	Nb_2O_3	Ta_2O_3	FeO	备　注
钛铁矿	52.86	0.195	0.135	0.04	40.38	
白钛矿	73.89		0.36	0.075		
锆英石	0.15	66.64				HfO_2 1.15

表 2-10　甲子矿原矿筛分结果

筛级 /mm	产率/%	品位/%		占有率/%	
		TiO_2	ZrO_2	TiO_2	ZrO_2
5.0～0.32	26.64	0.13	0.05	2.79	2.83
0.32～0.20	17.50	0.32	0.06	4.51	2.23
0.20～0.16	25.09	0.50	0.09	10.09	4.80
0.16～0.10	20.69	1.66	0.39	27.65	17.16
0.10～0.06	3.65	15.04	7.29	44.19	56.57
0.10～0.06	6.43	2.08	1.20	10.77	16.41
合　　计	100.00	1.242	0.47	100	100.00

B　生产工艺

采选厂采用水采-水运、螺旋溜槽选别工艺流程。用水枪采矿,矿浆用砂泵管道输送。采场长 600 m,宽 300 m 以上,底板坡度 10%,原矿浓度达 16%～20%。原矿浆入选厂首先进行预先筛分,筛除粗砂、贝壳及杂草等异物,筛下产品分级入螺旋溜槽粗选,丢弃尾矿。粗选粗矿再经一次螺旋溜槽精选,获得供精选厂用精矿、粗选尾矿返回至粗选给矿再选。甲子锆矿粗选厂选矿原则流程见图,锆回收率近 60%。精选粗精矿入厂后首先采用摇床重选,进一步丢弃低密度脉石,精矿分成富含独居石、锡石及富含钛铁矿、锆英石、金红石的两组产品,分别采用重选、电选、磁选及反浮选联合流程,获得独居石、锡石和钛铁矿、锆英石、金红石等精矿。甲子锆矿精选工艺流程见图 2-13,技术指标见表 2-11(精矿品位 ZrO_2 可达 65%)。

表 2-11　甲子锆矿精选厂技术指标表

编　号	锆英石		钛铁矿		金红石	独居石品位 /%
	品位 w_{ZrO_2}/%	回收率 /%	品位 w_{ZrO_2}/%	回收率 /%	品位 w_{ZrO_2}/%	
1	61.95	85.47	49.82	66.34	85.37	55.00
2	61.70	83.45	49.39	65.59	85.01	60.06
3	61.81	83.07	48.76	62.52	85.00	57.85

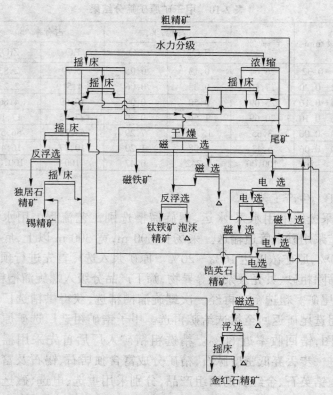

图 2-13　甲子锆矿精选工艺流程(△为堆存)

2.4.6　荣成锆矿采选

A　概况

荣成锆矿位于我国山东省烟台地区荣成崖头的宁津半岛,东北自楮岛起,东南至莫邪岛,范围达 197 km²,统称为石岛矿区。

勘探表明,这是一大型锆英石海滨砂矿。石岛矿区是我国大型锆英石海滨矿床,20 世纪 80 年代保有锆英石储量 8 万余吨,平均品位 3778 g/m²。荣成锆矿主要开采的石岛矿区的一个富矿体为楮岛分区及桃园分区的部分矿体。石岛矿区岩石由前震旦纪正

长花岗片麻岩和中生代的正长岩组成。原矿中主要有价矿物为锆
英石,伴生矿物有金红石、锐钛矿及钛铁矿等;脉石矿物以石英、长
石为主,总量占原矿矿物含量 92%～98%,其次为角闪石、绿帘
石、磷灰石及少量电气石、尖晶石、蓝晶石等。矿石粒度比较均匀,
含泥量较少。原矿粒度范围集只在 $-1\sim0.074$ mm 粒级,锆英石
99%集中在 -0.7 mm 粒级中。锆英石纯矿物含 ZrO_2 67.33%～
67.44%。弧形筛下(-2 mm)原矿筛分见表 2-12。

表 2-12 楮岛原矿筛分分析

粒度/mm	产率/%	品位,w_{ZrO_2}/%	占有率/%
$-2\sim+0.71$	1.5	0.024	0.24
$-0.71\sim+0.35$	11.8	0.061	4.98
$-0.35\sim+0.14$	35.1	0.056	13.59
$-0.14\sim+0.09$	37.2	0.088	22.13
$-0.09\sim+0.076$	11.1	0.184	14.12
$-0.076\sim0.061$	2.6	0.672	12.10
-0.061	0.7	6.700	32.84
合　计	100.0	0.145	100.00

B 生产工艺

山东荣成锆矿生产曾采用干采干运、移动式选矿设备及船采、
船选两种采选工艺进行生产,同时也是我国在生产上第一个用圆
锥选矿机进行海滨砂矿生产的矿山,所采用的工艺及设备在我国
海滨砂矿采选技术发展中占有重要位置,为我国采选技术发展提
供了宝贵的经验。

a 干采干运移动式采选

干采干运移动式采选生产系统,采矿用推土机,作业半径为
50～60 m,每个采掘周期所采矿块规格为 100 m×120 m,挖掘深
度 1.5 m,每小时供矿能力为 60 t。推土机以给矿漏斗为中心作
业,采出矿推至一个给矿漏斗,在给矿漏斗排矿口装有插板控制矿
量,然而,给到皮带运输机输送至格筛加水造浆,筛除粗砾石,筛下
再经弧形筛进一步筛除粗砂贝壳等杂物后,用砂泵扬送至选矿系

统。

原矿浆入选矿系统后,首先经水力旋流器浓缩,其沉砂给入一台双层圆锥选矿粗选丢弃尾矿,一段圆锥选矿机精矿再经一台单层圆锥选矿机及两段组合扇形溜槽精选精矿。精选圆锥选矿机尾矿及两段扇形溜槽尾矿均返回到一段粗选圆锥选矿机再选。工艺流程见图 2-14。粗选厂采用推土机拖动,托板式支撑,整体移动。同时,也采用过可拆卸式移动。

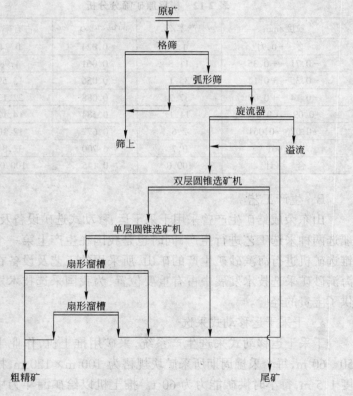

图 2-14　粗选工艺流程图

采矿船作业以选矿船给矿斗为中心,以采船总长为半径作弧形运动进行采矿。每个采幅为 40~50 m,一个采幅采 3 遍,然后前移 2～4 m。平均生产能力为 42.9 t/h。

　　b　选船

　　选矿在装有系列圆锥选矿机及组合扇形溜槽选矿系统的选船上进行。选船总处理能力为 80～100 t/h；总装机容量 220 kW；选矿设备总重 7.47 t。采船采出矿入选船首先经过格筛及筛孔为 1.5 mm 的弧形筛出粗砂、杂草、贝壳等。筛下产品由砂泵扬送至 ϕ500 mm 旋流器浓缩，旋流器沉砂给入双层圆锥选矿机进行粗选，丢弃尾矿。双层圆锥选矿机精矿再经单层圆锥选矿机及两次组合扇形溜槽精选，获得供精选厂用粗精矿。单层圆锥选矿机精选尾矿、一次组合扇形溜槽精选尾矿及一次组合扇形溜槽中矿再选尾矿合并，由砂泵返回至水力旋流器给矿。二次精选组合扇形溜槽尾矿及一次精选组合扇形溜槽中矿再选的精矿合并，返回至单层圆锥选矿机再选。选船选矿工艺流程见图 2-15。

　　c　绞吸式采选船

　　为适应不同条件矿层需要，荣成锆矿采用了绞吸式采选联合作业船。该船采用 1000 mm 绞刀采掘，砂泵吸扬。采选船总装机容量为 365 kW，处理能力 90 t/h。

　　该船与链斗式采船及选船生产装置不同之处是：（1）采用绞刀和吸扬泵代替链斗采矿。（2）链斗船采用钢缆绳定位及推进，而绞吸船采用两个定位桩定位，并以两桩进行迈步式行进开采，每个采幅宽 30～40 m，挖掘深度 4.5 m。（3）采选作业纳为一船进行，便于控制。除上述区别外选矿工艺流程和设备与选船基本相同。

　　d　精选

　　荣成锆矿拥有较大型精选厂，但由于粗精矿矿物组成较简单，可综合回收的伴生矿物少，除锆英石外可综合回收产品只有磁铁矿和少量金红石。粗精矿入精选厂首先经筛分、摇床重选富集重矿物，丢弃尾矿。然后，采用弱磁选回收铁精矿。选矿尾矿经烘干后再采用磁选、重选回收锆英石和金红石。锆英石精矿品位可达 61% 以上，总回收率高于 66%。

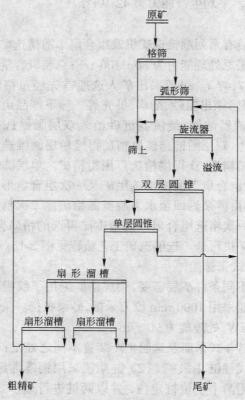

图 2-15　选船选矿工艺流程图

2.5　锆英砂细粉的生产

2.5.1　锆英砂的粒度组成

　　精选后获得的锆英砂,是制取金属锆、铪及其化学制品的主要原料,并广泛用于冶金、化工、玻璃、陶瓷、电子等行业,但由于各地所产锆英砂粒度不一,见表 2-13、表 2-14[5],不能满足相关行业的需求。如我国不少锆砂产品颗粒偏细,0.189mm(70 目)以上颗粒几乎没有,不宜用于铸造面砂,用作涂料则粒度偏粗;而用于高级陶瓷乳浊剂的锆英砂微粉,粒度要求小于 $10~\mu m$。因此尚须将锆英砂加工处理使之细化。

表 2-13　国外锆英砂的粒度组成

产　地			粒度组成/%					
			0.295mm (48 目)	0.189mm (70 目)	0.147mm (100 目)	0.104mm (150 目)	0.074mm (200 目)	0.074mm~ (200 目~)
澳大利亚	东海岸	A	微	0.5	6.2	39.8	50.3	3.2
		B	微	微	2.5	40.7	53.8	3.0
		C	微	微	3.4	44.8	49.8	2.0
	西海岸	D	0.1	0.1	22.7	53.0	18.6	1.1
		E	0.8	34.8	34.8	27.2	2.4	微
		F	微	3.0	13.8	50.8	30.0	2.4
		G	微	2.0	37.0	50.0	10.0	1.0
南　非			微	0.2	7.7	56.3	34.2	1.6
印　度			0.4	5.2	52.0	40.0	2.4	微
马来西亚			微	7.1	63.4	29.1	0.4	微
斯里兰卡			0.2	0.1	1.9	16.9	56.7	24.2
美　国			微	微	0.8	31.3	60.0	7.9

表 2-14　中国主要锆英砂的粒度组成实例

产地	矿　　名	粒度组成/%					
		0.189mm (70 目)	0.147mm (100 目)	0.113mm (140 目)	0.074mm (200 目)	0.053mm (270 目)	<0.053mm (<270 目)
海南	万宁乌场钛矿	0.1	1.2	90.0		8.7	
	文昌清澜选矿厂	0.2	2.2	91.0		6.6	
广东	阳江南山海稀土矿			58.0		42.0	
	电白水东选矿厂		0.64	99.36			
	广州大沙头选矿厂			7.5	48.5	41.0	3.0
福建	诏安矿		8.5	44.5	41	4.0	2.0

2.5.2　锆英砂细粉的生产工艺和设备

　　生产普通锆英石细粉,一般都是将锆英砂直接粉碎即可,粉碎方法有干法和湿法。粉碎设备有普通球磨机或雷蒙磨(环滚研磨机)、离心式气流分选机、旋风分离器、风机等设备组成。锆砂经球磨机粉碎研磨后由气流输送到离心式气流分选机进行分级,细粉被送到旋风分离器作为成品。粗粉部分返回球磨机和新料再粉碎,这组设备一般用于生产粒度在 0.074mm(200 目)的锆英砂粉。

在制取锆英砂细粉和超细锆英砂微粉时,应进行粉化工艺的组合。如日本和法国用于高级陶瓷的锆英石超细粉 D_{50} 可小于 10 μm,D_{90} 小于 5μm,比表面积 S_V 为 15 222 cm^2/g 和 16 000 cm^2/g,上述两种产品在陶瓷釉层中都有良好的乳浊性能,釉层具有较高遮盖力,提高了产品白度[6]。但由于原料锆英砂粒度在 150μm(100 目)左右,而产品平均粒径要求小于 1.5μm,因此,需将粉化分为粗粉碎、细粉碎和超细粉碎三段完成。比较了气流磨、振动磨、球磨机及搅拌磨等超细粉碎设备对锆英砂的超细粉磨的产品粒度、处理能力、能耗、设备损耗和杂质污染等因素,表明气流磨虽然流程简单、对产品的污染小,但能耗较高、投资比较大。球磨机、振动磨和搅拌磨都要用研磨介质,在采用耐磨内衬的情况下,研磨介质的性质对产品的影响很大,容重大的研磨介质对物料的粉碎速度快。硬度大、韧性高的研磨介质自身磨损小,对产品的污染也小。但相比之下振动磨的处理能力低,干磨的效率比湿磨的效率低,搅拌磨的能耗最低、产品粒度最细。一般选择球磨机和高、低速搅拌磨联合作业的方式,组成超细粉碎系统(见工艺示意图)。对超细产物中的铁、钛等杂质应在其后的化学处理中除去。现代固液分离技术和设备的进步,致使微米级颗粒的过滤难题得以解决。因此保证了细粉不会在脱水过程中散失,最后产品进行低温干燥,防止强团聚有利于产品的最后打散。

工艺示意图:

粗粉磨 → 细粉磨 → 超细粉磨 → 化学处理 → 干燥

由于锆英砂中的 ZrO_2 膨胀系数较大,可将锆英砂在 600℃ 左右加热,随着温度升高,ZrO_2 体积膨胀裂解,晶体结构部分破坏,产生较多的晶体裂纹,再加入助溶剂使之沿晶体裂纹浸润,以降低锆英石晶体的表面能,提高磨细效果,利用行星磨的磨矿效果比较见表 2-15[7]。

文献[7]介绍了雷蒙磨与微粉碎磨结合制取超细锆英石粉的工艺。先用雷蒙磨将锆英砂磨细到小于 0.043mm(－325 目),除杂处理后送至微粉碎磨处理,可制得平均粒度 1.8μm 的锆英砂细粉。

表 2-15　煅烧锆英砂磨矿效果比较

项　　目	煅烧前		煅烧后	
	加聚丙烯酸钠	加六偏磷酸钠	加聚丙烯酸钠	加六偏磷酸钠
最大粒径/μm	23.98	33.97	14.50	14.70
不大于 5μm 含量/%	68.58	65.24	70.77	71.24
中位径/μm	2.83	3.40	2.61	2.58
比表面积/m²·kg⁻¹	727	739	831	850

2.6　锆英砂的化学成分和产量

2.6.1　锆英砂和锆英粉的化学成分

国外锆英砂产品成分见表 2-16。表 2-17 列出了商品的保证质量,表 2-18 为锆英砂有代表性的筛分结果。表 2-19 为澳大利亚矿床公司的产品实例。表 2-20 给出了巴西和南非的斜锆石化学成分。澳大利亚锆英石粉的成分和粒度见表 2-21。

表 2-16　各国锆英砂化学成分

产　　地			化学成分/%				
			ZrO_2	SiO_2	Fe_2O_3	TiO_2	Al_2O_3
澳大利亚	东海岸	A	66.28	32.58	0.060	0.128	0.31
		B	66.14	32.45	0.115	0.161	0.32
		C	63.33	32.50	0.039	0.057	0.31
	西海岸	D	66.02	32.88	0.164	0.161	0.90
		E	66.17	32.84	0.081	0.134	0.41
		F	66.03	32.20	0.204	0.141	0.86
		G	66.28	32.32	0.164	0.142	0.27
南　非			66.00	32.60	0.160	0.170	0.25
印　度			65.50	32.40	0.090	0.170	0.70
马来西亚			65.70	32.80	0.070	0.190	0.40
斯里兰卡			64.73	32.56	0.31	0.350	1.84
美　国			66.38	32.25	0.032	0.140	0.84

表 2-17 澳大利亚锆英砂保证质量实例

项　　目	标准的"L"级/%	粗粒级/%	O·L 级/%	煅烧过的陶瓷级/%
$Zr(Hf)O_2$	65.0	66.0	65.5	66.0
TiO_2	0.25	0.25	0.25	0.10
Fe_2O_3	0.12	0.15	0.10	0.06

表 2-18 澳大利亚锆英砂代表性的筛分析 （单位:%）

粒度/mm 级别	0.3	0.25	0.212	0.18	0.15	0.125	0.106	0.075	-0.075
标准的"L"级		1.4	2.5	6.7	23.1	18.6	33.7	13.4	0.6
粗粒级	6.4	16.5	18.4	26.2	25.8	4.1	2.4	0.2	痕
O·L 级		1.4	3.2	17.9	21.5	28.5	25.6	1.9	
煅烧过的陶瓷级		2.2	3.7	10.2	26.5	18.2	21.6	11.1	0.5

表 2-19 澳大利亚矿床公司锆英砂质量

品位/%	$Zr(Hf)O_2$ 66.6	TiO_2 0.07	Fe_2O_3 0.018	SiO_2(游离)0.14
粒度	0.189mm(70 目), 3.6%	0.147mm(100 目), 35.8%	0.104mm(150 目), 56.2%	0.104mm(150 目), 4.4%

表 2-20 不同产地的斜锆矿的化学成分

斜锆石精矿/%		
巴　　西	巴西斜锆石	南　　非
82.64	75.35	92.77
2.5	2.5	2.5
1.29	3.00	0.01　0.15
5.43	3.19	1.19　0.59
0.75		0.07
6.36	18.25	0.84
0.58	1.50	1.50
2.41	1.17	

表 2-21 澳大利亚锆英砂粉的化学成分和粒度

项目	化学成分/%					粒　　度	
	ZrO_2	SiO_2	Fe_2O_3	TiO_2	Al_2O_3	粒径(目数)/mm	百分比%
A	66.32	32.57	0.049	0.057	0.31	0.074(200~)	97.2
B	66.12	32.66	0.065	0.130	0.30	0.074(200~)	97.4

中国一些企业锆砂的化学成分(应例)见表 2-22[5]。普通产品的国家标准见表 2-23。

表 2-22 中国主要锆砂的分析实例 （单位：%）

产地	矿　　名	ZrO_2	SiO_2	TiO_2	Al_2O_3	Fe_2O_3	CaO	MgO	Na_2O	K_2O	P_2O_5	灼减
	万宁乌场钛矿	66.42	32.42	0.24	0.21	0.05	0.06	0.04	0.01	微		0.23
	文昌清澜选矿厂	66.16	32.89	0.27	0.25	0.05	0.05	0.03	0.01	0.01	0.19	
	琼海某矿	59.53	34.17	0.40	3.26	0.33	0.19	微	微			
广东	湛江某矿	64.96	32.19	0.84	0.46	0.14	微	微	微			
	阳江南山海稀土矿	65.91	32.04	0.39	1.11	0.14	0.25	微				0.13
	电白水东选矿厂	66.50	32.40	0.14	0.19	0.12		0.03		0.23		
	广州大沙头选矿厂	66.41	32.69	0.26	0.25	0.15						0.2
山东	荣成锆矿	66.81	32.40			0.05						
福建	厦门某矿	62.37	32.52	1.89	1.47	0.26	微	0.12	微			
	诏安某矿	62.49	31.45	4.65	0.40	0.25						

2.6.2 锆英砂的产量

近十年来,随着冶金、铸造、化工、陶瓷等工业的不断发展,锆英砂的用量迅速增加,产量也由 20 世纪 70 年代末的总量 60 万 t,增加至近年的近 120 万 t,还不包括俄罗斯和乌克兰,几乎翻了一番,见表 2-24。澳大利亚的产量占西方国家的 70% 左右。中国近年锆英砂的用量和产量也不断增加,1980 年的销售量为 0.6 万 t,1990 年以来产量达 2.0 万 t,产量远远不能满足要求,尚需进口十余万 t。中国近年来的锆英砂产量见表 2-25。

表 2-23 中国锆英砂标准

级　别	化学成分/%						粒度/mm
	$(Zr,Hf)O_2$	杂质含量					
		TiO_2	P_2O_5	Fe_2O_3	Al_2O_3	SiO_2	
特级品	65.50	0.3	0.20	0.10	0.8	34	−0.4
一级品	65.00	0.5	0.25	0.25	0.8	34	−0.4
二级品	65.00	1.0	0.35	0.30	0.8	34	−0.4
三级品	63.00	2.5	0.50	0.50	1.0	33	−0.4
四级品	60.00	3.5	0.80	0.80	1.2	32	−0.4
五级品	55.00	8.0	1.50	1.50	1.5	31	−0.4

表 2-24　世界主要锆英砂生产国产量[8~10]　　（单位:万 t）

国　别＼年　份	1979	1980	1981	1982	1988	1989	1995	1999	2000	2001①
澳大利亚	44.7	45.9	42	42	48	54.5	61.6	37.2	38.1	36.4
南　非	8.6	10.3	11	13	13.5	14.5	23	35.2	35.5	34.0
美　国	10.0	14.5	9.0	9.0	10	12.0	12	17.9	16.2	15.4
前苏联					8.5	8.5				
其他国家	0.8	0.8	1.0	1.0	6.0	7.0	20	8.0	8.0	10.0
合　计	62	65	63	65	86	96	116	99	97.6	95.8

①预测量。

表 2-25　中国近年锆英砂的产量

年　份	1984	1985	1986	1987	1988	1989	1990	1991	1992	2000
产量/t	13311	14285	15375	15566	18153	18084	16454	16217	13148	30000

注:1992 年前为中国有色金属工业总公司统计资料汇编,2000 年为预测数。

参 考 文 献

1　崔广仁．稀有金属选矿,北京:冶金工业出版社,1975

2　刘承宗,王纲乾．选矿手册,钛锆矿选矿,北京:冶金工业出版社,2000

3　刘承宗．有色金属进展,海滨砂矿,中国有色金属工业总公司,1984

4　熊炳昆,郭靖茂,侯嵩寿．有色金属进展,锆铪.中国有色金属总公司,
　　1984

5　章辉远．造型材料,1985(1)

6　盖国胜,王爱民．陶瓷,1999(3)

7　严大洲,刘庆国等．第八届全国钛锆铪冶炼学术交流会文献,1995

8　郑能瑞．中国有色金属产品品种质量调查与研究,锆铪.北京:科学出版
　　社,1995

9　北京有色金属研究总院编．现代材料动态,2001(4)

10　レアソタメニエース．日刊アメス出版社,2001(2023)

3 锆和铪的化合物

3.1 概述

锆和铪最常见的化合价为正四价,可还原为低价,但低价化合物不稳定。已知的低价化合物有氯化物、溴化物和碘化物,它们都是由高价卤化物制得的,典型的还原反应为:

$$ZrCl_{4(g)} + 3Zr = 4ZrCl_{(s)}$$

$$HfCl_{4(g)} + 3Hf = 4HfCl_{(s)}$$

在水溶液中,锆铪均呈 +4 价态,而且多以络合阴离子或络合阳离子形式存在,几乎不存在游离的锆、铪离子。在 $Zr(SO_4)_2 \cdot 4H_2O$ 溶液中,当锆离子浓度大于 0.7 g/L 时,锆主要以 $Zr(OH)_2SO_4$ 和 $ZrO(OH)SO_4^-$ 两种形式存在:

$$Zr(SO_4)_2 + 2H_2O \longrightarrow Zr(OH)_2SO_4 + H_2SO_4$$

$$Zr(OH)_2SO_4 \Longleftrightarrow ZrO(OH)SO_4^- + H^+$$

当锆离子浓度小于 0.7 g/L 时,则主要以 $Zr_{18}O_{10}(OH)_{26}(SO_4)_{13}$ 形式存在:

$$18Zr(SO_4)_2 + 36H_2O \longrightarrow Zr_{18}O_{10}(OH)_{26}(SO_4)_{13}$$

当溶液沸腾、老化、稀释或溶液的酸度降低时,可生成不同种类的碱性盐。硫酸锆溶液的最大特点是可以同时存在多种形式的络离子,而且彼此不会达到平衡。

高氯酸溶液中,在 pH = 0.3~1.5 和锆铪离子浓度为 10^{-2}~10^{-3} mol/L 时,会生成多核络合物 $Zr[Zr(OH)_2]^{6+}$、$Hf[Hf(OH)_2]^{6+}$。在高氯酸浓度等于 1~2 mol/L 和锆离子浓度小于 0.02 mol/L 溶液中,主要的锆阴离子为 $Zr_3(OH)_4^{8+}$ 和 $Zr_4(OH)_8^{8+}$。

在盐酸溶液中,当浓度为 2.8 mol/L 时,锆以 $Zr_3(OH)_6Cl_3^{3+}$

存在。随着氯离子浓度的增加。氯离子逐步置换出氢氧根离子，最终生成 $ZrCl_6^{2-}$ 络离子。

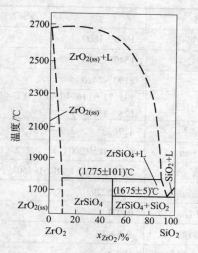

图 3-1 ZrO_2 和 SiO_2 平衡相图

3.2 锆英砂的性质

锆砂亦称锆英砂、锆英石，是一种以锆的硅酸盐 $Zr(SiO_4)$ 为主要组成的矿物。有金属光泽和高折光率及双折射性。其结晶构造属四方晶系，呈四方锥柱形，密度 $4.6\sim4.7\ g/cm^3$，均匀莫氏硬度为 $7\sim8$ 级，熔点随所含杂质的不同在 $2190\sim2420℃$ 间波动。主要组成为 ZrO_2 和 SiO_2，以及少量 Fe_2O_3、CaO、Al_2O_3 等杂质。$ZrSO_4$ 具有高分子结构，含有 8-配位锆（十二面体，$ZrO=215$，$229pm$），在高温下可分解为 ZrO_2 和 SiO_2，缓慢冷却时又重新化合；而快速骤冷则生成单斜 ZrO_2 和玻璃态 SiO_2 的混合物。纯的锆英砂无色，因存在铁的化合物，故一般呈棕色、黄褐色或淡黄色。理论上纯锆英砂应含有 67.23% ZrO_2 和 32.77% SiO_2，它是 $ZrO_2\text{-}SiO_2$ 系惟一的化合物，平衡相图见图 3-1。但天然锆砂仅含 $57\%\sim66\%$ ZrO_2 和 $43\%\sim54\%$ SiO_2 以及 $1\%\sim3\%$ 的 HfO_2。锆砂的主要热物理性能见表 3-1。

表 3-1　ZrSiO₄ 的物理性质

性　　质	ZrSiO₄
软化熔点/℃	1660～1800
分解温度/℃	1540～2000
熔点/℃	2190～2420
热容/J·mol⁻¹·K⁻¹	$131.71 + (16.40 \times 10^{-3})T \times (-33.81 \times 10^5)T^2$ (25～1500℃)
密度/g·cm⁻³	$4.7(a)^2$　　$3.9～4.0(\gamma)^2$
电阻率/μΩ·cm	9.9×10^{13}(200℃)　　2.2×10^{10}(450℃)
介电常数	12(17～22℃)　　8.51(450℃)
Zr—O 键长/nm	0.215229
热导率(1200℃)/W·(m·℃)⁻¹	0.021
线膨胀系数(200～1000℃)/℃⁻¹	5.5×10^{-6}
蓄热系数/kJ·(m²·h^(1/2))⁻¹	188.1

　　锆英砂的化学性能稳定,对熔融金属、酸性试剂抗蚀能力很强,在高温下可与氢氧化钠或纯碱反应生成锆酸钠等化合物,与氧化钙或碳酸钙、氯化钙反应生成锆酸钙等化合物:

$$ZrSiO_4 + 2NaOH = Na_2ZrSiO_5 + H_2O$$
$$ZrSiO_4 + 4NaOH = Na_2ZrO_3 + Na_2SiO_3 + 2H_2O$$
$$ZrSiO_4 + 6NaOH = Na_2ZrO_3 + Na_4SiO_4 + 3H_2O$$
$$ZrSiO_4 + Na_2CO_3 = Na_2ZrSiO_5 + CO_2$$
$$ZrSiO_4 + 2Na_2CO_3 = Na_2ZrO_3 + Na_2SiO_3 + 2CO_2$$
$$ZrSiO_4 + 3Na_2CO_3 = Na_2ZrO_3 + Na_4SiO_4 + 3CO_2$$
$$ZrSiO_4 + CaCO_3 = CaSiO_3 + ZrO_2 + CO_2$$
$$ZrSiO_4 + 2CaCO_3 = CaZrO_3 + CaSi_3 + 2CO_2$$
$$ZrSiO_4 + 3CaCO_3 = CaZrO_3 + Ca_2SiO_4 + 3CO_2$$
$$2ZrSiO_4 + 4CaCO_3 = CaZrO_3 + Ca_3ZrSi_2O_9 + 4CO_2$$

$$ZrSiO_4 + 2Ca_2SiO_4 = Ca_3ZrSi_2O_9 + CaSiO_3$$
$$ZrSiO_4 + CaZrO_3 = CaSiO_3 + 2ZrO_2$$
$$ZrSiO_4 + CaO = CaSiO_3 + ZrO_2$$
$$ZrSiO_4 + 2CaO = CaZrO_3 + CaSiO_3$$
$$ZrSiO_4 + 3CaO = CaZrO_3 + CaSiO_4$$
$$2ZrSiO_4 + 4CaO = CaZrO_3 + Ca_3ZrSi_2O_9$$
$$ZrSiO_4 + 2CaCl_2 = ZrCl_4 + Ca_2SiO_4$$

锆英砂在温度为 1800℃ 时,分解为 ZrO_2 和 SiO_2:
$$ZrSiO_4 \xrightarrow{\triangle} ZrO_2 + SiO_2$$

当温度高于 700℃,并有碳存在时,和氯发生如下反应:
$$ZrSiO_4 + 4Cl_2 + 2C \longrightarrow ZrCl_4 + SiCl_4 + 2CO_2$$
$$ZrSiO_4 + 4Cl_2 + 4C \longrightarrow ZrCl_4 + SiCl_4 + 4CO$$

锆英砂在 2000℃ 左右与碳和氮发生如下反应:
$$ZrSiO_4 + 4C \longrightarrow ZrC + SiO\uparrow + 3CO$$
$$ZrSiO_4 + 2N_2 \longrightarrow ZrN + SiO\uparrow + 3NO$$

3.3 锆酸盐和铪酸盐[2]

高温下 ZrO_2 与金属氧化物、氢氧化物或碳酸盐反应可生成偏锆(铪)酸盐:
$$Zr(Hf)O_2 + M^{II}CO_3 \longrightarrow M^{II}Zr(Hf)O_3 + CO_2$$

实践中并不存在独立的 ZrO_3^{2-} 阴离子,因此锆酸盐和铪酸盐可看作是高分子的混合金属氧化物。与二价金属生成的锆酸盐 $M^{II}ZrO_3$ 常具有钙钛矿型结构,而三价金属的锆酸盐,其结构决定于其组成和三价离子的半径。如对较大离子(M^{II} = La,Ce,Nd,Sm,Gd)$M_2^{II}Zr_2O_7$ 则生成为绿烧石型结构,而对较小离子(M^{II} = Sc,Yb,Lu)则生成为 $M_4^{II}Zr_3O_{12}$ 和其他较复杂的物质,都具有氟化钙(萤石)结构。已知的其他混合氧化物有 $TiZrO_4$、V_2ZrO_7、$Nb_{10}ZrO_{27}$、$Nb_{14}ZrO_{37}$、Mo_2ZrO_4 和 W_2ZrO_8。对一些三元和四元金

属氧化物体系如 $M_2^I O-M^I O-ZrO_2$ 和 $M^I O-M_2^{II} O_3-SiO_2-ZrO_2$ 曾进行过研究,从其高分子结构可确定,锆酸盐和铪酸盐具有高熔点(往往高于 2500℃),因而有某些工业用途。

主要的锆(铪)酸盐有:碱金属锆(铪)酸盐(Na_2ZrO_3、K_2ZrO_3、Li_2ZrO_3、$Li_2Zr_2O_5$、Na_2ZrSiO_5、Na_4ZrSiO_6 等),碱土金属锆(铪)酸盐($MgZrO_3$、$CaZrO_3$、$CaHfO_3$、$BaZrO_3$、$BaHfO_3$、$SrZrO_3$、$SrHfO_3$、$PbZrO_3$、$CeZrO_3$、$CaZr_4O_9$、$Sr_3Zr_2O_7$、$Sr_4Zr_8O_{10}$等)。碱土金属锆酸盐可由二氧化锆与碳酸镁、碳酸钙、碳酸钡和碳酸锶反应制得。

3.4 氧化锆和氧化铪[3~5]

3.4.1 氧化锆

A 相变

ZrO_2 属多晶相转化的氧化物,在不同的温度下,有三种晶形。稳定的低温相为单斜晶结构,从 1000℃ 时形成四方晶相,在 1200~2370℃,只存在四方晶相,大于 2370℃ 至熔点则为立方晶相。ZrO_2 的三种晶体的性质见表 3-2。

在锆的盐类转变为 ZrO_2 时,柯米沙诺娃等人认为在低温区还存在有 ZrO_2 变体——低温区四方晶系的 ZrO_2。如将无定型 ZrO_2 缓慢升温,则于 290~300℃ 形成不稳定四方晶格的 ZrO_2;高于 400℃ 则转化为单斜型。在较高温度时,单斜型 ZrO_2 转变为四方型。其转化较为复杂,由于 ZrO_2 的来源不同其转化温度有所差别。转化速度有下列关系式,其活化能为 336.9 kJ/mol:

$$\frac{dP}{dt} = K(\frac{100-P}{100})^{2.5}$$

式中 t——时间;

P——单斜型 ZrO_2 的转移量;

K——速度常数,与温度有如下关系:

$$K = 11675 - \frac{17600}{T}$$

　　科恩认为,在温度高于 1900℃ 时,ZrO_2 呈六方晶格存在,其晶格常数 $a = 0.36$ nm,$c/a = 1.633$。但经依文斯的研究认为此变体并不存在。而四方 ZrO_2→单斜 ZrO_2 的转化属马氏体相变类,在氧化物中,ZrO_2 是惟一具有与钢及其他有马氏体相变的合金相似性能的材料。

　　从图 3-2 可以看出,无论是外部压力,还是内部的应变压力,均会阻碍晶相转变,表明 ZrO_2 在晶相转化时为什么会出现温滞,和在出现温滞时即可观察到广泛变化的温度范围的原因。

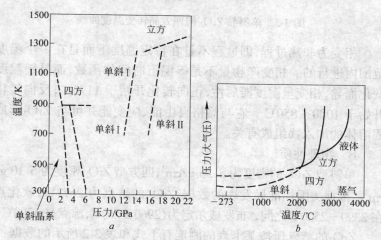

图 3-2　ZrO_2 的压力-温度曲线(a)和热膨胀曲线(b)

　　根据计算,单斜 ZrO_2 向四方 ZrO_2 晶相转变时有 3.25% 的体积变化。而这一变化是加热时收缩,冷却时膨胀,见图 3-3。冷却时的反向转变(单斜 ZrO_2→四方 ZrO_2)一般在大约 1000～800℃ 之间发生,这一变化对于未变形的 ZrO_2 烧结体冷却时所形成的可变拉伸应力会使其破碎。

　　关于 ZrO_2 的相变过程,可作如下概括:单斜 ZrO_2 呈各向异性膨胀,沿 a,c 轴向膨胀显著,沿 b 轴向则不甚明显。转化时晶格参数变化很大。升温时单斜晶向四方晶转变有明显收缩,反之呈明显膨胀,体积效应约 5%,与此同时产生约 14% 的晶格切变。

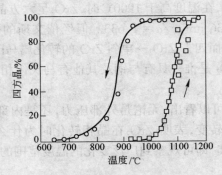

图 3-3　单斜晶 ZrO_2 向四方晶转变温度曲线

相变为非热过程,即过程不是在特定温度下而是在一个温度范围内进行的。相变产物量不是等温下时间的函数,而是随温度变化而异,相变呈温度滞后性,正向转化开始于 1170℃;反向转化开始于 1000～850℃。它与晶格自由能、应变能并可与 ZrO_2 形成固溶体的加入物组成有关。

B　物理性质

单斜型 ZrO_2 的密度为 5.56 g/cm³,四方型 ZrO_2 密度为 6.10 g/cm³。根据美国标准局发表的数据,ZrO_2 的熔点为 2677℃,软化点在 2390～2500℃ 之间,布罗威尔定为 (2960±25)K,沸点是 4300℃。

ZrO_2 的蒸气压按莱卡森的测定有下式和表 3-2 所示的数据:

表 3-2　ZrO_2 的蒸气压

温度/℃	$p_{大气压}$(101325 Pa)
1719	$0.670×10^{-6}$
1831	$0.799×10^{-6}$
1878	$1.946×10^{-6}$
1902	$2.500×10^{-6}$
1971	$7.922×10^{-6}$
1998	$12.660×10^{-6}$
2009	$10.750×10^{-6}$

$$\lg p_{ZrO_2} = 14.86 - 7.98 \lg T - 34.380 T^{-1} \quad (133.32 \text{ Pa}, 298 \sim 2290 \text{ K})$$

Hoch 等提出在 2064～2282 K 之间的蒸气压可用下式计算:

$$\lg p_{ZrO_2} = 11.98 - 7.98 \times 10^{-4} T - 34384 T^{-1}$$

按凯莱计算式, ZrO_2 的定压质量热容为[9]:

$$c_p = 11.62 + 10.46 \times 10^{-3} T - 1.777 \times 10^5 T^{-2} \quad (273 \sim 1673 \text{ K})$$

阿若尔给出的公式为:

$$c_p = 0.0988 + 1.73 \times 10^{-4} T - 0.156 \times 10^{-6} T^{-2} \quad (468 \sim 1264 \text{ K})$$

科林给出的公式为:

$$c_p = 16.64 + 1.80 \times 10^{-3} T - 3.36 \times 10^5 T^{-2} \quad (\alpha\text{-}ZrO_2, 298 \sim 1478 \text{ K})$$

$$c_p = 17.80 \quad (\beta\text{-}ZrO_2, 1478 \sim 1850 \text{ K})$$

ZrO_2 的熔解热为 86.94 kJ/mol(2677℃),蒸发热为 642.05 kJ/mol(25℃),由单斜晶系转化为四方晶系的相变热为 1.42 kJ/mol(1205℃)。

ZrO_2 的热焓可用下式求出,并在表 3-4 中示出:

$$H_T^\circ - H_{298}^\circ = 17.80 T + 4.00 \times 10^5 T^{-1} - 6.649$$

按凯莱的计算, ZrO_2 熵值为 $S_{298}^\circ = (50.66 \pm 0.13)$ J/(mol·K),库巴切维斯基的建议值则为 $S_{298}^\circ = (50.50 \pm 0.4)$ J/(mol·K)。不同温度下的熵见表 3-3。

表 3-3 α-ZrO₂ 的热焓与熵

T/K	$H_T^\circ - H_{298}^\circ$/J·mol^{-1}	$S_T^\circ - S_{298}^\circ$/J·(mol·K)$^{-1}$
400	6145	16.68
500	12707	32.31
600	19604	44.89
700	26585	55.64
800	33649	65.04
900	40880	73.57
1000	48237	81.34
1100	55803	88.53

科林给出了 ZrO_2 的生成热与自由能,计算公式和公式中的系数值见表 3-4。

$$\Delta H_T^{\ominus} = \Delta H^{\ominus} - aT - b \times 10^{-3} T^2 + 2C \times 10^5 T^{-1}$$

$$\Delta F_T^{\ominus} = \Delta H^{\ominus} + 2.3030\ T \lg T + b \times 10^{-3} T^2 + C \times 10^5 T^{-1} + T$$

库巴切维斯基给出的计算公式为:

$$\Delta F_T^{\ominus} = -260300 - 10.15\ T \lg\ T + 77.1T$$

ZrO_2 的生成热为 $H_{298}^{\ominus} = -(1094.3 \pm 0.84)$ kJ/mol。

ZrO_2 的自由能 $\Delta F_{298}^{\ominus} = -1026.6$ kJ/mol。

表 3-4　方程式中的各系数值

反　　应	温度范围	$-\Delta H_T^{\ominus}$	$2.303a$	b	c	l
$Zr_{(\alpha)} + O_{2(g)} = ZrO_{2(\alpha)}$	298～1135 K	262980	−6.10	+6.10	+1.045	+65
$Zr_{(\beta)} + O_{2(g)} = ZrO_{2(\alpha)}$	1135～1478 K	264190	−5.09	−40	+1.48	+63
$Zr_{(\beta)} + O_{2(g)} = ZrO_{2(\beta)}$	1478～2000 K	262290	−7.76	+50	−20	+96

ZrO_2 的物理性质见表 3-5。

表 3-5　ZrO_2 的物理性质

结 晶 形 式	α:单斜晶系 β:四方晶系
晶格常数/nm	α: $a = 0.5194$ $b = 0.5266$ $c = 0.5308$ $\beta = 80°48'$ β: $a = 0.5074$ $c = 0.5160$
密度/g·cm^{-3}	α:5.56 β:6.10
熔点/℃	2687 ± 25
沸点/℃	4300

结晶形式	α:单斜晶系 β:四方晶系
质量定压热容,c_p/J·(mol·K)$^{-1}$	$\alpha: c_p = 69.56 + 7.52 \times 10^{-3}T - 14.04 \times 10^5 T^{-2}$ $\beta: c_p = 74.4$
生成热,ΔH°_{298}/kJ·mol^{-1}	-1094.3 ± 0.42
熵,S°_{298}/kJ·(mol·K)$^{-1}$	50.29 ± 0.42
自由能,ΔF°_{298}/kJ·mol^{-1}	-1026.6
外形特征	白色粉末

C 化学性质

ZrO_2 的化学稳定性很高,不溶于水,在酸中的溶解度与 ZrO_2 的煅烧温度有关,煅烧温度愈高,溶解度则越低,见表 3-6。高温煅烧过的 ZrO_2 在浓硫酸中不易溶解,仅溶于氢氟酸。ZrO_2 容易与碱和碳酸盐熔烧,形成锆酸盐。也能与卤素化合,如在有碳存在下与氯作用生成 $ZrCl_4$。

表 3-6 ZrO_2的煅烧温度与酸溶解关系[①]

酸名称	酸浓度 /mol·L^{-1}	煅烧温度/℃				
		290	500	800	1000	1300
HCl	6	0.1022	0.0043	0.0048	0.0042	0.0000
H_2SO_4	18	完全溶解	0.0046	0.0044	0.0047	0.0000
H_2SO_4	36	完全溶解	0.0042	0.0041	0.0031	0.0000

① 表中的数字为 50ml 溶液溶解 ZrO_2 的克数。

$$ZrO_2 + Na_2CO_3 \xrightarrow{900℃} Na_2ZrO_3 + CO_2$$

$$ZrO_2 + 2C + 2Cl_2 \xrightarrow{700℃} ZrCl_4 + 2CO$$

$$ZrO_2 + 2NaOH \xrightarrow{800℃} Na_2ZrO_3 + H_2O$$

D 锆的低价氧化物

锆的低价氧化物主要有 Zr_2O_3 与 ZrO。锆的低价氧化物形成于 ZrO_2 碳化过程中,如:

$$ZrO_2 \rightarrow Zr_2O_3 \rightarrow ZrO \rightarrow ZrC$$

但也可以用其他方法获得,如将氮化锆(ZrN)在空气中加热能够获得 Zr_2O_3;在氢气氛下以镁还原 ZrO_2 可生成 ZrO 等。Zr_2O_3 为绿色粉末,而 ZrO 为黑色。

ZrO 具有立方晶格,晶格常数为 0.463nm。Zr_2O_3 的晶格为菱面体。ZrO 与 Zr_2O_3 的生成热分别为 631.2kJ/mol 和 1805.8 kJ/mol。

3.4.2 氧化铪

A 物理性质

二氧化铪(HfO_2)是白色晶体粉末。纯 HfO_2 以三种形式存在,一种是无定形状态,另外两种为晶体。在小于 400℃ 煅烧氢氧化铪,氧氯化铪等不稳定化合物时,可以得到无定形 HfO_2。将其 HfO_2 继续加热至 450~480℃,开始转化为单斜晶体,继续加热至 1000~1650℃ 区间发现有晶格常数逐渐增加的趋势(最高增加 0.01 nm),并转化为 4 个 HfO_2 分子的单体。当温度达 1700~1865℃ 时则开始转化为四方晶系。其晶格常数如下。

单斜晶格:

$a = (0.512 \pm 0.002)$ nm, $b = (0.518 \pm 0.002)$ nm,

$c = (0.525 \pm 0.002)$ nm, $\beta = (98 \pm 0.5)°$

$a = 0.511$ nm, $b = 0.514$ nm,

$c = 0.528$ nm, $\beta = 99°44'$

四方晶格:

$a = 0.514$ nm, $c = 0.525$ nm

向 HfO_2 中添加少量的 MgO、CaO、MnO_2 等氧化物,在 1500℃ 以上可形成面心立方晶格的固溶体。如向 HfO_2 中加入 8%~20% CaO(摩尔分数),则其晶格常数 a 相应从 0.5082 nm 增加至 0.5098 nm。若加入量达到可形成 $CaHfO_3$ 时,则晶体结构转化为菱形晶系,晶格常数为 $a = 1.108$ nm,$b = 0.794$ nm,$c = 0.573$ nm。

根据汉维希发表的数据,单斜晶体 HfO_2 的密度为 9.68 g/

cm³(文献[6]的计算值为 10.3 g/cm³),分子体积为 21.76 cm³。四方晶体 HfO₂ 的计算密度为 10.01 g/cm³。

最初测定 HfO₂ 的熔点是(2812±25)℃,赛维门等的数值为 2810℃,罗西尼等提出的为 2777℃,后来凯蒂等发表的数值则为 (2900±25)℃。

按托蒂的测定,HfO₂ 的质量定压热容在低温(52~298 K)时有如表 3-7 所示的数值。高温时的热容按热焓与温度的关系式微分可得:

$$H_T^{\circ} - H_{298.15}^{\circ} = 17.39T + 1.04 \times 10^{-3} T^2 + 3.48 \times 10^5 T^{-1}$$
$$- 6445 \quad (298 \sim 1800 \text{ K}, 0.3\%)$$

则 $c_p = 17.39 - 2.08 \times 10^{-3} - 3.48 \times 10^5 T^2 \quad (298 \sim 1800 \text{ K})$

固态 HfO₂ 的热焓、熵、生成热与生成自由能的数值见表 3-8 与表 3-9。

表 3-10 列出了 HfO₂ 的一些物理性质。

表 3-7　HfO₂ 的质量定压热容(52~298K)

T/K	$c_p/\text{J}\cdot(\text{mol}\cdot\text{K})^{-1}$	T/K	$c_p/\text{J}\cdot(\text{mol}\cdot\text{K})^{-1}$	T/K	$c_p/\text{J}\cdot(\text{mol}\cdot\text{K})^{-1}$
52.47	9.263	114.60	27.199	216.37	49.41
56.55	10.446	124.63	29.900	226.34	51.04
60.70	11.779	136.02	32.784	236.13	52.38
65.29	13.280	146.13	35.258	245.94	53.88
70.13	14.735	156.02	37.620	256.36	55.22
74.90	16.106	166.07	39.806	266.38	56.47
80.36	18.087	176.11	41.967	276.25	57.73
85.12	19.069	187.91	44.350	286.50	58.98
94.99	21.820	196.35	45.896	296.34	59.90
104.57	24.432	206.35	47.736	(298.16)	(60.19)

表 3-8   固体 HfO$_2$的热焓与熵

T/K	$H^\circ_T - H^\circ_{298.15}$ /J·mol^{-1}	S°_T /J·(mol·K)$^{-1}$	T/K	$H^\circ_T - H^\circ_{298.15}$ /J·mol^{-1}	S°_T /J·(mol·K)$^{-1}$
298.15	0	59.27	1200	67841	160.60
400	6437	77.79	1300	76076	167.20
500	13250	92.96	1400	84436	172.13
600	20482	106.17	1500	92880	179.20
700	28048	117.83	1600	101407	184.71
800	35823	128.20	1700	110018	189.94
900	43681	137.44	1800	118712	194.91
1000	51623	145.80	1900	127490	199.64
1100	59690	153.49	2000	136352	204.19

表 3-9   固体 HfO$_2$ 的生成热与自由能

T/K	$-\Delta H^\circ_T/$ kJ·mol^{-1}	$-\Delta F^\circ_T/$ kJ·mol^{-1}	T/K	$-\Delta H^\circ_T/$ kJ·mol^{-1}	$-\Delta F^\circ_T/$ kJ·mol^{-1}
298.15	1112.3	1055.0	1200	1098.9	892.0
400	1111.5	1035.8	1300	1097.3	874.5
500	1110.2	1017.0	1400	1096.0	857.7
600	1109.6	998.6	1500	1094.3	840.6
700	1107.3	980.2	1600	1092.2	823.9
800	1105.6	962.2	1700	1096.6	807.2
900	1103.9	944.3	1800	1088.9	790.4
1000	1102.3	926.7	1900	1087.2	773.7
1100	1100.6	909.2	2000	1085.5	757.4

表 3-10　HfO₂的一些物理性质

性　　质	HfO_2
熔点/K	约 2800
沸点/K	5400
密度:单斜型	9.68
四方型	10.01
单元晶胞参数:单斜型	$a=5.11, b=5.14$
四方型	$c=5.28, \beta=99°44'$
立方型	$a=5.14, c=5.25$
生成热/$kJ \cdot mol^{-1}$	-1147.7
热容(298K)/$J \cdot (K \cdot mol)^{-1}$	14.4
线膨胀系数/K^{-1}:单斜型	-0.110×10^{-6}
四方型	5.8×10^{-6}
转变温度,单斜↔四方/K	约 2073

B　化学性质

氧化铪的化学性质与氧化锆相似,其活性与煅烧温度有关,煅烧温度愈高,化学活泼性愈低。无定形 HfO_2 容易溶解于酸中,但结晶形 HfO_2 即使是在热盐酸或者硝酸中也不发生反应,而仅溶于热浓的氢氟酸和硫酸中。结晶形 HfO_2 与碱和盐烧融后,则溶于稀酸中。在 1100℃ 下,HfO_2 与 Li_2CO_3 反应生成 Li_2HfO_2。在高于 1500℃ HfO_2 同碱土金属氧化物与二氧化硅等作用,生成铪酸盐($MeHfO_3$)和硅酸铪($HfSiO_4$)。在 1800℃ 以上与 ZrO_2 组成一系列的固溶体。

铪盐水解可以得到两性的氢氧化铪,$Hf(OH)_4$ 在 100℃ 以下干燥能得到 $HfO(OH)_2$,再升高温度即转化为 HfO_2。

在碳化过程中可有 Hf_2O_3 与 HfO 形成,但至今对此研究较少。

3.5　锆铪的氢化物

锆和铪在适当温度下吸收氢生成 $M-MH_2$ 的固体物相,其平衡反应决定于温度和氢气压力,温度升高时氢的吸收量降低,而

β-相比 α-相能吸收更多的氢,反应可逆:

$$\alpha Zr \longrightarrow \beta Zr \longrightarrow \delta Zr \longrightarrow \epsilon Zr$$

$$Zr(Hf) + H_2 \rightleftharpoons Zr(Hf)H_2$$

现在已经确知 α-变体吸收氢形成固溶体,组成可以达到约 $ZrH_{0.05}$,β-相吸收氢可达组成 $ZrH_{0.25}$。已检出多种物相,如 δ-相最后可以达到极限组成接近 ZrH_2,并具有变形氟化钙结构。

Zr-H 系压力等温曲线见图 3-4。利用这一特征,可以制取不同用途的粉末锆铪和氢化锆(铪)粉。

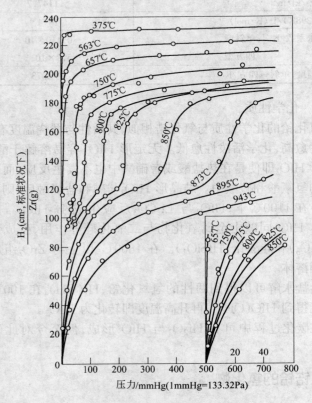

图 3-4　Zr-H 压力的等温曲线

3.6 锆铪的碳化物、氮化物和硼化物

3.6.1 锆铪的碳化物

A 锆的碳化物

以锆铪的金属及其氧化物或卤化物为原料,可以通过多种方法制得 ZrC 和 HfC。工业方法是在电弧炉中用碳还原锆英砂或二氧化锆来制备 ZrC。

锆和铪的碳化物具有面心立方晶格,呈黑色,有金属光泽、可导电,并都具有弱顺磁性,能与 TiC、NbC 和 TaC 生成固溶体。化学式 MC 代表把碳原子插入锆晶格的八面体孔穴而得到的一种极限结构,易产生于组成上碳原子不足的有缺陷结构,由于氮原子也能进入八面体空位(参见 ZrN),可制得碳氮化锆,工业上生产的碳氮化锆含有几乎等原子比的碳、氮和氧,组成式为 $Zr(C,N,O)_x$,式中 x 约为 1。

这些碳化物在正常情况下具有一定的化学惰性,但在高温下易与氧、卤素等反应,并有很高的熔点(ZrC,3530℃)。

碳化锆的晶格常数 $a = 0.4685$ nm。按布洛茨的计算其密度值为 6.51 g/cm^3,测量值为 6.90 g/cm^3。根据凯费尔的测定为 6.70 g/cm^3。ZrC 的熔点依巴洛茨计算为 (3805 ± 125) K,凯费尔计算为 3523 K。也有文献提出的是 3530℃ 和 3735℃。ZrC 的沸点,按莫特的数值为 5373 K。ZrC 的俘获截面 $N\delta a \approx 0.016 \times 10^{-28} m^2$,$N\delta s = 0.520 \times 10^{-28} m^2$,衰减能 $(N\delta \varepsilon) = 0.036$。

ZrC 的质量定压热容,在 298~3000℃ 间有如下公式:

$$c_p = 8.71 + 2.98 \times 10^{-3} T - 0.63 \times 10^5 T^{-2}$$

ZrC 的熵 $S_{298}^{\ominus} = (35.5 \pm 6.3)$ J/(mol·K)。ZrC 的生成热 $\Delta H_{298.15}^{\ominus} = (-184.3 \pm 6.3)$ kJ/mol。库巴切维斯基的数值为 $\Delta H_{298}^{\ominus} = (-167.2 \pm 41.8)$ kJ/mol。

不同温度下的 ZrC 生成热与自由能见表 3-11。

表 3-11 ZrC 的生成热与生成自由能

T/K	$\Delta H^\circ/kJ\cdot mol^{-1}$	$\Delta F^\circ/kJ\cdot mol^{-1}$
298.15	-188	-186.0
500	-188	-183.9
1000	-188	-181.8
1500	-190.2	-177.7
2000	-192	-173.5

碳化锆和氮化锆都是生产锆化学制品和金属的重要物料。在碳化时如有空气存在,同时会生成碳氮化锆的混合物 ZrC(N)。

B 碳化铪(HfC)

HfC 也是一黑色晶体,理论含碳量为 6.3%,HfC 的制取方法是用碳在真空下于 1900℃还原 HfO$_2$,在还原过程中,也如 TiO$_2$ 与 ZrO$_2$ 的还原一样,首先被碳顺利还原成铪的低价氧化物 Hf$_2$O$_3$、HfO 等,最后生成 HfC。HfC 具有 NaCl 型立方晶格,其晶格常数经米克纳测定为:$a=(0.44578\pm0.00003)$nm,格拉塞提出的是 $a=(0.464\pm0.002)$nm,文献给出的是 $a=(0.4641\pm0.0001)$nm。HfC 的光谱密度是 12.67 g/cm^3,HfC 的熔点有如表 3-12 所列数字,比电阻为 51.5$\mu\Omega\cdot$cm。线膨胀系数,在 25~612℃ 区间内为 $(6.59\pm0.04)\times10^{-6}$K^{-1}。HfC 的原子截面积为 4.05×10^{-28}m^2 (4.05b)、0.570×10^{-28}m^2(0.570 b),衰减能是 0.032。

表 3-12 HfC 的熔点[3]

发 表 者	熔点/℃
艾特	3887 ± 150
海维	3532
米耶尔逊	3887
维拉姆	3906
卡姆柯尼娅	3900

HfC 在冷的盐酸、硫酸、磷酸,甚至于硫酸、磷酸与草酸的混合

酸中都具有很高的稳定性,在沸腾的浓盐酸、草酸、稀硫酸与稀磷酸中的稳定性也很好。

在不同温度下,HfC 的热焓、熵、生成热与生成自由能的数值列于表 3-13 与表 3-14。

表 3-13   HfC 的热焓与熵

T/K	$H_T^\circ - H_{298.15}^\circ$ $/J\cdot mol^{-1}$	S_T° $/J\cdot(mol\cdot K)^{-1}$	T/K	$H_T^\circ - H_{298.15}^\circ$ $/J\cdot mol^{-1}$	S_T° $/J\cdot(mol\cdot K)^{-1}$
298.15	0	45.60	1200	40086	105.59
400	950	3971	1300	45186	109.64
500	8026	66.09	1400	50411	113.53
600	12206	73.69	1500	55803	117.25
700	16511	80.34	1600	61321	120.80
800	20942	86.23	1700	66964	124.23
900	25540	91.67	1800	72732	127.53
1000	30263	96.64	1900	78626	130.71
1100	35112	101.24	2000	84687	133.80

表 3-14   HfC 的生成热与自由能

T/K	$-\Delta H_T^\circ$ $/kJ\cdot mol^{-1}$	$-\Delta F_T^\circ$ $/kJ\cdot mol^{-1}$	T/K	$-\Delta H_T^\circ$ $/kJ\cdot mol^{-1}$	$-\Delta F_T^\circ$ $/kJ\cdot mol^{-1}$
298.15	186.9	185.2	1200	188.1	180.2
400	186.4	184.8	1300	188.1	179.8
500	186.4	184.3	1400	188.5	179.0
600	186.4	183.9	1500	188.5	178.2
700	186.8	183.1	1600	188.5	177.8
800	186.8	182.7	1700	188.5	177.0
900	187.3	182.3	1800	188.5	176.2
1000	187.7	181.4	1900	188.5	715.8
1100	187.7	181.0	2000	188.5	175.0

3.6.2 锆铪的氮化物

A 氮化锆

锆的氮化物系中除稳定的氮化锆(ZrN)外,尚有其他几种氮化物,如 Zr_3N_2、Zr_3N_4、Zr_2N_2 和 Zr_3N_8,常见和重要的是 ZrN。ZrN 是一有金属光泽的柠檬黄色晶体。Zr_2N_4 为青铜色,坚硬(硬度为8),与 ZrN 一样,具有 NaCl 型的立方晶格,其晶格常数 $a = 0.4567$ nm。ZrN 的计算密度为 6.97 g/cm^3,测定密度是 6.93 g/cm^3。ZrN 的熔点为(3255 ± 50)℃。ZrN 的质量定压热容,凯莱发表的数值见表 3-15。

表 3-15　ZrN 的热容

T/K	c_p/J·(mol·K)$^{-1}$	T/K	c_p/J·(mol·K)$^{-1}$
10	0.04	150	24.70
25	0.63		
50	4.35	200	31.77
100	15.55	298.16	40.38

奈勒提出了下列公式:

$$c_p = 49.78 + 3.93 \times 10^{-3}T - 12.37 \times 10^5 T^{-2} \quad (298 \sim 1800K)$$
$$H_T^\circ - H_{298.15}^\circ = 46.4T + 3.57 \times 10^{-3}T^2 + 7.19 \times 10^5 T^{-1} - 15428$$
$$(298 \sim 1700K)$$

迈克斯测得的 ZrN 的生成热是 $H_{298}^\circ = (-364.9 \pm 1.7)$kJ/mol。荷切的数字为 $H_{298}^\circ = (-343.6 \pm 10.5)$ kJ/mol。

ZrN 的 $S_{298}^\circ = (38.9 \pm 2.1)$ J/(mol·K)。凯莱给出了 ZrN 生成自由能的计算公式:

$$\Delta F_T^\circ = (-343596 + 92) \text{ J/mol} \quad (298 \sim 2000K)$$
$$\Delta F_{298}^\circ = -316175 \text{ J/mol}$$

在不同温度下 ZrN 的生成热与自由能见表 3-16。

表 3-16　ZrN 的生成热与生成自由能

T/K	$\Delta H^\circ/\text{kJ}\cdot\text{mol}^{-1}$	$\Delta F^\circ/\text{kJ}\cdot\text{mol}^{-1}$
298.15	-343.6	-315.2
500	-343.2	-295.9
1000	-341.5	-249.1
1500	-341.9	-202.3
2000	-338.2	-156.3

　　为了便于比较,将 ZrN 与 ZrC 的一些主要物理化学常数列于表 3-17。

表 3-17　ZrC、ZrN 物理性质

项　目	ZrC	ZrN
晶型	NaCl 型立方晶系	NaCl 型立方晶系
晶格常数/nm	$a=0.4694$	$a=0.4576$
密度/$\text{g}\cdot\text{cm}^{-3}$	6.51(计算),6.90(测定)	6.97(计算),6.93(测定)
熔点/℃	3532	2950
沸点/℃	5100	
质量定压热容,c_p/J·$(\text{mol}\cdot\text{K})^{-1}$	$c_p=8.71+2.28\times10^{-3}T$ $-0.63\times10^5T^{-2}$	$c_p=11.91+0.94\times10^{-3}T$ $-2.96\times15^5T^{-2}$
生成热,ΔH°_{298}/kJ·mol^{-1}	167.2 ± 41.8	343.6
熵,S°_{298}/kJ·mol^{-1}	35.5 ± 6.3	38.9 ± 2.1
自由能,ΔF°_{298}/kJ·mol^{-1}	-174.35	-316.18
外观	黑色至灰黑色	柠檬黄色

B　氮化铪

　　在 2000℃ 的高温下,金属铪粉末可与氮生成氮化铪(HfN),熔点为 3387℃(3310℃)。HfN 为立方晶格,晶格常数为 $a=(0.452\pm0.002)$ nm。其生成热,$\Delta H^\circ_{298}=(-368843\pm4121)$ J/mol,生成自由能,$\Delta F^\circ_{298}=(-348252\pm2090)$ J/mol。在不同温度下的热焓、熵、生成热与自由能的数值见表 3-18 与表 3-19。

表 3-18　HfN 的热焓与熵

T/K	$(H_T^\circ - H_{298}^\circ)$ /J·mol^{-1}	S_T° /J·(mol·K)$^{-1}$	T/K	$(H_T^\circ - H_{298}^\circ)$ /J·mol^{-1}	S_T° /J·(mol·K)$^{-1}$
298.15	0	45.66	1200	43388×4.18	111.27
400	4514×4.18	58.60	1300	48655×4.18	115.45
500	9071×4.18	68.76	1400	54006×4.18	119.42
600	13669×4.18	77.16	1500	59440×4.18	123.18
700	18392×4.18	84.44	1600	64999×4.18	126.78
800	23199×4.18	90.87	1700	70642×4.18	130.21
900	28090×4.18	96.60	1800	76369×4.18	133.47
1000	33106×4.18	101.87	1900	82221×4.18	136.64
1100	38205×4.18	106.76	2000	88156×4.18	139.70

表 3-19　HfN 的生成热与自由能

T/K	$-\Delta H_{298}^\circ$ /kJ·mol^{-1}	$-\Delta F_{298}^\circ$ /kJ·mol^{-1}	T/K	$-\Delta H_{298}^\circ$ /kJ·mol^{-1}	$-\Delta F_{298}^\circ$ /kJ·mol^{-1}
298.15	368.7×4.18	340.3×4.18	1200	364.7×4.18	257.5×4.18
400	368.3×4.18	330.6×4.18	1300	364.3×4.18	248.7×4.18
500	367.9×4.18	321.4×4.18	1400	363.9×4.18	239.5×4.18
600	367.5×4.18	311.8×4.18	1500	363.1×4.18	230.7×4.18
700	367.1×4.18	302.6×4.18	1600	362.7×4.18	222.0×4.18
800	366.7×4.18	293.4×4.18	1700	361.9×4.18	213.6×4.18
900	366.3×4.18	284.2×4.18	1800	361.1×4.18	204.8×4.18
1000	365.9×4.18	275.5×4.18	1900	360.7×4.18	196.0×4.18
1100	365.1×4.18	266.3×4.18	2000	359.9×4.18	187.3×4.18

3.6.3　锆铪的硼化物

锆和铪都能生成 Zr(Hf)B 和 Zr(Hf)B$_2$ 型的硼化物,而锆可生成 ZrB$_{12}$。制备硼化物有多种方法,主要反应有:

$$Zr(Hf) + B \longrightarrow Zr(Hf)B$$

$$Zr(Hf)Cl_4 + 2BBr_3 + 5H_2 \longrightarrow Zr(Hf)B_2 + 4HCl + 6HBr$$

$$Zr(Hf)O_2 + B_2O_3 + 5C \longrightarrow Zr(Hf)B_2 + 5CO \quad (1600℃)$$

$$7Zr(Hf) + 3B_{21}C + B_2O_3 \longrightarrow 7Zr(Hf)B_2 + 3CO$$

（1）ZrB。一硼化锆具有面心立方晶格,在 3.3K 时成为超导体,但相应的铪化合物在温度为 1.2K 时也不成为超导体。

（2）ZrB_2。二硼化锆具有金属性,其结晶为六方层状晶格。每个硼原子位于由 6 个金属原子组成的三角柱状的簇中,每个金属原子则与 12 个 B 原子和 8 个 Zr 原子配位。物相纯度和分散状态对它们的性质有重要影响。与酸的水溶液反应可放出氢;可将浓硫酸还原成二氧化硫,大多数氧化酸(如硝酸)能与二硼化物反应。氟与二硼化物激烈反应生成四氟化物。热碱液与硼化物缓慢地反应。ZrB_2 的熔点为 3050℃,密度为 6.1 g/cm^3。

（3）ZrB_{12}。十二硼化锆表现为金属性并生成立方晶体。硼原子组成 B_{12} 立方八面体的高分子队列,金属原子处在孔穴中被 8 个 B_{12} 单位所包围,使每个金属原子有 24 个最近邻的硼原子。

（4）Zr(BH_4)_4。硼氢化锆在沸腾的 HCl 和 HNO_3 中不被侵蚀。这是所有已知锆的化合物中挥发性最大的化合物,熔点为 29℃,沸点为 118℃,升华热为 54.3 kJ/mol,在 25℃ 时蒸气压为 2000 Pa,用四氟化锆与硼氢化铝在室温中进行交换反应可制得硼氢化锆。

3.7 锆铪的卤化物

3.7.1 四氯化锆

ZrCl_4 在常温下为一白色晶体粉末,在空气中易潮解。其晶格构造属于立方晶系,晶格常数 $a = 1.032$nm。由于冷凝条件不同,固体密度波动在 2.8 左右,液态与气态的密度见表 3-20 及图 3-5。ZrCl_4 的熔点,资料报道在加压时为 437℃ 和 434℃。升华温度约在 331℃。临界温度是 499℃,临界压力 - 5.76×10^6Pa

（-56.8atm）。$ZrCl_4$ 的蒸气压与温度的关系见图 3-6 及下式：

$$\lg p = 1.568 - 720/T \quad （单位：kPa,480 \sim 689 \text{ K}）$$

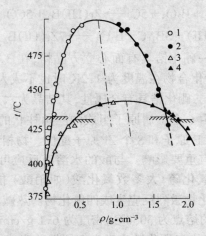

图 3-5 气态和液态 $ZrCl_4$ 和 $HfCl_4$ 密度与温度的关系

1—$ZrCl_{4(气)}$；2—$ZrCl_{4(液)}$；3—$HfCl_{4(气)}$；4—$HfCl_{4(液)}$

表 3-20 不同温度下气态与液态 $ZrCl_4$ 的密度

温度/℃	密度/$g \cdot cm^{-3}$	温度/℃	密度/$g \cdot cm^{-3}$	温度/℃	密度/$g \cdot cm^{-3}$	温度/℃	密度/$g \cdot cm^{-3}$
气	态			液	态		
382.0	0.025	444.5	0.133	428.0	1.67	493.0	1.15
395.5	0.038	447.5	0.160	434.0	1.64	496.5	1.02
401.0	0.0485	456.5	0.171	448.0	1.54		
412.0	0.047	467.5	0.220	451.0	1.54		
419.0	0.068	475.0	0.273	468.5	1.40		
426.0	0.096	485.0	0.342	474.5	1.375		
426.0	0.110	493.0	0.414	483.0	1.235		
435.0	0.145	496.0	0.500				

在熔体上的蒸气压可用下式求出：

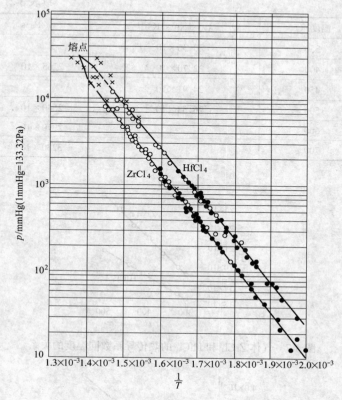

图 3-6　ZrCl₄ 与 HfCl₄ 的蒸气压与温度的关系

●—由薄膜测压计测定的数值；○—毛细管测压计测定的数值；
×—装锡的压力计测定的结果

$$\lg p = 1.211 - \frac{457}{T} \quad (单位:kPa,710\sim741\ K)$$

$ZrCl_4$ 气体的热传导系数与黏度同温度有如表 3-21 和图 3-7、图 3-8 的关系。

表 3-21　气体 $ZrCl_4$ 的热传导系数与黏度同温度的关系

温度/℃	$\lambda /J \cdot (cm \cdot s \cdot K)^{-1}$	$\eta /Pa \cdot s$
300	18.02×10^{-5}	1970×10^{-7}

温度/℃	$\lambda / J \cdot (cm \cdot s \cdot K)^{-1}$	$\eta / Pa \cdot s$
350	20.36×10^{-5}	
400	22.70×10^{-5}	2265×10^{-7}
450	24.91×10^{-5}	
500	26.54×10^{-5}	2640×10^{-7}
600		2970×10^{-7}
700		3230×10^{-7}

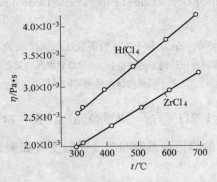

图 3-7 气体 $ZrCl_4$ 和 $HfCl_4$ 的热传导系数同温度的关系

图 3-8 气体 $ZrCl_4$ 和 $HfCl_4$ 的黏度与温度的关系

$ZrCl_4$的质量定压热容,在 $50 \sim 500K$ 的温度区间内,Kelley 提

出如下计算式：

$$c_p = 25.2 + 16.3 \times 10^{-3} T$$

或 $c_p = 31.92 - 2.91 \times 10^5 T^{-2}$ （Coughlin,298K~沸点）

气体 $ZrCl_4$ 的 $c_p = 92 \ J/(mol \cdot K)$。

克巴切斯基提出的 $ZrCl_4$ 的熔解热数值是 $L_{溶解} = 23.8 \ kJ/mol$，Palko 提出的是$(37.6 \pm 3.76) \ kJ/mol$。$ZrCl_4$的蒸发热,有如下的数值

$$L_{蒸发} = (105.8 \pm 10.5) \ kJ/mol \quad （在 331℃ 下）$$

$$L_{蒸发} = (103.2 \pm 1.26) \ kJ/mol$$

$$L_{蒸发} = 30200 - 3.2T - 8.15 \times 10^{-3} T^2 \quad （\times 4.18 J/mol）$$

固体 $ZrCl_4$ 的热焓可用下式计算[26]：

$$H_T^\circ - H_{298}^\circ = 32.85T + 3.82 \times 10^5 T^{-2} - 11706$$

$$（单位：\times 4.18 J/mol,350 \sim 550K）$$

$ZrCl_4$ 的熵凯莱的计算值是 $\Delta S_{298}^\circ = 186 \ J/(mol \cdot K)$，气体 $ZrCl_4$ 的 $\Delta S_{298}^\circ = (391.2 \pm 8.4) \ J/(mol \cdot K)$。

按西蒙森测定,$ZrCl_4$的生成热 $\Delta H_{298}^\circ = (-969.3 \pm 2.1) \ kJ/mol$，拜克霍斯基提出 $\Delta H_{298}^\circ = -961.4 \ kJ/mol$。较为可靠的数值是 $\Delta H_{298}^\circ = (-981.0 \pm 2.9) \ kJ/mol$。

$ZrCl_4$的化学性质与 $TiCl_4$ 很相似,但其活性较 $TiCl_4$ 稍弱。$ZrCl_4$很易水解,在水溶液中或在潮湿空气中都可生成氯氧化锆和盐酸：

$$ZrCl_4 + H_2O = ZrOCl_2 + 2HCl$$

$ZrCl_4$ 可溶于许多有机溶剂之中,如酒精、乙醚等。

$ZrCl_4$ 与活性金属如 Na、Mg、Ca 等作用,依条件的不同可被还原成金属或低价氯化物,如：

$$ZrCl_4 + 4Na = Zr + 4NaCl$$

$$ZrCl_4 + 2Na = ZrCl_2 + 2NaCl$$

$$ZrCl_4 + 2Mg = Zr + 2MgCl_2$$

在高温下与氧作用可转变成 ZrO_2 与 Cl_2：

$$ZrCl_4 + O_2 = ZrO_2 + 2Cl_2$$

$ZrCl_4$还能与所有的碱性氮化物形成加合物。

3.7.2 锆的低价氯化物

用金属 Zr 还原 $ZrCl_4$ 可获得锆的低价氯化物 $ZrCl_3$ 与 $ZrCl_2$，其反应如下：

$$Zr + 3ZrCl_4 = 4ZrCl_3$$

$$Zr + ZrCl_4 = 2ZrCl_2$$

镁还原 $ZrCl_4$ 时，如镁量不足，也可生成低价氯化锆。

$ZrCl_3$ 为褐红色晶体，密度 $3.0g/cm^3$，$ZrCl_2$ 为黑色无定形粉末，密度为 $3.6\ g/cm^3$。$ZrCl_3$ 与 $ZrCl_2$ 的熔点的计算值分别为 900K 与 1000K。$ZrCl_2$的沸点为 1750K。液态 $ZrCl_2$ 的蒸气压，于 1000K 时为 $10.13\ Pa$，1750K 时达到 101325Pa（1 大气压）。

$ZrCl_3$ 与 $ZrCl_2$ 的质量定压热容可分别用下式计算：

$$c_{p,ZrCl_3} = 87.95 + 39.7 \times 10^{-3}T + 2.613 \times 10^{-6}T^2$$

（单位：$J/(mol \cdot K)$）

$$c_{p,ZrCl_2} = 64.87 + 32.6 \times 10^3 T - 1.05 \times 10^{-6}T^2$$

（单位：$J/(mol \cdot K)$，$500 \sim 900K$）

$ZrCl_3$的生成热，$\Delta H_{298} = -869.4\ kJ/mol$，$ZrCl_2$ 的 $\Delta H_{298}^{\circ} = -606\ kJ/mol$。$ZrCl_3$的 $S_{298}^{\circ} = 135.9\ J/(mol \cdot K)$，$ZrCl_2$ 的 $S_{298}^{\circ} = 110.4\ J/(mol \cdot K)$。$ZrCl_3$ 与 $ZrCl_2$的自由能示于表 3-22。

锆的低价氯化物的化学性质与钛的低价氯化物相似，为不稳定化合物。加热 $ZrCl_3$ 至 $500 \sim 600℃$，则依下式解离：

$$2ZrCl_3 = ZrCl_2 + ZrCl_4$$

而当 $ZrCl_2$ 加热到高于 600℃ 时，则解离为 $ZrCl_4$ 与 Zr：

$$2ZrCl_2 = ZrCl_4 + Zr$$

$ZrCl_2$在空气中加热即燃烧，它不溶于水，溶于酸时，放出氢气,能溶解在酒精、乙醚和苯中。

表 3-22 ZrCl$_4$、ZrCl$_3$ 与 ZrCl$_2$的生成自由能

化 合 物	ΔF_T^0/kJ·mol^{-1}		
	298.15K	500K	1000K
ZrCl$_4$	−874	−815	−744$_{(气)}$
ZrCl$_3$	−807	−765	−677
ZrCl$_2$	−560	−531	−468$_{(液)}$

3.7.3 四氯化铪

纯 HfCl$_4$为白色晶体粉末,在空气中比 ZrCl$_4$ 易吸潮水解。熔体为无色。与 ZrCl$_4$ 相似,其结晶构造属于立方晶系,晶格常数 $a =$ 1.041nm。HfCl$_4$ 的熔点,费舍尔与宋银柱测定为 432℃,Palko 用 HfO$_2$中含 0.3% Zr 的原料氯化制得的 HfCl$_4$ 测定,则为434℃,此时的蒸气压为3222.1 kPa(31.8 个大气压)。HfCl$_4$ 的升华点是 317℃。液态与气态密度见表 3-23。气态 HfCl$_4$在熔点为 432℃ 时的密度为 0.45 g/cm^3,液态 HfCl$_4$ 的熔点时的密度是 1.82 g/cm^3。HfCl$_4$ 的临界温度为 445℃,临界体积 0.905 cm^3/g(6150.4 kPa)。

表 3-23 气态与液态 HfCl$_4$ 的密度

气 态		液 态	
温度/℃	密度/g·cm^{-3}	温度/℃	密度/g·cm^{-3}
378.5	0.062	421.0	1.98
387.5	0.075	425.5	1.935
400	0.101	432.0	1.82
410	0.132	435.0	1.71
422.5	0.221	436.5	1.70
427	0.331	439.0	1.63
427.5	0.395		
436.0	0.485		
442.5	0.758		
443.0	0.915		

气态 $HfCl_4$ 的热传导系数随温度的增高而增加,其变化情况见表 3-24。

表 3-24　气体 $HfCl_4$ 的热传导系数和黏度系数与温度的关系

温度/℃	热传导系数	黏度系数
	$\lambda/J\cdot(cm\cdot s\cdot K)^{-1}$	$\eta/Pa\cdot s$
300	15.34×10^{-5}	2680×10^{-7}
350	16.51×10^{-5}	
400	17.80×10^{-5}	3060×10^{-7}
450	19.14×10^{-5}	
500	20.44×10^{-5}	3505×10^{-7}
600		3870×10^{-7}
700		4150×10^{-7}

$HfCl_4$ 的蒸气压,可用下列公式计算,与温度变化关系见图 3-9 和表 3-25。其中以派尔科所测定的数据较准确。

$$\lg p_{HfCl_4} = -693 + 1.563 \quad (476\sim681K)$$

$$\lg p_{HfCl_4} = -719 + 1.60 \quad (473\sim585K)$$

表 3-25　$HfCl_4$ 的蒸气压

p/kPa	T/K	p/kPa	T/K
101.3×10^{-8}	316	101.3×10^{-3}	442
101.3×10^{-7}	336	101.3×10^{-2}	482
101.3×10^{-6}	357	101.3×10^{-1}	530
101.3×10^{-5}	382	101.3	590
101.3×10^{-4}	410		

$HfCl_4$ 的质量定压热容 c_p 在 $52\sim298K$ 低温区的数值见表 3-26,在高温区($298\sim485K$)根据熔与温度的关系式微分可得:

$$H_T^{\circ} - H_{298}^{\circ} = 31.47T + 2.38\times10^5 T^{-1} - 10181$$

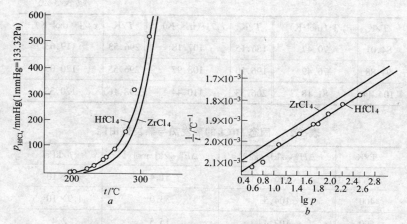

图 3-9 ZrCl$_4$ 与 HfCl$_4$ 蒸气压同温度的关系

a—p-t 关系；b—$\frac{1}{t}$-lg$p$ 关系

则
$$c_{p,\text{HfCl}_4} = 31.47 - 2.38 \times 10^5 T^{-2}$$

HfCl$_2$ 与 HfCl$_3$ 的 c_p 可用下式求出：

$$c_{p,\text{HfCl}_2} = 16.62 + 5.1 \times 10^{-3} T + 1.25 \times 10^{-6} T^2$$

$$c_{p,\text{HfCl}_3} = 20.8 + 10.1 \times 10^{-3} T$$

固态 HfCl$_4$ 的蒸发热与自由能见表 3-27。

固态铪氯化物在 298K 时生成热见表 3-28，熵值见表 3-29。

表 3-26 低温区 HfCl$_4$ 的质量定压热容(52~298K)

T/K	c_p/J·(mol·K)$^{-1}$	T/K	c_p/J·(mol·K)$^{-1}$	T/K	c_p/J·(mol·K)$^{-1}$
52.26	47.99	114.45	85.86	216.53	112.07
56.24	50.87	124.48	9.04	226.22	113.61
60.51	54.34	135.90	94.26	236.15	114.82
64.93	57.89	146.16	97.56	245.86	115.83
69.42	61.15	155.96	100.24	256.37	116.75
73.99	64.12	166.15	107.83	266.41	117.71
79.91	67.93	176.19	105.13	276.27	118.71

T/K	$c_p/J \cdot (mol \cdot K)^{-1}$	T/K	$c_p/J \cdot (mol \cdot K)^{-1}$	T/K	$c_p/J \cdot (mol \cdot K)^{-1}$
84.01	70.47	186.15	107.18	296.53	119.63
94.88	76.49	196.10	108.97	296.55	120.09
104.44	81.18	206.33	110.44	(298.16)	120.38

表 3-27 固态 $HfCl_4$ 的蒸发热与蒸发自由能

T/K	$\Delta H^{\circ}_{蒸发}/kJ \cdot mol^{-1}$	$\Delta F^{\circ}_{蒸发}/kJ \cdot mol^{-1}$	p/kPa
298.15	106.6	51.4	9.7×10^{-8}
400	104.5	33.0	4.9×10^{-3}
500	102.4	15.5	2.4
590	100.3	0.0	1.01×10^2
600	99.9	-1.7	1.41×10^2
700	97.8	-18.4	2.4×10^3

表 3-28 固态铪氯化物的生成热

数据提出者	生成热$(-\Delta H^{\circ}_{298})/kJ \cdot mol^{-1}$		
	$HfCl_2$	$HfCl_3$	$HfCl_4$
希蒙森	686	1012	
卡比斯尼克	619	920	1053
库巴斯切斯基	652	920	
卡林特亚切			1072.2
文献数据			1338,1045,1066
可能的数值区间	606~627	869~953	982~1225

$HfCl_4$ 的生成热(ΔH°_{298})较为可靠的数值是 -1065.9 kJ/mol。熵(S°_{298})为 200.6 J/(mol·K)。$HfCl_4$ 在不同温度下的热焓、熵、生成热与生成自由能的数据见表 3-30 与表 3-31。

表 3-29　固体铪氯化物的标准熵

数据提出者	标准熵 $S^{\circ}/J \cdot (mol \cdot K)^{-1}$		
	$HfCl_2$	$HfCl_3$	$HfCl_4$
基列夫 Ⅰ	126.2	151.7	201.9
基列夫 Ⅱ	131.3	142.1	
拉基梅尔	131.3	148.4	197.3
亚切米斯基	126.4		
德洛巴赫	132.5	150.5	
其他文献数据			190.6;200.6
可能数值	131.3	150.9	200.6

表 3-30　$HfCl_4$ 的热焓与熵

形态	T/K	$H_T^{\circ} - H_{298.15}^{\circ}$ $/J \cdot mol^{-1}$	S_T° $/J \cdot (mol \cdot K)^{-1}$	T/K	$H_T^{\circ} - H_{298.15}^{\circ}$ $/J \cdot mol^{-1}$	S_T° $/J \cdot (mol \cdot K)^{-1}$
固态	298.15	0	190.61	500	25164	254.94
	350	6354	210.25	550	31517	267.06
	400	12582	226.89	600	37912	278.18
	450	18852	241.65	700	50829	298.08
气态	298.15	0	375.41	1000	73986	502.23
	400	10408	405.42	1100	84729	512.47
	500	20816	428.62	1200	95471	521.79
	600	31350	447.80	1300	106256	530.44
	700	41925	464.11	1400	117646	538.43
	800	52584	478.36	1500	127866	545.91
	900	63285	491.32			

表 3-31　$HfCl_4$ 的生成热与自由能

形态	T/K	$-\Delta H_T^{\circ}$ $/kJ \cdot mol^{-1}$	$-\Delta F_T^{\circ}$ $/kJ \cdot mol^{-1}$	T/K	$-\Delta H_T^{\circ}$ $/kJ \cdot mol^{-1}$	$-\Delta F_T^{\circ}$ $/kJ \cdot mol^{-1}$
固态	298.15	1065.9	976.0	590	1057.5	891.6
	400	1061.7	945.9	600	1057.5	888.7
	500	1060.0	917.1	700	1054.6	861.1

形态	T/K	$-\Delta H_T^{\circ}$ /kJ·mol^{-1}	$-\Delta F_T^{\circ}$ /kJ·mol^{-1}	T/K	$-\Delta H_T^{\circ}$ /kJ·mol^{-1}	$-\Delta F_T^{\circ}$ /kJ·mol^{-1}
气态	298.15	959.3	924.6	900	956.0	857.3
	400	958.5	912.9	1000	955.6	846.5
	500	958.1	901.6	1100	955.2	835.6
	590	957.3	891.6	1200	955.2	824.7
	600	957.3	890.0	1300	954.8	813.8
	700	956.9	879.5	1400	954.8	803.4
	800	956.5	868.6	1500	954.8	792.5

$HfCl_4$ 的化学性质与 $ZrCl_4$ 相似,溶于水时放出热量,水解程度与温度、浓度以及溶液的酸度相关。在浓度 $1\sim9mol/L$ 的盐酸溶液中,$HfCl_4$ 形成 $HfOCl_2 \cdot 8H_2O$。在浓盐酸中组成络合物 $H_2[HfOCl_4]$ 和 $H_2[HfCl_6]$。无水 $HfCl_4$ 可溶于异戊基醚和乙腈中,生成 $HfCl_4 \cdot 2C_5H_{11}OH$ 与 $HfCl_4 \cdot 2CH_3CN$。$HfCl_4$ 也能与 $POCl_3$、酒精、苯乙醚与磷苯二甲酸等作用生成相应的络合物。

$HfCl_4$ 在有氧存在下加热,特别是在湿空气中加热,会转化为 HfO_2。在温度高于 $450℃$ 与在 $5.06\sim15.20kPa$($5\sim15$ 大气压)的压力下,$HfCl_4$ 能同金属铪、铝和其他活性金属作用,生成低价氯化物。

$HfCl_4$ 还可与 PCl_5、$POCl_3$ 反应生成 $2HfCl_4 \cdot PCl_5$ 和 $3HfCl_4 \cdot 2POCl_3$,它们的沸点比相应的锆磷化合物为低。

3.7.4 锆铪的碘化物

锆和铪的碘化物有四价的 ZrI_4 和 HfI_4,以及低价的 ZrI_3、ZrI_2、HfI_3、HfI_2 以及 $Zr(Hf)OOHI$、$Zr(Hf)_2O_3 \cdot I_2$ 等。

制备四碘化锆最方便的方法是以碘在 $1000℃$ 左右作用于碳化锆或多氰化锆。由于制备时的冷凝条件不同,所得产物是疏松的褐色粉末或致密的褐色沉积物。也可用锆(铪)与碘进行直接反应制得 ZrI_4 和 HfI_4，在真空下能升华而不分解，其蒸气是黄绿色的。四碘化锆极易吸水，并在潮空气中分解，高温下在空气中易被氧化生成二氧化锆和碘。把四碘化锆溶解在不含有空气的纯水中时，溶液为无色的(生成 $ZrOI_2 \cdot HI$)，一经氧化即变为褐色。

ZrI_4 的升华温度为 431℃。温度达 1200℃ 以上时，ZrI_4 便按 $ZrI_4 \Longleftrightarrow Zr + 2I_2$ 式分解成金属锆，这个反应就是锆碘化精炼的基本反应：

$$Zr_{(粗)} + 2I_{2(g)} \xrightarrow{\text{低温}} ZrI_{4(g)} \xrightarrow{\text{高温}} + 2I_{2(g)}$$

同样，HfI_4 也有如下反应：

$$Hf_{(粗金属)} + 2I_{2(g)} \xrightarrow{\text{低温}} HfI_{4(g)} \xrightarrow{\text{高温}} + 2I_{2(g)}$$

四碘化锆 ZrI_4($\rho = 4.36$ g/cm^3)的蒸气压(kPa)方程为：

$$\lg p_{ZrI_4} = -\frac{7370}{T} + 13.11 \quad (548 \sim 645K)$$

$$\lg p_{ZrI_4} = -\frac{6125}{T} + 11.18 \quad (646 \sim 678K)$$

离解反应 $ZrI_{4(g)} = Zr + 4I_{(g)}$ 平衡常数 $K = (pt)^4 / p_{ZrI_4}$ 为：

$$\lg K = -\frac{32760}{T} + 13.10 \quad (1273 \sim 1583K)$$

ZrI_3、ZrI_2 与水反应释放出氢气。

$ZrOI_2 \cdot 8H_2O$、$ZrOOHI$、$Zr_2O_3I_2$ 除了它们特别易于被氧化外，其他性质和对应的氯化物相似。它们的水溶液被空气氧化后，释出游离碘及形成更为碱性的锆的化合物。这些化合物保存时要与空气隔绝。$Zr_2O_3I_2$ 水溶液有杀菌能力[3]。

Zr-I 体系中各种物质的分压与温度和压力的关系，分别见图 3-10～图 3-14。

还原 $Zr(Hf)I_4$ 得到的 ZrI_3 和 HfI_3 都是蓝黑色固体。它们同 $ZrCl_3$ 和 $ZrBr_3$ 都是同晶型且晶格间距键长相似(Zr—I = 0.288nm，

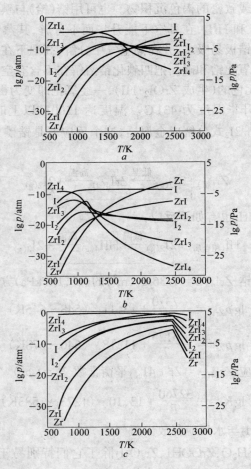

图 3-10　Zr-I 体系各物质的分压和温度与总压的关系

a—$p_{总}=10\text{Pa}$；b—$p_{总}=10^{-3}\text{Pa}$；c—$p_{总}=0.1\text{MPa}$

Hf—I $= 0.287\text{nm}$，Zr—Zr $= 0.322\text{nm}$，Hf—Hf $= 0.330\text{nm}$）。据报道，用铝还原四碘化物制得的 ZrI_3 和 HfI_3 可以分别得到两种结晶变体，黑色变体和绿色变体，但其化学性质和结构完全相同。磁化率依赖于温度和外加场强，这种现象可用在六方晶系层内具有铁

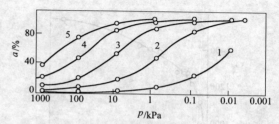

图 3-11 不同温度下碘的分解率与压力的关系
1—600℃；2—800℃；3—1000℃；
4—1200℃；5—1400℃

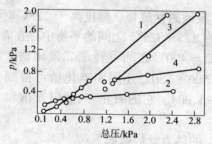

图 3-12 四碘化锆(1,3)和碘(2,4)的分压随总压的变化
1,2—1327℃；3,4—1427℃

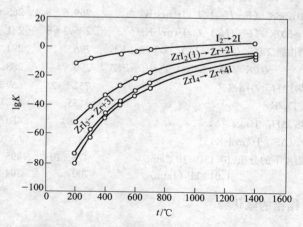

图 3-13 平衡常数的对数与温度的关系曲线

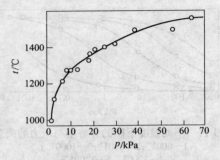

图 3-14　开始生成低价碘化锆时四碘化锆的蒸气压和温度

磁性和层间具有反铁磁性解释。温度高于 275℃ 时的三碘化物会歧化,但曾发现在 275～325℃ 之间的平衡中存在着一种中间产物 $ZrI_3 \cdot ZrI_2$,在 325～400℃ 之间可转变二碘化物。斯特拉斯等发现,用金属铪在 500～550℃ 还原四碘化铪可得到一种中间产物 HfI_x($x = 3.46～3.00$)。它的磁化率、反射光谱和 X 射线数据都已测得。

　　ZrI_4 和 HfI_4 的热力学数据如下:

焓,500K　($H_T = H_{298}$)/J·mol^{-1}:	29.7($\pm 5\%$)	30.54($\pm 5\%$)
熵,500K　($S_T = H_{298}$)/J·K^{-1}:	76.1($\pm 5\%$)	76.08($\pm 5\%$)
自由能,298K　($F - H_{298}$)/T /J·(mol·K)$^{-1}$:	269.6 ± 8	265.0 ± 8
500K　($F - H_{298}$)/T /J·(mol·K)$^{-1}$	286.3 ± 8	281.7 ± 8
生成自由能,298K　($\Delta F - \Delta H_{298}$)/T /J·(mol·K)$^{-1}$:	296	294.3
5002K　($\Delta F - \Delta H_{298}$)/T /J·(mol·K)$^{-1}$	290.9	288.8
生成热,ΔH_{298}/J·mol^{-1}	732 ± 125	669 ± 84
熔点,T_M/K	3135	3227
熔解热,ΔH_M/J·mol^{-1}	45980	48070
ΔS_M/J·(mol·K)$^{-1}$	63	63
不同温度下的分压,10.13Pa(10^{-4}atm)	475 ± 10	495
1.013 kPa(1atm)	700	704

3.7.5　锆铪的氟化物

　　四卤化物都是结晶状固体,而四氟化物与其他四卤化物不同的是它们与水化合生成稳定的水合物 $MF_4 \cdot xH_2O$，而其他四卤化物会快速地与水反应生成卤氧化物。另外，四氟化物的配位数倾向于 7 和 8，而其他四卤化物则往往趋向于 6 配位，因此 ZrF_4 和 HfF_4 也可生成结晶状固体物质。在红热的温度下才升华。四氟化物在水中的溶解度很小，溶于水后慢慢水解，并能溶于氢氟酸而不溶于有机溶剂中。

利用四氯化锆与氢氟酸间的取代反应、热分解锆氟酸铵，在氟化氢气氛保护下于 550℃ 用沉淀四水氟化锆脱水等方法均能制得四氟化锆[5]。

四氟化锆还可用多种方法制备，以金属锆铪及其氧化物、碳化物、硼化物或氯化物为原料，用氟或氟化氢、或三氟化溴为氟化剂制得。另一种方法是氟锆酸铵的热分解。在氯化锆（铪）或硫酸锆（铪）中加入氢氟酸时，沉淀析出含结晶水的氟化锆(Hf)Zr(Hf)F$_4 \cdot$ H_2O。加入过量氢氟酸可生成锆（铪）氟酸($H_2Zr(Hf)F_6$)。氢氧化锆在氢氟酸中溶解时也生成锆氟酸。溶液中存在钠、钾离子时，可生成锆氟酸钠或锆氟酸钾。ZrF_4 有两种结晶变体，α-变体可在温度低于 450℃ 时合成得到，超过 450℃ 时，α-变体转变为 β-变体。这些晶体都是单斜系，单晶 X 射线分析表明，α-ZrF_4 是一个含有带氟桥的 8 配位锆原子的大分子。锆的主体结构为反扭四方柱体，Zr—F = 0.210nm。虽然它是高聚物，四氟化锆可以在高温下升华，在 800℃ 的红外光谱在 668cm^{-1} 和 190cm^{-1} 处有谱峰，依据 T_4 对称它们分别相应于 ν_3 和 ν_4（即为 Zr—F 的拉伸和弯曲振动）。固态 α-ZrF_4 的红外谱峰出现在 550cm^{-1}（Zr—F 拉伸频率）、320cm^{-1}、295cm^{-1} 和 255cm^{-1}（Zr—F 弯曲频率）。

四氟化铪近似于四氟化锆，但对它的研究较少。这两个四氟化物都与氢氟酸水溶液作用产生多种水合物和氟氧化物。一水合物 $MF_4(H_2O)$ 和三水合物 $MF_4(H_2O)_3$ 已经过详细表征。X 射线分析发现这两个三水合物具有不同的结构，$ZrF_4(H_2O)_3$ 含有双聚分子，包括通过氟桥而共用棱边的两个十二面体（见图 3-15）。每个 8 配位的锆原子键合着 3 个水分子、2 个氟桥和 3 个端梢氟原子。而 HfF$_4$·(H$_2$O)$_3$虽然也含有 8 配位的金属原子,但它的结构有极大差异,它生成了具有双氟桥的变形反扭四方柱所组成的无限长链,见图 3-16。每个反四方柱含有 4 个氟桥、2 个端梢氟和 2 个配位水分子,另一水分子则为结晶水。

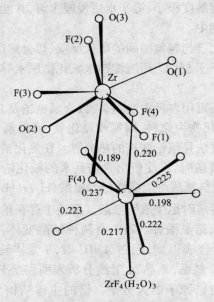

$$\text{ZrF}_4(\text{H}_2\text{O})_3$$

图 3-15 ZrF$_4$(H$_2$O)$_3$的结构(单位:nm)

将 ZrO$_2$ 和 ZrF$_4$ 一起加热(大于 550℃)或通过 ZrF$_4$(H$_2$O)$_3$ 和 HfF$_4$(H$_2$O)$_3$的热分解都曾制得化学式为 MOF$_2$的氟氧化物。

在三氯化砷介质中通过 ZrF$_4$(PCl$_5$)$_2$与三氟化砷的反应可以沉淀出二氯二氟化物 ZrCl$_2$F$_2$。

四氟化锆在费雷特-卡拉福(Friedel-Crafts)反应中是催化剂。ZrF$_4$·3H$_2$O 在空气中加热可失水,在 140℃ 先生成 ZrF$_4$·H$_2$O,高温时继而形成 ZrOF$_2$。

许多锆和铪的氟酸盐络合物是已知的,其通式为 MZrHfF$_6$、M$_2$ZrHfF$_6$、M$_3$ZrHfF$_7$,M 是碱金属、铵或氨基。这类化合物可用

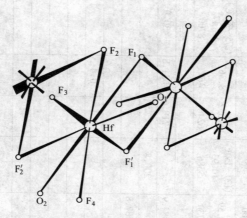

图 3-16 $HfF_4(H_2O)_3$ 的结构

(图中仅绘示了$[HfF_4(H_2O)_3]$聚合长链的一部分)

ZrO_2 和 HfO_2 溶于氢氟酸中加入一定比例的碱而得到。碱金属的锆(铪)氟酸盐能溶于水。锆铪氟酸钾是用电解法生产锆和铪的基本原料,也是分级结晶法分离锆铪的物料。

3.7.6 锆铪的溴化物

锆和铪的四溴化物可用制备四氯化物相应的方法来制备。一个比较有效的方法是利用四氟化锆与三溴化硼之间的卤素交换反应:

$$3Zr(Hf)Cl_4 + 4BBr_3 \rightarrow 3Zr(Hf)Br_4 + 4BCl_3$$

$ZrBr_4$ 和 $HfBr_4$ 经 X 射线衍射研究表明它们都有立方晶格($ZrBr_4 : \alpha = 1.095nm$;$HfBr_4 : \alpha = 1.091nm$),空间群为 $P_\alpha 3$,蒸气的电子衍射表明 $Zr—Br = 0.244$ nm 和 $Hf—Br = 0.243nm$ 四溴化物都是有反应活性的化合物,在性质表现上近似于四氯化物。

$ZrBr_4$ 升华温度为 356℃,加压时在 449℃ 熔融,而 $Zr(Hf)Br_2$、$Zr(Hf)Br_3$、$Zr(Hf) \cdot Br_2$ 等溴化物性质与对应的氯化物相似。

锆和铪卤化物的一些物理性质列于表 3-32。

表 3-32 锆、铪卤化物的一些物理性质

性　质		ZrF₄	HfF₄	ZrCl₄	HfCl₄	ZrBr₄	HfBr₄	ZrI₄	HfI₄	ZrCl₃	ZrBr₃	ZrI₃
熔点/℃		932		438	432	450	424.5	500	499			
蒸气压	A①	12.5	12.91	(s)11.7	11.7	12.268	11.697	10.59	(120~150℃) 10.93	11.632	8.367	(275~325℃) 12.47
	B	11400	12460	5700	5200	5945	5257	5730	5586	6246	4671	8700
升华热/kJ·mol⁻¹		339.6	100.4	100.4								
生成焓/kJ·mol⁻¹		-1912.0~-1930.5		-981.1	-991.6	-759.8	-836.8	-484.9		-719.6	-631.8	-430.9
生成自由能(298K)/kJ·mol⁻¹		-1829.2		-892.8		-721.7		-487.8	200.8			
密度/g·cm⁻³		4.5	7.13	2.803								
磁矩,293K,B.M										0.4	0.4	
红外光谱/cm⁻¹	ν_1	668		380								
	ν_2			102								
	ν_3			421								
	ν_4	190		112								
M-X键长/nm		0.210		0.233	0.233	0.244	0.243			0.255		
电子光谱/cm⁻¹									17300 21000			

①蒸气压 $\lg p = A - B/T$，p 的单位为 mmHg（1mmHg=133.322Pa）。

3.7.7 络合卤化物

锆和铪可生成多种络合氟化物以及络合氯化物和溴化物,但络合碘化物未见报道。为锆和铪的分离曾深入研究过氟锆酸盐和氟铪酸盐在溶解度上的差异。对这两类卤络合物的相平衡、热稳定性、红外和喇曼光谱、核磁共振谱、质谱和 X 射线结构分析的相关数据见表 3-33。

3.8 锆铪的硫化物、硒化物和碲化物

铪和锆与硫或硫化氢反应可以生成多种硫化物。锆铪氧化物也有生成硫氧化物 ZrOS 趋势的可能,此化合物含有 7 配位的锆原子。而锆和铪已知有多种硒化物和碲化物。

(1)硫化物。硫化锆的一些物相为非整比的。杰林克在 1963 年曾对此作过综述(F. Jellinck, Arkiv. Kemi., 1963(20):477)。已被确定的硫化物有:三硫化锆 ZrS_3、二硫化锆 ZrS_2 和低硫化锆 $ZrS_{1.54-0.9}$、$\sim ZrS_{0.7}$。将锆粉和过量硫在 $600\sim800℃$ 加热可以得到 ZrS_3 的橙色单斜固体(密度 $d^{25}=3.66g/cm^3$)。在硫酸或碱中的反应活性不高。

制备 ZrS 的最好方法是将四方型 ZrO_2 与二硫化碳共同加热。二硫化锆存在的组成区为 $ZrS_{1.8-2.0}$,是一种红紫色固体,含有与硫八面体键合的锆原子($Zr—S=0.256nm$),具有 CdI_2 型结构。Zr 在 ZrS_2 中的配位数低于在 ZrO_2 中的配位数。ZrS_2 表现为一种半导体对空气和水稳定,但易与氧化剂发生作用。

将二硫化物放在真空中加热,可以得到低硫化物,有时可获得升华物。$ZrS_{1.54-0.9}$ 相区具有变形立方型(NaCl)结构。晶状的 $ZrS_{0.7}$ 是六方对称的,具有碳化钨(WC)或变形砷化镍(NiAs)结构。

(2)硒化物和碲化物。与硫化物相对应的一些硒化物和碲化物都是已知的。例如 ZrS_3、$ZrSe_3$、$ZrTe_3$、HfS_3 和 $HfSe_3$ 都是单斜型的,而 ZrS_2、$ZrSe_2$、HfS_2 和 $HfSe_2$ 则都是六方型的。锆和铪的低硒化物和低碲化物也都与相应的硫化物类似。

表 3-33 卤锆酸盐和卤铪酸盐络合物的物理性质

络合物[1]	熔点/℃	配位结构	键长/pm MX(端桥)	键长/pm MX(桥键)	MM	MX 频率/cm⁻¹ 拉伸	MX 频率/cm⁻¹ 弯曲	其他性质
$Li_6(BeF_4)(ZrF_8)$		十二面体	0.205,0.216					
$[Cu(H_2O)_6]_2ZrF_8$		反扭四方柱	0.205,0.211					
Na_3ZrF_7	860							
K_3ZrF_7		五角双锥						
K_3HfF_7	923							
Cs_2ZrF_7	784	五角双锥				497,444	290,270.	ΔH_f°, $-3385.7kJ/mol$
Li_2ZrF_6		八面体						
K_2ZrF_6		十二面体	0.212,0.226			485-448	333-245	
Rb_2MF_6		八面体				595-468	236-187	
Cs_2MF_6		八面体				579-496	246-196	TT,465(Zr)

续表 3-33

络合物①	熔点/℃	配位结构	键长/pm			MX频率/cm⁻¹		其他性质
			MX(端桥)	MX(桥键)	MM	拉伸	弯曲	
(NH₄)₂ZrF₆		八面体				499,462	335-258	ΔH_f°, -2918.3kJ/mol
CuMF₆·4H₂O								
NaHfF₅	540							
KHfF₅	433							
CsZrF₅	518							TT,330
NH₄ZrF₅						495,476	295,257	ΔH_f°, -2431.7kJ/mol
NH₄ZrF₅·4H₂O						490	310,257	ΔH_f°, -2727.7kJ/mol
[Cu(H₂O)₆]₆[(Zr₂F₁₄)]		八面体	0.200,0.210	0.210	0.420			
Na₃Zr₂F₁₃		五角双锥	0.198,0.2065	0.2151,0.2165	3.655			
K₂[Cu(H₂O)₆](Zr₂F₁₂)								
Na₇Zr₆F₃₁		反扭四方柱	0.203	0.218				
Li₂ZrCl₆	535							

续表 3-33

络合物①	熔点/℃	配位结构	键长/pm			MX 频率/cm⁻¹		其他性质
			MX(端梢)	MX(桥键)	MM	拉伸	弯曲	
Li₂HfCl₆	557							
Na₂ZrCl₆	648							TT,341,377　d,2.34
Na₂ZrCl₆	660							TT,381,440,484
K₂ZrCl₆	798							TT,614~631　d,2.44
K₂HfCl₆	802							
Cs₂ZrCl₆	805							
Cs₂HfCl₆	820							
(R₄N)₂ZrCl₆						326~250	162~146	
(R₄N)₂HfCl₆						333~257	167~138	
(R₄N)₂ZrBr₆						226~144	116~106	
(R₄N)₂HfBr₆						201~142	116~101	

①M:Zr,Hf;X:F,Cl,Br;R₄N:Et₄N,E₃NH。

3.9 锆铪的磷化物、砷化物、硅化物和锗化物

锆和铪生成多种磷化物,如 ZrP_2、HfP_2、ZrP、HfP、Zr_3P、Hf_3P、Hf_2P 和 Hf_3P_2。某些磷化物具有复杂的结构[7]。

已报道锆和铪有多种砷化物,如 $ZrAs_2$、$ZrAs$、$HfAs_2$、$HfAs$、Hf_2As、Hf_3As_2 和 $Hf_{1.07}As$,其中有些结构较复杂。已测定过 $ZrAs_2$ 结构,表明其具有 $PbCl_2$ 结构,其中每个 Zr 原子被 9 个 As 原子所配位,见图 3-17。

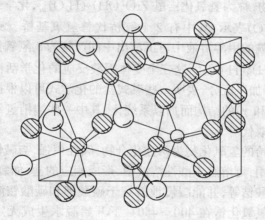

图 3-17 砷化锆的结构

小圆为 Zr 原子;大圆为 As 原子

锆-硅体系包含 $ZrSi_2$、$ZrSi$、Zr_5Si_4、Zr_3Si_2、Zr_2Si 和 Zr_3Si 化合物。关于这些化合物的结构可参阅文献[8]。锗化物如 $ZrGe_2$、$HfGe_2$、$ZrGe$、Zr_5Ge_3、Hf_5Ge_3 和 Zr_3Ge 在文献中曾有报道。$ZrSi$ 的生成热为 -514.1 J/mol,密度为 5.56 g/cm³。已知 $HfSi$ 的熔点为 2100℃。

3.10 含氢氧根、氧和过氧的锆铪化合物

关于含氢氧根、氧和过氧的锆铪化合物,文献[1]作了详细阐述。

3.10.1　锆铪的氢氧化物

向锆或铪盐溶液中加入氢氧根离子可生成凝胶状沉淀,其化学式为水合氧化物 $MO_2(H_2O)_x$。赛特舍夫等[9]指出:存在三种不同的氢氧化物,可沉淀的化合物 $Zr(OH)_4(H_2O)_n$ 为 α-氢氧化物,其化学式为 $Zr_4(OH)_8^b(OH)_8^t(H_2O)_x$,具有环状结构,其中每个锆原子通过 4 个氢氧基桥 $(OH)^b$ 与相邻的 2 个锆原子相联,剩余的氢氧基 $(OH)^t$ 是端梢或非桥基团。此化合物经加热可转化为 γ-氢氧化物,称为氢氧化锆酰 $ZrO(OH)_2(H_2O)_m$,化学式以 Zr_4O_4-$(OH)_8^t(H_2O)$ 表示,其中有 2 个氧桥代替氢氧基桥。从氯化锆酰或硝酸锆酰的甲醇溶液中可沉淀出中间产物为 β-氢氧化物 Zr_4O_2-$(OH)_4^b(OH)_8^t(H_2O)_2$。这三个变体因酸反应的化学活性不同(α>β>γ)而可加以区分,表明一些碱式盐的化学式可以根据这三个四聚环(α、β 和 γ)的结构而加以系统化,其中一些端梢氢氧基可被其他配体所取代。

锆和铪的氢氧化物为两性化合物,碱性稍强,与碱性溶液没有明显的作用,可溶解于酸性溶液中,形成相应的盐,如氧氯化锆、硫酸锆和硝酸锆等,并能缓慢地溶解于碳酸钾和碳酸铵溶液中形成络合物。氢氧化锆在 400~450℃ 下开始脱水生成无定形的二氧化锆,在更高温度下得到结晶二氧化锆。从锆盐溶液中刚析出时为白色胶状物,分子式可写成 $Zr(OH)_4 \cdot mH_2O$,在溶液中或放置几天逐步水解为 $ZrO(OH)_2 \cdot nH_2O$,进一步水解变为水合氧化锆 $ZrO_2 \cdot xH_2O$,它能溶解于盐酸、硫酸和硝酸中,形成相应的盐。

3.10.2　锆铪的碱式盐

实验结果表明,碱式盐化学通式为 $[Zr_3(OH)_4]^{8+}$、$[Zr_3(OH)_6Cl_3]^{3+}$ 和 $[Zr_4(OH)_8]^{8+}$ 等。X 射线研究表明,锆主要是 8 配位的,但有多种结构。用三维 X 射线测定了 $[Zr_4(OH)_8$-$(H_2O)_{16}]^{8+}$ 的结构见图3-18,锆原子的立体化学结构(二重轴对

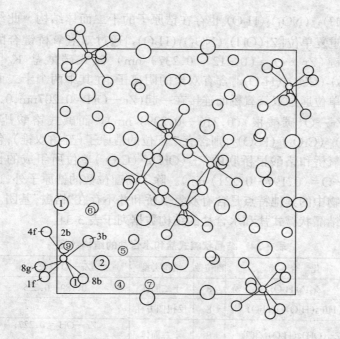

图 3-18　在 $ZrOCl_2(H_2O)_8$ 中的 $[Zr_4(OH)_8(H_2O)_{16}]^{8+}$ 单位

小圆代表 Zr 原子,中圆代表(OH)或

(H_2O) 中的氧,大圆代表 Cl^- 离子

称)接近于十二面体结构。键长为 $Zr—OH(成桥) = (0.2142 \pm 0.0019)nm$；$Zr—(OH_2) = (0.2272 \pm 0.0032)nm$,十二面体构型也出现在碱式硫酸盐 $Zr_2(OH)_2(SO_4)_3(H_2O)_4$ 中,见图 3-19,其中每个锆原子与 2 个氢氧根、2 个水分子和 4 个硫酸根相键合($Zr—O = (0.209 \sim 0.226)$ nm)。其晶格含有由硫酸根桥连接起来的 ZrO_8 十二面体所组成的层(每个锆原子通过硫酸根与相邻的 4 个锆原子相联)。层与层间是通过锆原子间的双氢氧桥 $[Zr_2(OH)_2]$ 键合在一起。在另一碱式硫酸盐 $Zr(OH)_2SO_4$ 中,锆原子具有反扭四方柱结构。这一化合物中有被硫酸根桥联结的曲折 $[Zr(OH)_2]$ 链($Zr—O = (0.214 \sim 0.228)$ nm)。在碱式硝酸盐

$Zr(OH)_2 \cdot (NO_3)_2(H_2O)_4$也存在锆原子的十二面体结构。此结构也由重复单位$[Zr(OH)_2(NO_3)_2(H_2O)_2]$通过双氢氧桥键合的曲折长键（$Zr—O = (0.212 \sim 0.237)$ nm）、碱式碳酸盐 $K_6[Zr_2(OH_2)\text{-}(CO_3)_6(H_2O)_6]$ 含有双聚的阴离子,在其中两个十二面体ZrO_8单位通过双氢氧桥而连接在一起（$Zr—OH = 0.207nm, 0.213$ nm;$Zr—O$（碳酸根）（$0.216 \sim 0.229$）nm）。而碱式铬酸盐 $Zr_4(OH)_6\text{-}(CrO_4)_5(H_2O)_2$,则含有 7 配位的锆原子（五角双锥）,包括由氢氧桥和铬酸根桥联的 $Zr_4(OH)_6 \cdot (CrO_4)$ 单位所组成的长链（$Zr—O = (0.197 \sim 0.221)$ nm）。除了高配位数的锆原子外,这些化合物中的其他特点是含有双氢氧桥和并不存在"锆酰"基团。

结晶状碱式盐和水合盐的结构数据列于表 3-34。

表 3-34　结晶状碱式盐和水合盐的结构数据

化 合 物	配位数	结构类型	$Zr—O$ 键长/nm
$Zr_2F_8(H_2O)_6$	8	十二面体	$0.189 \sim 0.225$
$[HfF_4(H_2O)_2](H_2O)$	8	反扭四方柱	
$[Zr_4(OH)_8(H_2O)_{16}]Cl_8$	8	十二面体	$Zr—OH_2 = 0.227$; $Zr—(OH)d = 0.214$
$Zr(SO_4)_2(H_2O)$	7	带帽八面体	
$Zr(SO_4)_2(H_2O)_4$	8	十二面体	Av 0.218
$[Zr_2(SO_4)_4(H_2O)_8](H_2O)_2$	8	反扭四方柱	
$[Zr_2(SO_4)_4(H_2O)_8](H_2O)_6$	8	反扭四方柱	
$Zr_2(OH)_2(SO_4)_2(H_2O)_4$	8	反扭四方柱	$Zr—OH_2 = 0.219, 0.222$ $Zr—(OH) = 0.209, 0.216$ $Zr—O = 0.217, 0.226$
$Zr(OH)_2SO_4$	8	十二面体	$0.00214 \sim 0.00228$
$K_2[Zr_2(OH)_2(CO_3)_6(H_2O)_6]$	8	反扭四方柱	$Zr—(OH) = 0.207, 0.213$ $Zr—O = 0.216, 0.229$
$Zr(OH)_2(NO_3)_2(H_2O)_4$	8	反扭四方柱	$0.212 \sim 0.237$
$Zr_4(OH)_6(CrO_4)_5(H_2O)_2$	7	五角双锥	$0.197 \sim 0.221$
$Zr(HPO_4)_2(H_2O)$	6	八面体	$0.204 \sim 0.221$

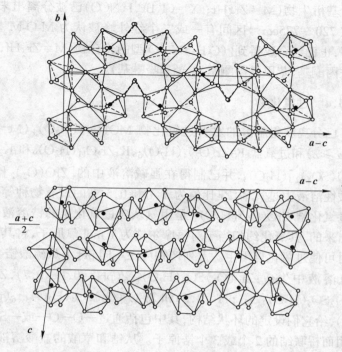

图 3-19　$Zr_2(OH)_2(SO_4)_3(H_2O)_4$的结构
黑点代表 Zr 原子,小圆代表氧原子,外侧线标出
SO_4^{2-} 四面体的边,内侧线标出 ZrO_8 十二面体的边

3.10.3　金属氧烷

含有 M-O-M 链的化合物称为金属氧烷。$Zr_2O(OBu)_6$、Zr_3O_2-$(OBu)_8$、$Zr_4O_3(OBu)_{10}$ 和 $Zr_{10}O_9(OBu)_{32}$ 型的聚合丁氧基金属氧烷是 $Zr(OBu)_4$ 可在正丁醇中水解时制得。锆的四羧酸盐 ZrX_4(X = 硬脂酸根、棕榈酸根、月桂酸根和己酸根)容易裂解生成 X_3Zr-O-ZrX_3化合物。MX_4(X = 丙酸根;M = Zr, Hf)的热分解逐次产生 MOX_2(在 200～290℃),$M_2O_3X_2$(在 300～340℃),$M_4O_7X_2$(340～400℃)和 MO_2(大于 400℃)。一些$[(C_5H_5)_2MX]_2O$ 型的 π-环戊

二烯基衍生物(M = Zr、Hr; X = Cl、Br、I·NCO)已被分离出来,它们在 $720 \sim 775 cm^{-1}$ 区间有一或二个红外峰被认为 M-O-M 振动频率,也已经合成得到 $[(C_5H_5)M_2]O$ 型的化合物(M = Zr、Hf;X = 乙酰丙酮基、苯甲酰丙酮基、8-羟基喹啉基)。

3.10.4　过氧化物

已分离获得难溶的水合过氧化物 $MO(O_2)(H_2O)_x$(M = Zr, Hf; $x \geqslant 2$)和过氧盐 $K_2Zr(O_2)_4(H_2O)_6$,$K_4Zr_2O_{11}(H_2O)_9$ 和 $K_2[Zr-(O_2)(SO_4)_2](H_2O)_3$,并已制得在强碱溶液中的 $[ZrO(O_2)_2]^{2-}$ 和在酸性溶液中过氧基:Zr 比值为 1:1 和 0.5:1 的过氧物种等。水合过氧化锆 $ZrO(O_2)(H_2O)_x$ 是用氨从含过氧化氢的锆溶液中沉淀出来的,其氧化约相当于对每摩尔锆为 1 mol 氧原子,将其溶于酸时可使过氧化氢再生。下列产物可在不同 pH 下从硫酸锆-过氧化氢溶液中生成:$Zr_2(O_2)SO_4(H_2O)_{3\sim6}$(pH = 0.1 ~ 0.7),$Zr_3O_3-(O_2)_2SO_4(H_2O)_{9\sim12}$(pH = 2.0)和 $Zr_2O_2(O_2)SO_4(H_2O)_{3\sim6}$(pH = 2.2),给它们设定的环状结构,其中包括通过—O—O—或—SO_4 基团而桥联结的 2 个或 3 个锆原子。从锆和草酸的盐酸溶液(pH = 0.3)中曾沉淀出一种过氧草酸盐 $Zr(O_2)(C_2O_4)(H_2O)_6$。

3.11　锆铪的无机盐类

3.11.1　硫酸盐

从含锆的硫酸水溶液中当硫酸浓度大于 50% 时,可结晶出白色正硫酸盐 $Zr(SO_4)_2(H_2O)_4$,锆还能生成大量的阴离子硫酸根络合物和碱式硫酸盐,表明硫酸根离子对锆有很强的亲和力。对溶液的研究表明,逐级配位硫酸根(即硫酸根:金属原子比值依次为 1:1、2:1 和 3:1),锆(Ⅳ)的稳定常数要比铪(Ⅳ)高。

四水合物 $Zr(SO_4)_2(H_2O)_4$ 在 100℃ 转化成一水合物 $Zr(SO_4)_2(H_2O)$,在 380℃ 生成无水盐 $Zr(SO_4)_2$。其他水合物

$Zr(SO_4)_2(H_2O)_7$ 和 $Zr(SO_4)_2(H_2O)_5$ 已有报道,其中一水合物有多晶型现象。除碱式硫酸盐 $Zr_2(OH)_2(SO_4)_3(H_2O)_4$ 和 $Zr(OH)_2SO_4$ 外,已检出其他碱式硫酸盐如 $Zr_2(OH)_6SO_4(H_2O)_5$、$Zr_3(OH)_8(SO_4)_2(H_2O)_8$ 和 $Zr_4(OH)_{10}(SO_4)_3(H_2O)_{10}$。许多络合硫酸盐如 $M'_2[Zr(SO_4)_3](H_2O)_x$ ($M' = K$、NH_4、Na、Rb),$M'_4[Zr(SO_4)_4](H_2O)_x$ ($M' = K$、Rb) 和 $M'_6Zr(SO_4)_5(H_2O)_x$ ($M' = K$)已见报道,并有诸如硫酸草酸盐、硫酸碳酸盐和硫酸氟化物:

$$(NH_4)_2[Zr(C_2O_4)(SO_4)(H_2O)_5]$$
$$K_9H_3[Zr_4(C_2O_4)_{12}(SO_4)_2(H_2O)_{14}]$$
$$(NH_4)_6[Zr_2(CO_3)_6(SO_4)(H_2O)_6]$$
$$K_7H[Zr_4F_8(SO_4)_8(H_2O)_{12}]$$

X 射线研究指出了晶状硫酸盐的结构,在 $Zr(SO_4)_2 \cdot (H_2O)_4$ 中存在着 ZrO_8 单位反向四方柱的无限片层($Zr—O = 218pm$),其中每个锆原子与 4 个硫酸根键合,每个硫酸根桥接着 2 个锆原子,并与水分子以氢键连接。锆原子又与 4 个水分子键合以完成其 8 配位。在 $Zr_2(OH)_2(SO_4)_3(H_2O)_4$ 中也存在着 8 配位锆原子(十二面体)的层状结构。在高水合物 $Zr(SO_4)_2(H_2O)_7$ 和 $\alpha\text{-}Zr(SO_4)_2(H_2O)_5$ 分子中存在着双聚单位 $Zr_2(SO_4)_4(H_2O)_8$,在其中每个锆原子与 4 个水分子、2 个成桥硫酸根和一个螯合硫酸根相联结。8 配位锆具有十二面体 ZrO_8 结构,一水合硫酸锆含有 7 配位的锆(带帽八面体)。$\gamma\text{-}Zr(SO_4)_2(H_2O)$ 中每个锆原子与一个水分子和 6 个硫酸根相连接,每个硫酸根连接着 3 个锆原子并以氢键与水分子连接,见图 3-20。在 α-变体中有两类硫酸根,有一些与 3 个锆原子连接,另一些与 2 个锆原子连接并与一个金属原子螯合。而在所有的硫酸盐结构中锆原子保持 7 或 8 配位。

而在硫酸锆溶液中存在下列平衡关系:

$$Zr(SO_4)_2 + H_2O \rightleftharpoons H_2ZrO(SO_4)_2 \rightleftharpoons ZrOSO_4 + H_2SO_4$$

溶液中存在 Na^+、K^+、NH_4^+ 等阳离子时,且溶液中 $[SO_4^{2-}]:[Zr^{4+}] > 2.5$,则生成的盐有:$M_4[Zr(SO_4)_4] \cdot nH_2O$,$M_2[Zr\text{-}$

$(SO_4)_3] \cdot n H_2O$ 等($M = Na^+$、K^+、NH_4^+),除四硫酸盐外,其他盐都易溶于水。加热煮沸硫酸锆弱酸溶液($[SO_4^{2-}]:[Zr^{4+}] \leqslant 2$),水解沉淀出碱性硫酸锆 $x ZrO_2 \cdot y SO_3 \cdot x H_2O(x:y > 1)$。从锆铪氯化物或硝酸盐溶液中也可沉淀出碱性硫酸盐。温度超过 800℃ 时,锆的硫酸盐和碱性硫酸盐分解生成二氧化锆。

硫酸锆的溶解度与硫酸浓度关系很大,四水硫酸锆易溶于水,溶液呈酸性。随着溶液中酸度增加,溶解度下降。

从水溶液中可沉淀出亚硫酸盐 $Zr(SO_3)_2(H_2O)_7$,但当加入过量 SO_4^{2-} 时,沉淀溶解生成络合物。

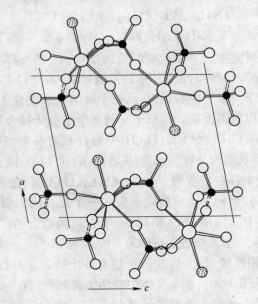

图 3-20　γ-$Zr(SO_4)_2(H_2O)$ 的结构

大空圆代表 Zr 原子,小空圆代表氧原子,实心圆代表硫原子

3.11.2　硝酸盐

硝酸盐主要有 $ZrO(NO_3)_2 \cdot (2 \sim 6) H_2O$、$Zr(NO_3)_4 \cdot (5 \sim 6)$

H_2O，$Hf(NO_3)_4$、$Zr_2O_3(NO_3)_2 \cdot 2H_2O$、$H_2Zr(NO_3)_6 \cdot (3 \sim 4)H_2O$、$HZr(NO_3)_5 \cdot 4H_2O$ 等，都为无色，在水中溶解后呈强酸性。将锆铪氢氧化物溶于硝酸中，在不同的硝酸浓度和蒸发条件下可得到不同组成的硝酸盐结晶。$ZrO(NO_3)_2 \cdot 2.4H_2O$ 热分解反应如下：

$$ZrO(NO_3)_2 \cdot 2.4H_2O = ZrO_2 + 2.4H_2O + N_2O_5$$

当温度低于 15℃ 时，可从浓硝酸中制得水合四硝酸盐 $Zr(NO_3)_4(H_2O)_5$。铪也能生成同类的化合物。从五氧化二氮和 $ZrCl_4$ 的反应可以制得无水硝酸盐：

$$ZrCl_4 + 4N_2O_5 \longrightarrow Zr(NO_3)_4 + 4NO_2Cl$$

$Zr(NO_3)_4$ 在 140℃ 分解，并在 100℃ 升华。$Hf(NO_3)_4$ 是从 $Hf(NO_3)_4(N_2O_5)$ 分离出来的，在 100℃ 升华。对溶液的研究表明，溶液中可能存在着络合阴离子 $M(NO_3)_5^-$ 和 $M(NO_3)_6^{2-}$，但未见报道过硝酸复盐。曾制得含 $M-NO_3$ 基团的化合物。包括双螯合的金属二硝酸盐 $M(\beta\text{-酮})_2(NO_3)_2$ 二酮、烷氧基螯合的金属二硝酸盐 $M(OR)(diket)(NO_3)_2(R = Et, Pr^n, Bu^m)$ 和三螯合的金属-硝酸盐 $M(diket)_3(NO_3)$。也曾制备了一些 π-环戊二烯基金属硝酸盐：$(C_5H_5)_2Zr(NO_3)_2$、$(C_5H_5)_2Zr(OH)(NO_3)$、$(C_5H_5)_2ZrCl(NO_3)$、$(C_5H_5)Zr(乙酰丙酮基)_2(NO_3)(乙酰丙酮基)$、$(C_5H_5)_2Hf(NO_3)_2$ 和 $(C_5H_5)Hf(乙酰丙酮基)_2(NO_3)$。

3.11.3 磷酸盐

锆的磷酸盐有 $ZrO(H_2PO_4)_2 \cdot nH_2O$，$ZrP_2O_7$、$(ZrO)_2P_2O_7$、$ZrP_2O_7 \cdot 4H_2CO_3$ 等。将磷酸或磷酸钠加到锆化合物的酸性溶液中便会析出白色胶凝状沉淀物 $ZrO(H_2PO_4)_2 \cdot nH_2O$。$ZrO(H_2PO_4)_2 \cdot nH_2O$ 微溶于水、硫酸（低于 20%）和盐酸（10 mol/L 盐酸中的溶解度仅为 0.2～0.3mg/L）。在有双氧水时，酸性溶液中磷酸锆的沉淀相当完全。$ZrO(H_2PO_4)_2 \cdot nH_2O$ 能溶解于碳酸钾水溶液中，生成化合物 $ZrP_2O_7 \cdot 4H_2CO_3$：

$$ZrO(H_2PO_4)_2 \cdot nH_2O + 4K_2CO_3 = ZrP_2O_7 \cdot 4H_2CO_3 + 8KOH$$

$ZrO(H_2PO_4)_2 \cdot nH_2O$ 加热转化反应为：

$$ZrO(H_2PO_4)_2 \cdot nH_2O \xrightarrow{1000℃} ZrP_2O_7 + (n+2)H_2O \uparrow$$

$$2ZrP_2O_7 \xrightarrow{1550℃} (ZrO)_2P_2O_7 + P_2O_5$$

同时，在不同条件下可以制得水合磷酸锆的三种变晶，其结构都已知，在 α-变体 $Zr(HPO_4)_2(H_2O)$ 中，锆原子被 6 个不同的 HPO_4 单位八面体配位而形成层状结构，见图 3-21，水分子在两层之间的孔穴中，可能是通过氢键而同 HPO_4 单位的 OH 基相连接。β-变体 $Zr(HPO_4)_2$ 和 γ-变体 $Zr(HPO_4)_2(H_2O)_2$ 与 α-变体之间有相同的层内结构而不同的层间排布。Zr —O 的键长为 204～211pm。

如果磷酸锆不是从浓酸溶液(6mol/L HCl)中沉淀的，则产物的 Z:P 比值将不是 1:2，而是依赖于 pH(1～3)得到如下的产物：$Zr_5P_8O_{30}(H_2O)_8$、$Zr_5P_6O_{25}(H_2O)_9$ 和 $Zr_3P_4O_{16}(H_2O)_5$。

将磷酸锆进行煅烧(1000～1400℃)得到立方系的(Zr —O = 201.8pm)焦磷酸锆 ZrP_2O_7，在碱性溶液中的沉淀物为 $Zr_3(PO_4)_4$。通过下述反应也可得到磷酸锆的无定形白色粉末：$ZrOCl_2 + 2H_3PO_4 \rightarrow ZrO(H_2PO_4)_2 + 2HCl$，再加热时得到焦磷酸锆：$ZrO(H_2PO_4)_2 \xrightarrow{\triangle} ZrP_2O_7 + 2H_2O$。在温度 1500℃ 时导致氧化磷的分解而残留 $Zr_2P_2O_9$。将 ZrO_2 或 ZrP_2O_7 与碱金属磷酸盐混合物共熔后用水抽提残渣可制得多种不同的磷酸锆钠和磷酸锆钾复盐：$K_2ZrP_2O_8$、$Na_8Zr_4P_4O_{14}$、$Na_{12}Zr_3P_8O_{32}$、$K_2Zr_4P_6O_{24}$ 等。向硫酸铪或氯化铪溶液中加入偏磷酸钠可以得到磷酸铪钠。$NaZr_2P_3O_{12}$ 的晶体结构含有高分子的阴离子，其中有通过正磷酸根四面体联结的 ZrO_6(Zr —O = 205pm，208pm)。也可用有机磷酸酯配体如 $(RO)PO(OH)O^-$ 和 $(RO)_2PO_2^-$ 沉淀锆，可得到锆氧络合物 $ZrO[O_2P(OR)(OR')]_2$。

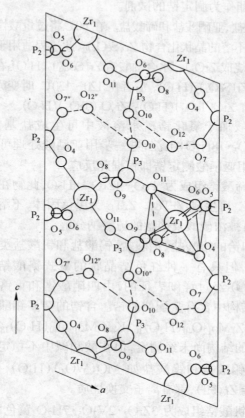

图 3-21   α-Zr(HPO$_4$)$_2$(H$_2$O) 的结构

3.11.4   砷酸盐、硒酸盐、碲酸盐和铬、钼、钨的盐类

盐类主要有:

(1)砷酸盐。砷酸锆的组成取决于制备的化学反应条件,可以获得如 Zr(HAsO$_4$)$_2$ 和 Zr(HAsO$_4$)$_2$(H$_2$O) 的化合物。结晶状的 Zr(HAsO$_4$)$_2$ 经 X 射线衍射研究发现,具有以 HOAsO$_3$ 四面体桥联结的 ZrO$_6$ 八面体层状结构,层与层之间有沸石型孔穴。此化合物与磷酸锆有类似的离子交换性质。已使用有机砷酸酯配体如砷酸烷

~ 115 ~

基酯或芳基酯作为测定锆的试剂。

(2)硒酸盐、亚硒酸盐和碲酸盐。在 60℃ 将过量酸性亚硒酸盐溶煮,可转化成不溶的晶状化合物 $Zr(SeO_3)_2$,此过程适用于锆的重量法测定(最后灼烧成 ZrO_2)。水合硒酸锆 $Zr(SeO_4)_2(H_2O)_4$ 在 100℃ 转化成一水合物 $Zr(SeO_4)_2(H_2O)$,后者在 120~130℃ 时变为无机盐。已知的碲酸盐有 $ZrO(TeO_4)(H_2O)_7$、$Zr_3O_5(TeO_4)(H_2O)$。

将亚硒酸加于氯化锆酰水溶液中可生成盐基性亚硒酸锆($4ZrO_2 \cdot 3SeO_2 \cdot 18H_2O$)沉淀,进一步用亚硒酸处理可得亚硒酸锆 $Zr(SeO_3)_2$,用亚硒酸测定锆即根据此反应。

盐基性碲酸锆组成为 $TeO_2 \cdot 4ZrO_2 \cdot 8H_2O$,此物在氢气气氛中加热到 500℃ 可生成 $ZrTe_2$。$ZrTe_2$ 为黑色固体,不溶于水及酸碱溶液中,但可被浓硫酸及熔融的硫酸钠分解。

(3)锆和铪的铬酸盐、钼酸盐、钨酸盐和钒酸盐类。已报道过多种铬酸锆,但只有一种红色结晶状的碱式铬酸锆 $Zr_4(OH)_6(CrO_4)_5(H_2O)$ 经过详细表征的,由四硝酸锆和重铬酸钾的反应而制得,其结构中含有 7 配位的锆。含锆的杂多钼酸盐和杂多钨酸盐 $(NH_4)_4ZrMo_{12}O_{40}(H_2O)_{10}$、$K_4ZrMo_{12}O_{40}(H_2O)_{18}$ 和 $K_8ZrW_{12}O_{42}(H_2O)_{15}$ 的结构尚未经测定,但在酸和碱中不稳定。制备了锆和铪的简单钼酸盐和钨酸盐如 $MO(WO_4)(H_2O)_x$,MMO_2O_8 和 $MW_2O_8(M=Zr,Hf)$,都有离子交换性质。

盐基性钒酸锆组成为 $3ZrO_2 \cdot 2V_2O_5 \cdot 7H_2O$ 黄色固体,不溶于水。把含有偏钒酸铵的溶液和硝酸锆酰的溶液按 $Zr/V=0.25\sim0.75$ 的比例在 $pH=2.1\sim6.1$ 的条件下混合,便可制得钒酸锆。

3.11.5 碳酸盐

锆和铪的正碳酸盐制备尚未见报道,但有很多碱式碳酸盐,在工业上有应用。对 $K_6[Zr_2(OH)_2(CO_3)_6(H_2O)_6]$ 进行的 X 射线结构研究指出,碳酸根是以共价键与锆联接。对碱式碳酸盐的红外研究指出碳酸根是双齿配体或成桥基团,不是离子型。已分离得到下列碱式碳酸根阴离子的水合盐: $[Zr_2O(OH)_4(CO_3)_2]^{2-}$、

$[Zr_2O(OH)_3(CO_3)_3]^{3-}$、$[Zr_2O(OH)_2(CO_3)_4]^{4-}$、$[Zr_2O-(CO_3)_5]^{4-}$、$[Zr_2O(CO_3)_6]^{6-}$。

也曾制得过一些含碳酸根的正络盐:

$(NH_4)_6[Zr_2(SO)_4(CO_3)_6(H_2O)_6]$、(胍啶鎓)$_8[Zr_2(SO_4)_3-(CO_3)_5(H_2O)_6]$、$(NH_4)_4[ZrF_4(CO_3)_2]$。

$2ZrO_2 \cdot CO_2 \cdot 8H_2O$ 的水溶液含有 20% 的 ZrO_2,可用于医药,也可作为制备其他锆盐的中间产品。

3.11.6 锆铪的其他无机盐类

(1)卤酸盐和高卤酸盐。文献[1]报道了氯酸盐和碘酸盐如 $ZrO(ClO_3)(H_2O)_6$、$Zr_2O_2(OH)(ClO_3)$、$Zr(OH)(IO_3)(H_2O)$、$Zr(IO_3)_4$、$M'_2Zr(IO_3)_6(M' = K, Rb)$ 和 $KZr_2(IO_3)_9(H_2O)_8$,但其中仅有一个化合物的结构经过测定。在 $Zr(IO_3)_4$ 的晶体中含有反扭四方柱的 8 配位锆原子。

(2)锆铪的卤合酸盐类。这类物质包括:1)锆铪的八氟合金属酸盐$[MF_8]^{4-}$,戴维德维奇等人合成了 Cd_2MF_8、$Cd_2MF_8(H_2O)_6$、$M'MF_8(H_2O)_{12}$,式中 $M = Zr$、Hf;$M' = Co$、Ni、Zn。核磁共振研究表明 $Zn_2MF_8(H_2O)_{12}$ 含有 MF_6^{2-} 和 F^-,但在 $Cd_2MF_8(H_2O)_6$ 中所有的氟都是等同的,说明其中存在有八氟合金属酸根离子。2)七氟合金属酸盐,MF_7^{3-}。可从金属四氟化物、二氧化物、碳化物或氮化物用多种多样的方法如 NH_4HF_2、碱金属氟化物或四氟硼酸钾作氟化剂制备七氟合金属酸盐 M'_3MF_7(式中 $M' = NH_4$、Na、K、Rb、Cs;$M = Zr$、Hf)。3)六氟合金属酸盐$[MF_6^{2-}]$。可通过正确配比的碱金属氟化物与 ZrF_4 或 HfF_4 的共熔,或在控制条件下(避免生成七氟金属酸盐)在金属四氟化物的氢氟酸水溶液中加入碱金属氟化物来制备。向 $ZrBr_4$ 的甲醇溶液中加入碱金属氟化物可以制得钾盐和铯盐 M'_2ZrF_6,但加入氟化铵时却得到七氟锆酸盐。在二氧化铪的氢氟酸水溶液中加入二价氟化物得到 $CuHfF_6 \cdot (H_2O)_4$、$MnHfF_6(H_2O)_5$ 和 $M''HfF_6 \cdot (H_2O)_6$(式中 $M'' = Co$、Ni、

Zn)。4)五氟合金属酸盐，MF_5^-。将 MF 和 MF_4 的 1:1 混合物共熔可制得 $M'MF_5$ 型的碱金属盐。在 $M'F/MF_4$ 体系的相律研究中检查出了这类盐，将 M'_2ZrF_6 和 $(NH_4)_3ZrF_7$ 的混合物加热而得到的 $M'ZrF_5(M' = K、Rb)β$-变体，经 X 射线粉末衍射研究发现它们是同结构的和属于三斜系。5)其他氟金属酸盐。将 NaF/ZrF_4 的 1:1 混合物共熔曾获得化合物 $Na_7Zr_6F_{31}$。结构复杂，含有通过氟桥联结起来的 6 个 8 配位锆原子的反扭四方柱体。

(3)其他多卤合金属酸盐。六氯合锆酸盐和六氯合铪酸盐 R_2MCl_6(R＝碱金属或大有机阳离子，例如烷基铵离子)可用四氯化物或卤氧化物为原料来制备。如使用卤氧化物时，反应可以在浓盐酸溶液中进行，随后进行六氯合金属酸盐的结晶。通过非水溶液中的反应而分离得到的加成化合物 $ZrCl_4[PCl_5]_2$ 和 $ZrCl_4(NOCl)_2$，可能是 $[PCl_4]^+$ 和 $[NO]^+$ 的六氯合锆酸盐。其他加成化合物是含有 $ZrCl_6^{2-}$ 或其取代离子的$[ZrCl_5(CH_3CN)]^-$或$[ZrCl_5(NHEt)]^{2-}$。

六氯合锆酸盐、六氯合铪酸盐、六溴合锆酸盐和六溴合铪酸盐的振动光谱都已做过测定。在铷盐和铯盐中的 $ZrCl_6^{2-}$ 正八面体结构曾被 X 射线衍射工作所证实，并指出它们具有 K_2PtCl_6 型结构。$M'_2MCl_6 \rightleftharpoons 2M'Cl + MCl_4$ 体系($M' = Na、K、Cs$；$M = Zr、Hf$)的蒸气压-温度平衡曾被研究过，并计算了有关的热力学数据。稳定性是依如下顺序而递变的：Cs＞K＞Na 和 Hf＞Zr。但六氯合铪酸盐除了有比六氯合锆酸盐为略高的热稳定性之外，它还有比六氯合锆酸盐在水中为较高的溶解度和较高的抗水解的能力。

3.12 锆铪的有机化合物

锆铪的有机化合物是强的电子受体。锆铪能配位氨基中的氮原子和羧基中的氧原子。锆原子接受电子能力的次序为：

$$—\overset{\overset{O}{|}}{C}—\overset{\overset{O}{|}}{C}— \;>OH^- >CO_3^{2-}> —\overset{\overset{O}{|}}{C}—\overset{|}{C}=O \;>F^- >HSO_4^- > —\overset{\overset{O}{|}}{C}=O^- >$$

$$NO_3^- >H_2O>ROH>Cl^-、Br^-、I^-$$

有机锆化合物在催化剂和着色方面有着特殊的用途,它能催化未饱和键物质的聚合,能提高颜料的分散能力和着色效果。

锆和铪的羧酸盐有乙酸锆 $ZrO(CH_3COO)_2$、$Zr(CH_3COO)_4$、$Zr(OH)_2 \cdot (CH_3COO)^+$、$Hf(OH)_2(CH_3COO)^+$;另外还有 $ZrO(CH_3C_{11}H_{22}COO)_2$ 和 $ZrO(CH_3C_{16}H_{32}COO)_2$ 等。锆还能与酒石酸、醇、乙酰和丙酮等有机物生成化合物。

3.12.1 一羧酸盐

$Zr(O_2CR)_4$、$ZrO(O_2CR)_2(H_2O)_x$ 和 $ZrO(OH)(O_2CR)-(H_2O)_x$ 型的羧酸根化合物已有报道。在非水溶剂中曾制得多种的混合配体衍生物,如 $ZrX(O_2CR)_3$、$ZrX_2(O_2CR)_2$ 和 $ZrX_3-(O_2CR)$,($X = Cl$ 或 OPr^i)。三羧酸一异丙氧基锆在消去异丙酯后可生成二羧酸氧锆。

3.12.2 二羧酸盐

二元酸(特别是草酸)的锆化合物也已有报道,如 $Zr(C_2O_4)_2-(H_2O)_x$、$ZrO(C_2O_4)(H_2O)_x$、$Zr(C_2O_4)_2 \cdot (H_2C_2O_4)(H_2O)_8$、$K_4[Zr-(C_2O_4)_4](H_2O)_5$ 和 $(NH_4)_4[Zr(C_2O_4)_4] \cdot (H_2O)_6$。已制得含氧衍生物 $ZrOL$ 和 K_2ZrOL_2($L=$丙二酸根、苹果酸根、琥珀酸根、己二酸根、邻苯二甲酸根)。已知的碱式草酸盐如下:$M'_4[Zr_2O_3-(H_2O)_2(C_2O_4)_2]$($M' = NH_4$,$Na$,$K$,吡啶鎓)$Zr_{10}O_{11}(OH)_{10}-(C_2O_4)_4(H_2O)_{53}$ 和混合草酸根络合物:$K_4Zr_2(C_2O_4)_5(SO_4)-(H_2O)_{10}$、$K_7HZr_4(C_2O_4)_4(SO_4)_8(H_2O)_{18}$、$(NH_4)_2Zr(C_2O_4)-(SO_4)_2(H_2O)_5$、$(NH_4)_4ZrF_2(C_2O_4)_3(H_2O)$ 等。

3.12.3 多羧酸和螯合羧酸

锆和铪能与螯合性羟基羧酸和多氨基乙酸生成多种络合物,这类酸如苯乙醇酸和萘基乙醇酸已应用在重量分析中。经电位滴定研究发现锆在溶液中能与乙二胺四乙酸、氮三乙酸和乙醇胺二乙酸生成络合物,其中含有 8 配位的锆原子。向氯氧化锆和氮三乙酸的溶液中加入碳酸钾得到分子式为 $K_2\{Zr[N(CH_2CO_2)_3]_2\}$ (H_2O) 的钾盐。

3.12.4　酮盐类

已知锆和铪的酮盐类化合物有 $ZrO(1,3-二酮的烯醇基)_2$、$Zr(1,3-二酮的烯醇基)_4$、$ZrX(1,3-二酮的烯醇基)_2$（X 为卤素）、$[Zr(1,3-二酮的烯醇基)_3]FeCl_3$ 或 $AuCl_4$ 等。同时也已制得相应的铪化合物。包括锆和铪的四（二酮）盐、三（二酮）盐双（二酮盐、单二酮盐）等多种衍生物，为萃取分离锆铪用溶剂开辟了新领域。

属于酮类的锆盐还有乙酰丙酮盐 $Zr(C_5H_7O_2)_4$，相对分子质量为 487.63，呈单斜针状结晶，熔点为 194～195℃，密度为 1.415。乙酰丙酮锆溶于乙醇、四氯化碳、二硫化碳及乙酰丙酮中，但溶液会缓慢分解；它溶解在二溴化乙烯中时不发生分解作用。把乙酰丙酮加入氯化锆酰或硝酸锆溶液中时便可得到乙酰丙酮锆，可用苯作溶剂重结晶精制。

3.12.5　锆铪的烷氧化物、硫醇盐和二硫代氨基甲酸盐

（1）烷氧化物。锆和铪的四烷氧化物是配位聚合物 $[M(OR)_4]_m$，聚合是通过烷氧基的成桥作用而实现的。由于仲烷氧基特别是叔烷氧基的空间位阻作用，它们的金属衍生物有可能保持为有挥发性的单分子结构。

单分子化合物叔丁氧基锆铪和叔戊氧基锆铪已有准确的蒸气压数据。可用分级蒸馏或气相色谱的方法对这些化合物进行锆和铪的分离，见表 3-35、表 3-36。热稳定性的变迁顺序如下：$Zr(OMe)_4 \sim Zr(OEt)_4 \geqslant Zr(OPr^i) \geqslant Zr(OBu^t)_4$，热分解可得到细粒子的纯 ZrO_2。烷氧化物很容易水解，并能同含氢氧基的化合物、酸或 β-二酮反应：

$$M(OR)_4 + 4R'OH \longrightarrow M(OR')_4 + 4ROH$$
$$M(OR)_4 + 2HX \longrightarrow MX_2(OR)_2 + 2ROH$$
$$M(OR)_4 + 2Hdiket \longrightarrow M(OR)_2(diket)_2 + 2ROH$$

烷氧化物是通过无水金属氯化物或二吡啶鎓 MCl_6 与醇和氨在惰性溶液中的反应制备的。制备叔丁氧化物较容易的方法是下述反应：

$$Zr(NEt_2) + 4Bu'OH \longrightarrow Zr(OBu^t)_i + 4Et_2NH$$

表 3-35　锆和铪四叔丁氧化物的蒸气压 p 和气化热 ΔH

化合物	温度/K	300	320	340	360	380	400
$Zr(OCMe_3)_4$	p/Pa	8.8	45	180	589	1640	3968
	ΔH_v/kJ·mol^{-1}	66.5	64.0	61.9	59.4	57.3	54.8
$Hf(OCMe_3)_4$	p/Pa	9.2	48	197	640	1740	4064
	ΔH_v/kJ·mol^{-1}	68.2	64.9	61.5	58.2	55.2	51.9

表 3-36　锆和铪四叔戊氧化物的蒸气压 p 和气化热

化合物	温度/K	350	370	390	410	430	450
$Zr(OCMe_2Et)_4$	p/Pa	17	69	235	663	1617	3467
	ΔH_v/kJ·mol^{-1}	78.2	74.5	70.0	66.9	63.2	59.4
$Hf(OCMe_2Et)_4$	p/Pa	19	73	245	697	1727	3803
	ΔH_v/kJ·mol^{-1}	77.4	74.1	71.1	67.8	64.9	61.5

已制备出含氟醇类的衍生物如 $Zr(OCH_2CF_3)_4$ 和 $Zr[(OCHC-CF_3)_2]_4$。三烷基甲硅醇的衍生物 $Zr(OSiR_3)$ 易水解。在聚合型物种 $[M(OR)_4]_m$ 中，由于烷氧基桥的稳定性，这类烷氧化物与其他配体仅能生成少数稳定络合物，如 $Zr_2(OPr^i)_8(Pr^iOH)_2$、$Zr_2(OPr^i)_8(Py)_2$、$Zr_2(OPr^i)_8(en)$。已知有一些混合金属的烷氧基化合物如 $M'Zr_2(OR)_9$（$M' = Li$、Na、K、NEt_4、Tl、$1/2Ca$）、M'_2Zr_4-$(OR)_{18}$ 和 $M'Zr(OBu')_5$，其中有的可真空蒸馏。

（2）硫醇盐。制备 $Ti(SR)_4$ 的方法可用于锆硫醇盐制备，如 $Zr(NR_2)_4 + 4RSH \rightarrow Zr(SR)_4 + 4R_2NH$。通过 $Al(SC_6H_5)_4(Et_2O)$ 与四氯化锆的反应可以制备锆的四硫酚盐。$Zr(OPr^i)_2 \cdot L$ 和 ZrL_2 型的化合物也是已知的，其中 $H_2L = 邻 - C_6H_4(CO_2H)(SH)$。

(3)二硫代氨基甲酸盐。四(N,N-二烷基二硫代甲酸根)锆盐 $Zr(S_2CNR_2)4(R = Me、Et、Pr^n)$ 为黄色固体,是由二硫化碳与四(二烷基胺)化锆的插入反应制备的:

$$Zr(NR_2)4 + 4CS_2 \longrightarrow Zr(S_2CNR_2)_4$$

此化合物中有螯合配体,但尚未能证明锆是 8 配位的。

3.12.6 锆铪的氨化物、烷基氨化物、三氮烯化物、酞菁化物和联吡啶化物

(1)氨化物和烷基氨化物。用 ZrX_4 与液氨和氨化钾的反应制得了多种化合物如 $ZrX_4(NH_3)_x$($X = Cl、Br、I$;$x = 8 \sim 10$),$Zr(NH_2)_4$、$Zr(NH)_2$ 和 $K_2ZrN_3H_3$。也可生成 $ZrCl_3(NH_2)(NH_3)_x$ 和聚合物的 $Zr(NH)_2$、$Zr(NH)(NK)$ 及 $Zr(NK)_2(NH_3)_2$。

虽然苯胺与四氯化锆反应可生成 $Zr(NC_6H_5)_2$,但脂肪胺很少能发生这种取代反应,仅分离得到以下化合物:$ZrCl_4(L)_2(L = Me_3N、Et_3N、Me_2NH、Et_2NH)$,$ZrCl_2(NHMe)_2(MeNH_2)$ 和 $ZrCl_3$-$(NHEt)(EtNH_2)$。使用二烷基氨化锂可以合成四(二烷基氨基)化锆,它具有高反应活性、有色和可溶的化合物,并可在真空下蒸馏:

$$ZrCl_4 + 4LiNR_2 \longrightarrow Zr(NR_2)_4 + 4LiCl$$

这类化合物的红外和核磁共振谱都已测定过,金属-氮拉伸频率出现在 $533 \sim 677 cm^{-1}$ 区间。$Zr(NMe_2)_4$ 在溶液中生成聚合型物种。在给定浓度的溶液中,四(二甲氨基)化锆聚合物的离解程度低于相应的铪化合物。烷基氨化物的物理数据见表 3-37。M-NR_2 体系的高反应活性曾被用于合成多种衍生物:$M(OR)_4$、$M(NR_2)_x(NR'_2)_{4-x}$、$M(NMe_2)_2[N(SiMe_3)_2]_2$、$(\pi-C_5H_5)M$-$(NR_2)_3$、$(\pi-C_5H_5)_2M(NR_2)_2$ 和 $Zr[Sn(C_6H_5)_3]_4$。

插入反应还可以合成以下化合物:$M(S_2CNR_2)_4$、$(MeO)_2Zr$-$[(CONMe_2)C:C(CO_2Me)(NMe_2)]_2$ 和 $Zr[N:C(Me)(NMe_2)]_4$。氨化物与金属羰基化合物作用生成了一些加成化合物:如

$M(NMe_2)_4[Ni(CO)_4]_2$、$M(NMe_2)_4[Fe(CO)_5]_2$ 和 $M(NMe_2)_4-[Mo-(CO)_6]_2$。与伯胺生成聚合型的产物$[Zr(NR_2)\cdot(NHR)_2]_n$。

（2）三氮烯衍生物。用 Ag 1,3-二苯基三氮烯基在乙醚中处理 $ZrCl_4$ 得到暗红色化合物四 1,3-二苯基三氮烯基锆（熔点230℃）。从 $ZrCl_4$ 和 Mg 1,3-二甲基三氮烯基的反应可得到橙色固体的甲基衍生物（熔点120℃）。这两种衍生物是单分子化合物，大概是8配位的锆-氮化合物。

表 3-37　锆和铪的二烷基氨化物性质

化 合 物	颜色	熔点/℃	挥发性 ℃/Pa	红外光谱/cm^{-1} sym NC$_2$	M—N
$Zr(NMe_2)_4$	白	70	60/0.1	936vs	537s
$Zr(NEt_2)_4$	黄	液体	110/1.3	1000vs	577m
$Zr(NPr_2^n)_4$	黄	液体	165/13.3		637
$Zr(NBu_2^n)_4$	黄	液体	180/13.3		637
$Zr(NC_5H_{10})_4$	棕	80	190/27		620
$Zr(NC_5H_9Me)_4$	棕		190/13.3		601
$Zr(NC_5H_8Me_2)_4$	红		200/6.7		
$Hf(NMe_2)_4$	白	35	70/1.3		533
$Hf(NMt_2)_4$	黄	液体	170/1.3	1002	577m
$Hf(NC_5H_{10})_4$	黄		140/1.3		620

（3）酞菁衍生物。将 MCl_4 或 $M(OAc)_4$ 与酞菁（PC）加热，可制得多种酞菁衍生物：

$$MCl_4 + 邻苯二甲腈 \xrightarrow[重结晶]{170\sim190℃} M(OH)_2(PC-Cl)(H_2O)$$

$$Hf(OAc)_4 + 邻苯二甲腈 \xrightarrow{9mol/L\ H_2SO_4} Hf(PC)$$

$$MCl_4 + 邻苯二甲腈 \xrightarrow[与HOAc回流]{280-300℃} M(OC)_2(PC-Cl) \xrightarrow[喹吡]{水溶液}$$

$M(OH)(PC-Cl)$，在 500℃/5×10^{-6}Torr（1Torr = 133.332Pa）升华。

3.12.7　烷基和芳基化合物

四甲基锆是由四氯化锆和甲基锂和乙醚/甲苯中反应制备的。

它是不稳定(小于 − 15℃ 分解)的红色化合物,含有加合的乙醚。最稳定的甲基锆衍生物是 $(\pi\text{-}C_5H_5)_2ZrCl(CH_3)$(191 − 193℃ 分解),可通过如下反应制得:

$$[(\pi\text{-}C_5H_5)_2ZrCl]_2O + Al_2Me_6 \longrightarrow 2(\pi\text{-}C_5H_5)_2ZrCl(Me) + 2Me_2AlOAlMe_2$$

甲基锆络合物可从苯/石油醚中结晶并得到分离,与水反应产生甲烷和二氯-μ-氧四(环戊二烯基)合二锆 $[\pi\text{-}(C_5H_5)_2ZrCl]_2O$。用氯化乙基铝于 0℃,在 CH_2Cl_2 中处理 $(\pi\text{-}C_5H_5)_2ZrCl_2$ 可得到一氯-双-(π-环戊二烯基)乙基锆 $(\pi\text{-}C_5H_5)_2ZrCl\cdot(Et)$。用三乙基铝处理 $(\pi\text{-}C_5H_5)_2ZrCl(Et)$ 得到乙烷。已经合成含 Zr-C σ 键包括不饱和碳原子的化合物。1,4-二锂-1,2,3,4-四苯基丁二烯 $[LiC\text{-}(C_6H_5):C(C_6H_5)\cdot C(C_6H_5):C(C_6H_5)Li]$ 与二氯化双(π-环戊二烯基)锆反应产生含 σ 键的螯合丁二烯衍生物 $(\pi\text{-}C_5H_5)_2ZrC_4\cdot(C_6H_5)_4$,是橙色化合物于 140～170℃ 分解。双-甲氧甲酰基乙烯 $(MeO_2C\cdot C \vdots C\cdot CO_2Me)$ 与 $Zr(NMe_2)_4$ 的插入交换反应的产物也含有锆—碳键:

$(MeO)_2Zr[C(CONMe_2):C(CO_2Me)(NMe_2)_2]$　(大于 240℃ 分解)

芳基锂试剂对 $(\pi\text{-}C_5H_5)_2ZrCl_2$ 作用生成了 $[(\pi\text{-}C_5H_5)_2Zr\text{-}(C_6H_5)]_2O$(熔点 250～260℃)和 $[(\pi\text{-}C_5H_5)_2Zr(C_6H_4Me\text{-}对位)]_2O$(熔点 210～214℃),在乙醚中向 $(\pi\text{-}C_5H_5)_2ZrCl_2$ 加入五氟苯基锂可生成白色晶状的 $(\pi\text{-}C_5H_5)_2Zr\cdot(C_6F_5)_2$ 化合物,在 120℃/1.3Pa 下升华,熔点 218～219℃,在 N_2 气氛中稳定,在空气中易爆燃,化学性质活泼。在一定条件下水解可逐级生成 $(\pi\text{-}C_5H_5)_2Zr\text{-}(OH)(C_6H_5)$ 和 $(\pi\text{-}C_5H_5)_2Zr(OH)_2$。

环戊二烯基和芳烃衍生物,曾制得二氯化双环戊二烯基锆,并合成四环戊二烯基锆 $Zr(C_5H_5)_4$ 和双环戊二烯基锆 $Zr(C_5H_5)_2$。$Zr(Hf)(C_5H_5)$ 化合物是从 $Zr(Hf)Cl_4$ 或 $(C_5H_5)_2MCl_2$ 和 $Na(C_5H_5)$ 制备的。

双环戊二烯基锆 $Zr(C_5H_5)_2$ 为紫黑色可自燃的反磁性固体,在 300℃/0.13Pa 升华,可在氦气氛中从 $(C_5H_5)_2ZrCl_2$ 与钠和萘在 THF 中反应制得。

3.12.8 烯丙基衍生物

锆和铪的四(π-烯丙基)化合物 M(C₃H₅)₄用烯丙基格氏试剂在低温下处理金属四氯化物制得。

因此,已知可合成的锆铪金属有机化合物还有芳烃络合物 $[Zr_3(C_6Me_6)_3Cl_6] + Cl^-$ 和 多种 π-环戊二烯基衍生物等。

3.13 锆铪的氨基和硼氢基化合物

除已知的锆铪氢化物、硼化物外,已知的氢基和硼氢基化合物的通式为 MH_xL_y 型、共价键结合的氢衍生物和硼氢基化合物 $M(BH_4)_4$。

二氢基络合物 $[(\pi\text{-}C_5H_5)_2ZrH_2]$ 是在 $(\pi\text{-}C_5H_5)_2Zr(BH_4)_2$ 中加入三甲胺而获得的不溶不挥发白色固体:

$$(C_5H_5)_2Zr(BH_4)_2 + 2NMe_3 \longrightarrow (C_5H_5)_7ZrH_2 + 2Me_3N\cdot BH_3$$

在一定条件下,一氢化物 $(\pi\text{-}C_5H_5)_2Zr(H)\cdot(BH_4)$ 可制得有挥发性的难溶于化合物,且易水解:

$$(C_5H_5)_2Zr(BH_4)_2 + Me_3N \longrightarrow (C_5H_5)_2Zr(H)(BH_4) + Me_3N\cdot BH_3$$

四(四氢硼酸根) $Zr(Hf)(BH_4)_2$ 可从 $NaMF_5$ 和 $Al(BH_4)_3$ 反应制得:

$$NaMF_5 + 2Al(BH_4)_3 \longrightarrow M(BH_4)_4 + 2AlF_2(BH_4) + NaF$$

这些络合物为不稳定高活性的低熔固体,熔点约为 29℃,它们是锆和铪已知的挥发性最高的化合物,其蒸气压见表 3-38。

表 3-38 锆、铪硼氢化物的物理化学性质

性　　质	Zr(BH₄)₄	Hf(BH₄)₄
熔点/℃	28.7	29.0
沸点/℃,外推	123	118
ΔH_s°/kJ·mol⁻¹	56.9	54.4
ΔH_v°/kJ·mol⁻¹	38.9	40.2
ΔH_f°/kJ·mol⁻¹	17.99	14.2
结构,晶体,−160℃	ZrB₄(Td)	
结构,气体,电子衍射	ZrB₄(Td)	

另有报道指出,从 $ZrCl_4$ 和 $LiBH_4$ 可制得 $Zr(BH_4)_4$。

关于锆铪化合物的立体化学等论述,可参阅本章参考文献[1]。

参 考 文 献

1 申泮文,车云霞.无机化学丛书.第八卷,钛分族.北京:科学出版社,1998

2 林振汉.有色金属提取冶金手册·钛锆铪.北京:冶金工业出版社,1999

3 韩天佑.钛锆铪的氯化问题.北京有色金属研究总院,1964(内部资料)

4 王诚信,张义先等.ZrO_2复合材料.北京:冶金工业出版社,1997

5 四川大学化合系编.稀有元素的物理化学及热力学性质手册.北京:科学出版社,1960

6 Lust man B, Kerze F. The metallurgy of Zirconium,1955

7 Lundstrom T *et al*. Acta Chem.Scand.,1968

8 Aronsson B *et al*. Borides, slicides and phosphides, Methuen, London,1965

9 Zaitsev L M, Inorg Russ J.Chem,1996(11)

4 锆铪化合物的制备

4.1 概述

锆铪化合物有上百个品种,在工业上应用量大面广的品种主要是硅酸锆(锆英砂)、氯氧化锆、氧化锆、硫酸锆、硝酸锆、碳酸锆等。而铪的化合物由于价格昂贵,用途较少,用量也不大。

除了特殊用途外,锆铪化合物的制备方法较制取金属简单,基本原料除少部分用斜锆矿(ZrO_2)外,用于制取锆化合物的主要原料是锆英砂和氧氯化锆,由于锆英砂主要成分是 ZrO_2 和 SiO_2,因此,分解锆英砂[$Zr(Hf)SiO_4$]以除去 SiO_2 和制备氧氯化锆就成为制备各种锆、铪化合物和 ZrO_2、HfO_2 以及生产金属锆、铪的第一步。锆英砂分解及化合物制备的主要工艺见表4-1和图 4-1。

表 4-1 分解锆英砂制取锆(铪)化合物的主要工艺[1]

冶 金 步 骤	工 艺 条 件
锆英砂的分解方法	(1) 氢氧化钠(NaOH)分解法; (2) 碳酸钠(Na_2CO_3)烧结法; (3) 石灰(CaO 或 $CaCO_3$)烧结法; (4) 硅氟酸钾(K_2SiF_6)烧结法; (5) 等离子熔炼法; (6) 氯化剂直接氯化; (7) 碳化法 $Zr(C, N, O)$
分解产物的处理	(1) 盐酸浸取烧结块(或粉末); (2) 硫酸浸取烧结块; (3) 碳化产物 $Zr(C, N, O)$ 的氯化; (4) 等离子熔炼二氧化硅的去除(用碱处理)

冶金步骤	工艺条件
锆铪化合物的净化	(1) 盐酸体系中分步结晶； (2) 碱金属熔盐中蒸发净化； (3) 氢气还原净化； (4) 真空脱气等
锆铪分离（制取原子能级 ZrO_2、HfO_2）	(1) 液—液萃取分离： 1) 甲基异丁基酮（MIBK）-硫氰酸盐萃取体系； 2) 磷酸三丁酯（TBP）-硝酸＋盐酸萃取体系； 3) 叔胺-硫酸萃取体系。 (2) 熔融金属-熔盐体系置换分离。 (3) 锆氟酸钾复盐体系中分步结晶分离。 (4) 四氯化锆和四氯化铪选择性还原分离。 (5) 精馏分离： 1) 磷氧氯化物络合物； 2) 四氯化物高压蒸馏； 3) 四氯化锆铪碱金属熔盐体系蒸馏。 (6) 离子交换法分离。 (7) 熔盐电解分离。 (8) 磷酸盐或铁氰化物分步沉淀分离。 (9) 气相氯化物选择性氧化去氯分离
纯锆铪化合物的析出	(1) 盐酸体系析出氧氯化锆 $ZrOCl_2 \cdot 8H_2O$； (2) 硫酸体系析出碱式硫酸锆 $xZrO_2 \cdot ySO_3 \cdot zH_2O$； (3) 氢氧化铵沉淀析出氢氧化锆； (4) 从有机溶液中析出有机锆盐（如草酸锆）

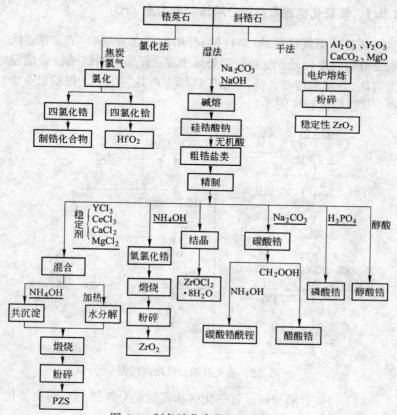

图 4-1 制备锆化合物的原则流程

4.2 制备 ZrO₂ 的主要工艺

ZrO₂ 是锆化学制品中的主要产品,广泛用于陶瓷、玻璃、电子、冶金、机械、化工等领域。由于用途不一, 对 ZrO₂ 的成分、纯度、晶形、结构、粒度都有不同的要求,因此,制备方法也不尽相同, 但工业用 ZrO₂ 的制备方法主要有苛性钠分解法、苏打烧结法和碳酸钙烧结法、直接热分解法和氯化—溶解法等几种,可参见《锆铪冶金》一书的有关阐述,本节仅作概括性介绍。

4.2.1 氢氧化钠或碳酸钠分解法制备工业 ZrO₂

锆英砂用氢氧化钠(苛性钠)分解制取工业 ZrO_2 的方法,优点是分解温度较低,$ZrSiO_4$ 的分解率高。而碳酸钠烧结法烧结温度较高,分解率较前者低,且易于连续生产并适用于大规模工业生产,其原则流程见图 4-2。

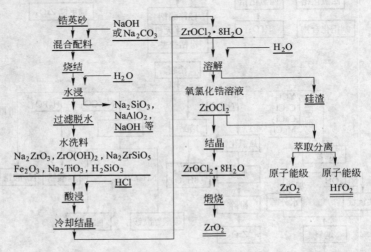

图 4-2 锆英砂碱分解原则流程

(1) 锆英砂的分解。氢氧化钠和碳酸钠分解锆英石的主要化学反应如下。

1) 氢氧化钠分解的主要反应:

$$ZrSiO_4 + 2NaOH = Na_2ZrSiO_5 + H_2O$$

$$ZrSiO_4 + 4NaOH = Na_2ZrO_3 + Na_2SiO_3 + 2H_2O$$

$$ZrSiO_4 + 6NaOH = Na_2ZrO_3 + Na_4SiO_4 + 3H_2O$$

$$ZrSiO_4 + Na_2ZrO_3 = Na_2ZrSiO_5 + ZrO_2$$

$$ZrSiO_4 + Na_4SiO_4 = Na_2ZrSiO_5 + Na_2SiO_3$$

$$ZrO_2 + 2NaOH = Na_2ZrO_3 + H_2O$$

$$Na_2SiO_3 + ZrO_2 = Na_2ZrSiO_5$$

如反应时氢氧化钠量高，主要发生以下反应：

$$Na_2ZrSiO_5 + 4NaOH = Na_2ZrO_3 + Na_4SiO_4 + 2H_2O$$

$$Na_2SiO_3 + 2NaOH = Na_4SiO_4 + H_2O$$

$$ZrO_2 + 2NaOH = Na_2ZrO_3 + H_2O$$

2）碳酸钠烧结反应：

$$ZrSiO_4 + Na_2CO_3 = Na_2ZrSiO_5 + CO_2$$

$$ZrSiO_4 + 2Na_2CO_3 = Na_2ZrO_3 + Na_2SiO_3 + 2CO_2$$

$$ZrSiO_4 + 2Na_2CO_3 = Na_2ZrO_3 + Na_2SiO_4 + 3CO_2$$

如反应时碳酸钠量高，也可发生以下反应：

$$Na_2ZrSiO_5 + 2Na_2CO_3 = Na_2ZrO_3 + Na_4SiO_4 + 2CO_2$$

$$Na_2SiO_3 + Na_2CO_3 = Na_4SiO_4 + CO_2$$

$$ZrO_2 + Na_2CO_3 = Na_2ZrO_3 + CO_2$$

（2）烧结产物的水洗和盐酸浸取。在碱度不够时，则部分发生下列水解反应：

$$Na_2ZrO_3 + 2H_2O = ZrO(OH)_2 + 2NaOH$$

$$Na_2SiO_3 + 2H_2O = SiO_2 \cdot H_2O + 2NaOH$$

$$Na_2O \cdot Fe_2O_3 + H_2O = Fe_2O_3 + 2NaOH$$

盐酸浸出时有如下反应发生：

$$Na_2ZrO_3 + 4HCl = ZrOCl_2 + 2NaCl + 2H_2O$$

$$Na_2ZrSiO_5 + 4HCl = ZrOCl_2 + SiO_2 \cdot 2H_2O + 2NaCl$$

$$ZrO(OH)_2 + 2HCl = ZrOCl_2 + 2H_2O$$

$$Na_2SiO_3 + 2HCl = SiO_2 \cdot H_2O + 2NaCl$$

$$Na_4SiO_4 + 4HCl = SiO_2 \cdot 2H_2O + 4NaCl$$

$$Na_2Si_2O_5 + 2HCl = 2SiO_2 \cdot H_2O + 2NaCl$$

（3）煅烧制取 ZrO_2。主要反应如下：

$$ZrOCl_2 \cdot 8H_2O = ZrO_2 + 2HCl_{(g)} + 7H_2O$$

$$ZrO(OH)_2 \cdot nH_2O = ZrO_2 + (n+1)H_2O$$

（4）碱分解法制取 ZrO_2 的工艺条件。文献[1]综合了有关资料中锆英砂碱分解法制备工业 ZrO_2 的工艺条件，见表 4-2。

表 4-2　锆英砂碱分解工艺条件实例

工艺步骤	工　艺　条　件	备　　注
分解	$ZrSiO_4 : NaOH = 1 : 1.3$（质量比）；$700 \sim 750℃$；$1.5\ h$	分解率 98%
	$ZrSiO_4 : NaOH = 1 : 1.1$（质量比）；$650℃$；$1 \sim 2\ h$	分解率 90%
	$ZrSiO_4 : NaOH = 1 : 3 \sim 4$（物质的量比）；$600 \sim 700℃$；$2 \sim 3\ h$	分解率 95%
	$ZrSiO_4 : Na_2CO_3 = 1 : 1.1$（物质的量比）；$1050℃$；$2\ h$	分解率 90%
水洗	固液比碱熔料：水 $= 1 : 5$	水洗、碱熔 Na_2ZrO_3，Na_2ZrSiO_5，$ZrO(OH)_2$，Fe_2O_3，$NaTiO_3$，H_2SiO_3；水洗三次，除硅大于 98%
酸浸	$5 \sim 5.5\ mol/L$ HCl；$100℃$；$ZrO_2 : HCl = 1 : 5$（物质的量比）；$0.5\ h$	锆转化率大于 98%
结晶	$[ZrO_2]120 \sim 140\ g/L$，$[H^+]5 \sim 6mol/L$	结晶率大于 85%
煅烧	$800 \sim 900℃$	$ZrO(OH)_2 \cdot nH_2O$ 煅烧
	$800 \sim 900℃$	$ZrOCl_2 \cdot 8H_2O$ 煅烧
	$850 \sim 900℃$	$2ZrO_2 \cdot SO_3 \cdot 5H_2O$ 煅烧

4.2.2　碳酸钙或氧化钙烧结法制取工业 ZrO_2

锆英砂的碳酸钙或氧化钙烧结法制取工业 ZrO_2，也是一个传统的方法，但已逐步被碱分解法取代，工艺原则流程见图 4-3。

(1) 碳酸钙与锆英砂的烧结反应。当温度达 $1400 \sim 1500℃$，$ZrSiO_4$ 与 $CaCO_3$ 物质的量比为 $1 : 3$ 时，有如下反应：

$$ZrSiO_4 + 2CaCO_3 = CaZrO_3 + CaSiO_3 + 2CO_2$$

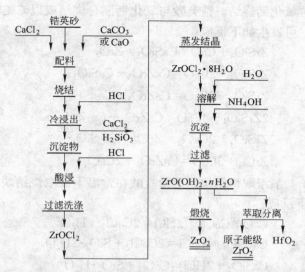

图 4-3　锆英砂碳酸钙或氧化钙分解工艺原则流程

其他主要反应为：

$$ZrSiO_4 + CaCO_3 = CaSiO_3 + ZrO_2 + CO_2$$

$$ZrSiO_4 + 3CaCO_3 = CaZrO_3 + Ca_2SiO_4 + 3CO_2$$

$$2ZrSiO_4 + 4CaCO_3 = CaZrO_3 + Ca_3ZrSi_2O_9 + 4CO_2$$

$$ZrSiO_4 + 2Ca_2SiO_4 = Ca_3ZrSi_2O_4 + CaSiO_3$$

$$ZrSiO_4 + CaZrO_3 = CaSiO_3 + 2ZrO_2$$

$$CaSiO_3 + CaZrO_3 + Ca_2SiO_4 + ZrO_2$$

$$CaSiO_3 + Ca_2SiO_4 = Ca_3Si_2O_7$$

$$Ca_3Si_2O_7 + ZrO_2 = Ca_3ZrSi_2O_8$$

$$CaZrO_3 + Ca_3ZrSi_2O_9 = 2Ca_2SiO_4 + 2ZrO_2$$

如在烧结料中加入少量 CaCl$_2$ 作为助溶剂，可降低烧结温度，并发生如下反应：

$$ZrSiO_4 + 2CaCl_2 = ZrCl_4 + Ca_2SiO_4$$

$$ZrCl_4 + 3CaCO_3 = CaZrO_3 + 2CaCl_2 + 3CO_2$$

（2）氧化钙烧结。锆英砂与氧化钙混合烧结或以 $CaCl_2$ 做助溶剂时，可发生如下反应：

$$ZrSiO_4 + CaO = CaSiO_3 + ZrO_2$$

$$ZrSiO_4 + 2CaO = CaZrO_3 + CaSiO_3$$

$$ZrSiO_4 + 3CaO = CaZrO_3 + Ca_2SiO_4$$

$$2ZrSiO_4 + 4CaO = CaZrO_3 + Ca_3ZrSi_2O_9$$

$$ZrSiO_4 + 2CaCl_2 = ZrCl_4 + Ca_2SiO_4$$

$$ZrCl_4 + 3CaO = CaZrO_3 + 2CaCl_2$$

（3）盐酸浸取烧结块。用稀盐酸在常温下浸取烧结块时，可发生如下反应：

$$CaO + CaCl_2 + 2HCl = 2CaCl_2 + H_2O$$

$$Ca_2SiO_4 + 4HCl = 2CaCl_2 + SiO_2 \cdot 2H_2O$$

$$CaSiO_3 + 2HCl = CaCl_2 + SiO_2 \cdot H_2O$$

用盐酸热浸取时，有如下反应发生：

$$CaZrO_3 + 4HCl = ZrOCl_2 + CaCl_2 + 2H_2O$$

$$Ca_2SiO_4 + 4HCl = 2CaCl_2 + SiO_2 \cdot 2H_2O$$

$$CaSiO_3 + 2HCl = CaCl_2 + SiO_2 \cdot H_2O$$

（4）浸出液的沉淀。

$$ZrOCl_2 + 2NH_4OH + nH_2O = ZrO(OH)_2 \cdot nH_2O + 2NH_4Cl$$

（5）锆英砂与碳酸钙或氧化钙烧结制备工业 ZrO_2 的主要工艺条件。锆英石精矿碳酸钙或氧化钙分解工艺条件见表 4-3。

表 4-3　锆英砂与碳酸钙或氧化钙烧结工艺条件

工艺步骤	工艺条件	分解率
烧　结	$ZrSiO_4 : CaO = 1 : (3.3 \sim 3.6)$（物质的量比）；$CaCl_2 : ZrSiO_4 = 5\%$；$1100 \sim 1200℃$；$4 \sim 5 h$	$97\% \sim 98\%$
	$ZrSiO_4 : CaO = 1 : (3.9 \sim 4.5)$（物质的量比）；$CaCl_2 : CaO = 1 : 5$；$1000 \sim 1100℃$；$8 \sim 10 h$	$90\% \sim 94\%$

工艺步骤	工艺条件	分解率
冷浸出	HCl＝5%～6%；固液比1:4,常温	
酸浸	HCl＝25%～30%；70～80℃	
	HCl＝20%～30%；80～90℃	
沉淀	加少量凝结剂助凝	
烧结	900℃	

4.2.3　高温热分解锆英砂制备 ZrO_2

从 ZrO_2-SiO_2 体系状态图可看出（见图 3-1），当温度在 1775℃ 以上时，$ZrSiO_4$ 可分解为 ZrO_2 和熔融态 SiO_2：

$$ZrSiO_4 \xrightarrow{\Delta} ZrO_2 + SiO_2（熔体）$$

热源可采用氧或氩等离子发生器，在等离子炉中进行锆英砂的高温分解工艺。工艺原则流程见图 4-4。反应产物骤冷后进入 NaOH 浸出槽，再经二次浸出洗涤干燥后，可获得工业级 ZrO_2。此法优点是流程紧凑，工艺过程连续化，生产成本较低，"三废"较少，ZrO_2 产品质量好等优点，美国 TAFA-IONARC 公司已实现了产业化，转化率达 96% 以上。表 4-4 列出了工艺条件[1]。

表 4-4　锆英砂等离子分解工艺条件

工艺步骤	工艺条件	备　注
熔　炼	300kW；225kg·h^{-1}	反应为：$ZrSiO_4 = ZrO_2 + SiO_2$
	＞1775℃	
碱浸出	NaOH 50%；144℃	反应为：$SiO_{2(g)} + 2NaOH = Na_2SiO_{3(l)} + H_2O$，产品含 $ZrO_2 > 99\%$；粒径小于 0.189mm 的占（−70 目）95%；ZrO_2 晶粒直径 0.1～0.2μm
	NaOH 50%；热溶液	ZrO_2 含 ZrO_2 96%～99.6%

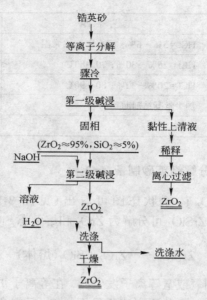

图 4-4 高温等离子法分解锆英砂原则流程

4.2.4 硅氟酸钾烧结制备 ZrO_2

A 工艺流程

采用硅氟酸钾（K_2ZrF_6）和 KCl 混合后，在温度为 $600\sim700℃$ 时在回转窑中烧结分解 $ZrSiO_4$，得 $K_3Zr(Hf)F_6$ 后，再进一步制取 ZrO_2，是前苏联工业规模采用的传统方法，K_2ZrF_6 可用于合金添加剂和锆铪分离。工艺原则流程见图 4-5。

B 主要反应和工艺技术参考条件[1]

a 烧结反应

$$ZrSiO_4 + K_2SiF_6 = K_2ZrF_6 + 2SiO_2$$

$$ZrSiO_4 + K_2SiF_6 + KCl = K_3ZrF_6Cl + 2SiO_2$$

$$ZrO(OH)_2 \cdot nH_2O + K_2SiF_6 = K_2ZrF_6 + SiO_2 + (n+1)H_2O_{(g)}$$

b 氨水沉淀

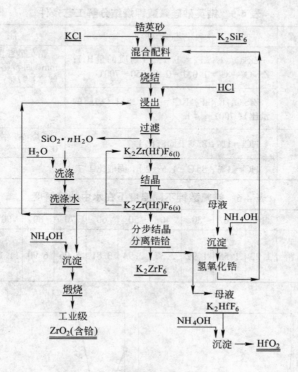

图 4-5 锆英砂硅氟酸钾烧结法工艺原则流程

$$K_2ZrF_6 + 4NH_4OH + (n-1)H_2O = ZrO(OH)_2 \cdot nH_2O + 2KF + 4NH_4F$$

  c 主要工艺条件

  锆英砂硅氟酸钾烧结分解工艺条件见表 4-5，在不同温度下 K_2ZrF_6、K_2HfF_6 在水及盐系中的溶解度见表 4-6、图 4-6、图 4-7。结晶析出的锆(铪)氟酸钾组成(%)为：

  Zr(Hf) = 31.9~32；K = 27.2~27.6；F = 39.9~40.05；Fe = 0.044~0.045；

  Ti = 0.041~0.042；Si = 0.06~0.07；Cl = 0.006~0.008；Hf/Zr = 1.5~2.5

表 4-5 锆英砂硅氟酸钾烧结分解工艺条件

工艺步骤	工 艺 条 件	注
烧结	$ZrSiO_4 : K_2SiF_6 = 1:1.5$（物质的量比）；$ZrSiO_4 : KCl = 1:0.1\sim0.4$；$650\sim700℃$	锆英砂粒度 0.074 mm，回转窑烧结分解率：$97\%\sim98\%$
	$ZrSiO_4 : K_2SiF_6 : KCl = 1:1.25:1$（物质的量比）；$700℃$；4 h	
浸出	$HCl=1\%$；$85℃$；固液比 1:7	烧结物粒度 0.15 mm
	$HCl=1\%$；$85℃$；$1.5\sim2$ h；固液比 1:7	

表 4-6 锆氟酸钾不同温度下在水中的溶解度

$t/℃$	10	20	30	40	50	60	70	80	90	100
100 g 水中最高溶解量/g	1.22	1.55	1.92	2.37	2.94	3.81	5.06	6.90	11.11	23.53

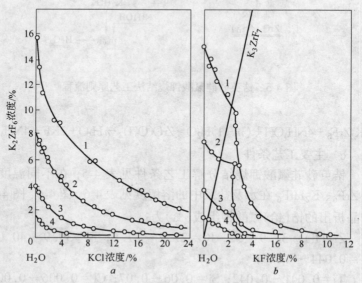

图 4-6 K_2ZrF_6-KCl-H_2O 系(a)和 K_2ZrF_6-KF-H_2O 系(b)中锆的溶解度

1—25℃；2—40℃；3—60℃；4—80℃

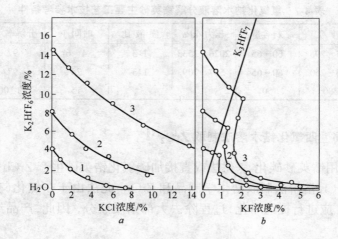

图 4-7 K_2HfF_6-KCl-H_2O 系(a)和 K_2HfF_6-KF-H_2O 系(b)中铪的溶解度
1—25℃；2—40℃；3—60℃

4.2.5 氢氧化钠水溶液分解锆英砂制备 ZrO_2

在温度 250~300℃时，以 10mol/L NaOH 分解 $ZrSiO_4$，可以制得工业 ZrO_2，分解率可达 95% 以上，但此法工业上很少采用。

（1）主要反应如下：

$$ZrSiO_4 + 2NaOH = Na_2ZrSiO_5 + H_2O$$
$$ZrSiO_4 + 4NaOH_{(1)} = Zr(OH)_4 + Na_4SiO_4$$
$$Na_4SiO_4 + H_2O = Na_2SiO_3 + 2NaOH$$
$$Zr(OH)_4 + 2NaOH = Na_2ZrO_{3(1,s)} + 3H_2O$$
$$Na_2ZrO_3 + H_2O = H_2ZrO_{3(1,s)} + 2NaOH$$
$$Na_2SiO_3 + H_2ZrO_{3(1,s)} = Na_2ZrSiO_5 + H_2O$$

（2）NaOH 分解 $ZrSiO_4$ 的主要工艺技术参考条件见表 4-7。

表 4-7 氢氧化钠水溶液分解锆英砂主要工艺技术参考条件

温度/℃	NaOH 含量/%	压力/kPa	固 液 比	时间/h	分解率/%
285～295	60～65	2026～2533	1:3	4～6	97
240～250	60～65	507～709	1:3	24	97
280	50			15	约 100

4.2.6 四氯化锆水溶法制取 ZrO$_2$[1]

用锆英砂碳化-氯化法或直接加碳氯化锆英砂生产 ZrCl$_4$，再用 ZrCl$_4$ 溶解法制取锆化学制品和 ZrO$_2$。此法由于在氯化(有时 ZrCl$_4$ 应进行提纯净化)过程除去大部杂质成分，因此,产品纯度较高。

A 锆英石碳化氯化溶解法

a 工艺流程

图 4-8 为锆英砂经碳化-氯化后，获得 ZrCl$_4$ 经溶解制备 ZrO$_4$ 的原则流程。此方法也可不经提纯净化，即可直接溶解ZrCl$_4$，经结晶、煅烧制得 ZrO$_2$。也可用此法制取各种无机锆盐，硝酸锆、氯氧化锆等。

b 碳化过程的主要反应

主要反应为：

$$ZrSiO_4 + 4C = ZrC + SiO\uparrow + 3CO\uparrow$$

同时还有以下反应：

$$ZrSiO_4 + C = ZrO_2 + SiO\uparrow + CO\uparrow$$

$$ZrSiO_4 + 3C = Zr + SiO\uparrow + 3CO\uparrow$$

$$ZrSiO_4 + 5C = ZrC + Si + 4CO\uparrow$$

$$ZrSiO_4 + 6C = ZrC + SiC + 4CO\uparrow$$

$$ZrSiO_4 + Si = ZrO_2 + 2SiO\uparrow$$

$$ZrSiO_4 + 2N_2 = ZrN + SiO\uparrow + 3NO\uparrow$$

c 氯化过程的主要反应

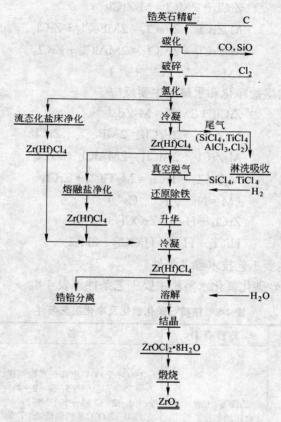

图 4-8　锆英砂碳化氯化制取工业 ZrO₂ 工艺流程

$$ZrC + 2Cl_2 = ZrCl_4 + C$$

$$ZrN + 2Cl_2 = ZrCl_4 + \frac{1}{2}N_2 \uparrow$$

$$Zr + 2Cl_2 = ZrCl_4$$

$$ZrO_2 + 2Cl_2 + 2C = ZrCl_4 + 2CO \uparrow$$

$$ZrO_2 + 2Cl_2 + C = ZrCl_4 + CO_2 \uparrow$$

d　氢还原除铁净化的主要反应

$$2FeCl_3 + H_2 = 2FeCl_2 + 2HCl_{(g)}$$

$$ZrCl_4 + 2MCl = M_2ZrCl_6$$

$$M_2ZrCl_6 + 2FeCl_3 = 2MFeCl_4 + ZrCl_4$$

$$M_2ZrCl_6 + 2AlCl_3 = 2MAlCl_4 + ZrCl_4$$

$$(M = Na^+, K^+, Cs^+)$$

e 熔融盐净化和水解的主要反应

$$ZrCl_4 + 2MCl = M_2ZrCl_6$$

$$M_2ZrCl_6 + 2FeCl_3 = 2MFeCl_4 + ZrCl_4$$

$$M_2ZrCl_6 + 2AlCl_3 = 2MAlCl_4 + ZrCl_4$$

$$M_2ZrCl_6 + TiCl_4 = M_2TiCl_6 + ZrCl_4$$

$$(M = Na^+, K^+, Cs^+)$$

$$ZrCl_4 + H_2O = ZrOCl_2 + 2HCl$$

$$HfCl_4 + H_2O = HfOCl_2 + 2HCl$$

f 主要工艺技术参考条件

锆英砂碳化氯化水溶法主要工艺条件见表 4-8。

表 4-8 锆英石碳化氯化及净化工艺条件

工 序	工 艺 条 件	备 注
碳化	$ZrSiO_4 : C = 1 : 4$ (物质的量比) 1900~2000℃	1900~2000℃电弧炉产物组成(%): Zr=75.8; C=3~5; Si=2~4; Fe=1~2; O=1~10; N≤2 1900~2000℃沸腾层焙烧炉产物组成(%): Zr=70~73; C总=6~8; C化合=4.5~5.5; Si=2~4; Fe=0.26; O=0.5~0.8; N=3~5; Ti=0.6; CaO<0.07; MgO<0.12; 除硅约95
氯化	400~500℃	温度小于600℃和氯气流速大于1.8×10^{-2}m/s时，氯化反应为化学反应控制 温度大于650℃和粒度大于0.8 mm时，氯化反应受氯气扩散速度控制

工 序	工艺条件	备 注
升华 冷凝	150~450℃ 150~220℃	杂质成分: Si = 0.1%; Fe = 0.18%; Ti = 0.06%锆 回收率95%以上
氢气还原除铁	200~250℃	
流态化盐 床净化	10%~20% NaCl、 KCl, 300~350℃, $v_p = 0.1~0.13$ $m \cdot s^{-1}$	除铁97%~98% 铁含量降至0.04%~0.05%
熔融盐净化	添加锆粉 NaCl-KCl 低熔共 晶 300℃(溶解) 400℃(蒸发)	添加锆粉可使杂质(铁等)保留在熔盐中, 并可以消除活性气体 CO_2、CO、O_2、N_2 等

锆英砂碳化氯化法制取 ZrO_2 一般不必经过氢气净化提纯等过程,只是在对 ZrO_2 杂质含量有特殊要求时,才采用提纯方法除去杂质。

B 锆英砂直接氯化、溶解法制取 ZrO_2

用锆英砂与碳混合在沸腾炉或固定床氯化炉中,可直接制得含铪粗 $ZrCl_4$,再经水解、沉淀和煅烧后,也可制得工业用 ZrO_2。

a 工艺流程和氯化反应

锆英石直接氯化制取工业 ZrO_2 工艺原则流程见图 4-9。

氯化的主要反应为:

$$Zr(Hf)SiO_4 + 4Cl_2 + 2C = Zr(Hf)Cl_4 + SiCl_4 + 2CO_2$$

$$Zr(Hf)SiO_4 + 4Cl_2 + 4C = Zr(Hf)Cl_4 + SiCl_4 + 4CO$$

$$CO_2 + C = 2CO$$

b 主要工艺条件

锆英砂直接氯化的炉料组成为:$ZrSiO_4 = 70\% \sim 75\%$;C = 25%~30%。黏结剂为亚硫酸纸浆废液,煤焦油或沥青。焦化温度:700~800℃;氯化温度 900℃。冷凝物组成(%):Zr =

33~36；Cl=58~60；Al=1.0~1.6；Si=0.01；Fe=0.2~0.8；Ti=0.01~0.05。总回收率 95% 左右。锆英砂沸腾床氯化的工艺技术条件，以及碳化、氯化的设备，已在《锆铪冶金》一书中介绍，不再赘述。

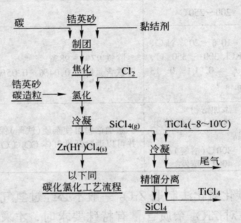

图 4-9　锆英砂直接氯化工艺流程

4.2.7　纳米 ZrO_2 粉的制备方法简介

A　纳米粉的制备方法简介

纳米 ZrO_2 粉体一般是指粒度在 10~100 nm 的微粒，由于具有特殊的量子尺寸效应、表面效应和体积效应，而被广泛地用于轻工、电子、陶瓷、催化剂和生物技术等领域，被誉为当今的高新科技材料。如纳米材料用于油漆无沉淀成模性好，用于智能涂料如气敏、温敏、光改变功能材料并可防辐射，纳米材料的改性陶瓷其强度和冲击韧性可提高一倍等。国内外近年来对纳米 ZrO_2 的开发研究和应用不断发展。纳米粉体的制备方法可分为物理法和化学法两大类，可根据对粉体性能要求选择确定制备工艺。目前制备纳米颗粒的主要方法见表 4-9。

表 4-9　纳米颗粒的制备方法

一 般 方 法	纳米 ZrO_2 的制备方法
物理法	(1) 水解法
(1) 气相冷凝法	(2) 喷雾热解法
(2) 溅射法	(3) 水热法
(3) 高能机械研究法	(4) 等离子法
化学法	(5) 共沉淀法
(1) 固相配位化学法	(6) 联合法
(2) 溶胶—凝胶法	
(3) 均匀沉淀法	
(4) 溶液还原法	
(5) 新型电解法	
(6) 分解法	

其中共沉淀法由于成本较低适用于较大规模的生产，热处理工艺的特点包括：(1) 可除去残留的有机物和酸根，以提高粉体纯度；(2) 可调控粉体的比表面积；(3) 可调控粉体的物相及微观结构；(4) 可合成获得等轴状结晶结构 ZrO_2 微粉。生产中可以 $ZrOCl_2 \cdot 8H_2O$ 为原料，以 Y^{3+} 和 Ce^{4+} 为相稳定剂，用共沉淀法制备纳米 ZrO_2 粉体。同时，水解法等离子法也已广泛用于工业生产。

B　制备纳米 ZrO_2 实践

a　等离子法制备纳米 ZrO_2[2]

工艺技术的原则参考见图 4-10，将氧氯化锆和稳定剂按定量配制后与热气流输入高频等离子反应器，在电弧等离子体的高温作用下气化，控制输入物料流量、流速及物料在反应中的分布状态，形成纳米级 ZrO_2。生成物经真空收尘，旋风收集器、管式收集器三级捕集后，冷却分离除去凝结水，即可获得产品。此法获得的 ZrO_2 粒度范围达 $0.02 \sim 0.25 \mu m$，表观粒径 $0.05 \mu m$，半光谱宽度粒径 $0.05 \mu m$，容积密度小于 $0.5 g/cm^3$，比表面积为 $10 \sim 15 \ m^2/g$。

b 水解提纯法制取超细 ZrO_2[3]

工艺流程见图 4-11。先将 $ZrOCl_2 \cdot 8H_2O$ 配成一定浓度溶液，加入助剂，加热水解，使锆析出，洗涤、过滤、干燥，$700 \sim 800 \, ℃$ 煅烧 1 h，粉碎，气流粉碎压力大于 $6 \times 10^5 \, Pa$ 时，获得平均粒径合格的高纯 ZrO_2 微粉。粒度分布及纯度分别见表 4-10、图 4-11。

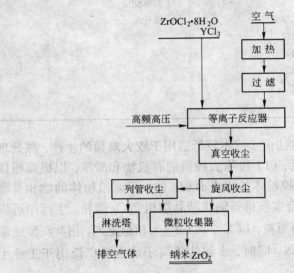

图 4-10 等离子法制备纳米 ZrO_2 工艺流程

表 4-10 ZrO_2 细粉纯度 （单位：%）

序号	Fe	Ti	Si	Mg	Pb	Mn	Sn、Ni、Cr	Cl	ZrO_2/%
1	$<3 \times 10^{-4}$	$<10 \times 10^{-4}$	36×10^{-4}	$<10 \times 10^{-4}$	$<10 \times 10^{-4}$	$<30 \times 10^{-4}$	$<1 \times 10^{-4}$	$<60 \times 10^{-4}$	99.9
2	$<3 \times 10^{-4}$	$<10 \times 10^{-4}$	41×10^{-4}	$<10 \times 10^{-4}$	$<10 \times 10^{-4}$	$<30 \times 10^{-4}$	$<1 \times 10^{-4}$	$<60 \times 10^{-4}$	99.9

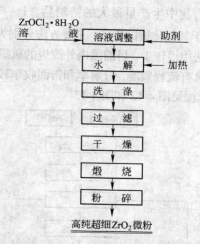

图 4-11　水解法制取超细 ZrO₂ 工艺流程

表 4-11　气流粉碎 ZrO₂ 微粉粒度分布

粉碎压力 /Pa	平均粒径 /μm	粒度分布/%					
		0.5	1.0	5.0	10	20	30
0	6.61	4.6	9.1	27.5	85.4	96.5	100
4×10^5	2.64	18.6	28.0	83.5	97.3	99.4	100
5×10^5	1.21	31.5	46.5	90.5	98.5	99.3	100
6×10^5	0.49	51.0	75.7	96.4	97.9	99.5	100
7×10^5	0.43	57.3	83.7	98.0	99.1	99.8	100
9×10^5	0.27	70.7	83.9	96.8	99.0	99.8	100

4.3　氧氯化锆的制备[4~6]

4.3.1　工艺流程

氧氯化锆($ZrOCl_2 \cdot 8H_2O$)为白色晶体，可溶于乙醇和醚，微溶于盐酸。由于生产方法简单、可溶性好、易于提纯，是制备锆化学制品和金属锆铪的重要中间产品，并可用作媒色颜料的原料，媒染剂、定色剂、黏结剂、除臭剂、阻燃剂等，也是制备其他锆盐的原料，还是除

ZrSiO₄ 以外锆化合物中生产量最大的锆制品。上一节中阐述的 ZrO_2 制备方法也适用于氧氯化锆的生产，主要方法分别为硫酸法、盐酸法和氯化法，氯化法用得较少，目前国内外改进的氧氯化锆生产方法又称一酸一碱法，具有流程紧凑，分解率和锆回收率较高，产品质量稳定等优点，工艺流程见图 4-12 和图 4-13。

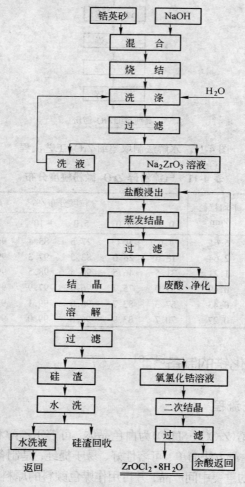

图 4-12　一酸一碱法生产氧氯化锆工艺流程

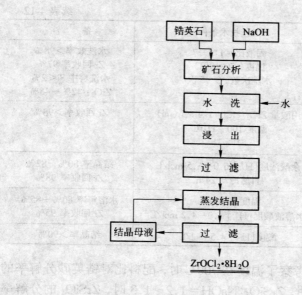

图 4-13 简化后的一酸一碱法工艺流程

4.3.2 技术条件

（1）主要反应如下：

$$ZrSiO_4 + 6NaOH = Na_2ZrO_3 + Na_4SiO_4 + 3H_2O$$
$$ZrSiO_4 + 2NaOH = Na_2ZrSiO_5 + H_2O$$
$$Na_2ZrSiO_5 + 4HCl = ZrOCl_2 + SiO_2 \cdot 2H_2O + 2NaCl$$
$$Na_2ZrO_3 + 4HCl = ZrOCl_2 + 2NaCl + 2H_2O$$
$$ZrO(OH)_2 + 2HCl = ZrOCl_2 + 2H_2O$$

（2）主要工艺技术条件见表 4-12。

表 4-12 氧氯化锆生产主要工艺技术条件

工 序	工艺技术条件	备 注
碱熔	$ZrSiO_4 : NaOH = 1 : 1.3$ 分解温度 700～800℃，2h	$ZrSiO_4$ 分解率 98%

工 序	工艺技术条件	备 注
水洗除硅	固液比＝1:5～7 温度，70～90℃ 水洗次数，3～5 次	水洗效率＞98% Zr 回收率 97% 水洗料中 Si＜2% ZrO₂: 42%～45%
盐酸浸取	用酸量 ZrO₂:HCl＝1:4～5（ml） 温度 100～110℃ 时间 1h	Zr 回收率＞98%
一次结晶	余酸浓度[H⁺] 6.0～6.5 mol/L 自然冷却 24 h	结晶率 80%～82% Zr 回收率 98%
水溶	温度 60～80℃ 水溶液酸度[H⁺] 4.0～4.2 mol/L	水溶解率 80%～85% Zr 回收率 95%
二次结晶	酸度[H⁺] 4.5 mol/L	结晶率＞90%

在实践中考察了温度在 700℃ 时，配料比对锆英砂分解率的影响，结果表明，$ZrSiO_4:NaOH＝1.2～1.3$ 时，$ZrSiO_4$ 的分解率最优，见表 4-13。而保温温度以 700～800℃ 为宜。

表 4-13   配料比对锆英砂分解率的影响[①]

配料质量比	水 洗 料			
$ZrSiO_4$/NaOH	可溶性 ZrO_2/%	总 ZrO_2/%	SiO_2/%	转化率/%
1:0.7	37.79	67.69	13.15	55.83
1:1.1	60.37	63.36	4.2	95.28
1:1.2	62.00	64.10	2.8	96.72
1:1.25	56.70	57.23	2.11	99.07
1:1.28	64.17	64.65	2.05	99.26
1:1.3	64.65	65.09	1.58	99.32
1:1.4	64.78	65/35	1.35	99.13
1:1.5	66.42	67.76	1.15	98.02
1:2.0	64.07	64.64	2.36	99.12

①保温温度：700℃；保温时间：2h。

（3）氧氯化锆制备工艺条件相关性的研究。

1）$ZrSiO_2$ 的分解。研究了不同烧结温度、不同保温时间和

ZrSiO₄ 和 NaOH 的配料比，对转化率的影响，结果表明，在 700
~800℃，配料比为 ZrSiO₄：NaOH＝1.3 时，ZrSiO₄ 的转化率最
高，见表4-14。

表 4-14　配料比和烧结温度对转化率的影响[1]

序号	温度/℃	可溶性 ZrO_2/%	总 ZrO_2/%	SiO_2/%	转化率/%
1	700	70.42	71.57	1.3	98.39
2	700	67.59	69.03	1.5	97.21
3	700	66.75	66.97	1.5	99.67
4	700	67.19	68.88	1.8	97.55
5	700	73.37	73.52	1.6	99.80
6	750	75.00	76.33	1.4	98.26
7	750	71.89	73.68	1.7	97.57
8	750	71.39	73.44	2.9	97.22

①配料比：ZrSiO₄/NaOH=1:1.3（质量比）；温度：700~750℃，时间：2h。

2) 烧结料的水洗。水洗是为了除去可溶性硅和过剩的碱，
通常的洗涤方法是用冷水或热水对碱熔料进行错流或逆流洗涤。
固液比为 碱熔料：水＝1:5。经 4~5 次洗涤可基本上满足要求。
研究了洗涤温度对除钠效果的影响，结果见表4-15。

表 4-15　洗涤温度对除钠效果的影响

编号	水洗温度/℃	可溶性 ZrO_2/%	总 ZrO_2/%	Na/%
1	80	71.68	73.67	1.54
2	90	70.54	72.82	1.58
3	100	72.07	74.27	0.09
4	100	73.37	73.52	0.007
5	100	75.00	76.33	0.015
6	100	71.89	73.68	0.025
7	100	71.00	72.12	0.08
8	室温	70.42	71.57	7.35
9	室温	67.59	69.03	9.15
10	室温	66.75	66.97	8.88
11	室温	67.19	68.88	9.00

由表可见，在室温下洗涤水洗料钠含量为 7.35%～9.00%。
在 80~90℃下洗涤。钠含量可降至 1.5%，水温提高至100℃，钠

含量可降至 0.007%～0.09%。水洗温度对除钠的影响明显。

3）盐酸浸出。浸出是在加热的情况下将水洗料与盐酸进行反应，再补充适量的游离酸，搅拌后补加水（或洗液）至所需总体积，再加入凝聚剂，搅拌均匀，保温一定时间即可过滤。

4）蒸发结晶。$ZrOCl_2 \cdot 8H_2O$ 在浓盐酸中的溶解度较低，在 HCl 浓度为 318 g/L 时，其溶解度低，而在水和盐酸中其溶解度很大，相差 40～50 倍，并与温度密切相关，常温与近沸状态下的溶解度可相差数倍，一般都运用这些关系将浸出液经蒸发结晶，甚至多次重结晶进行提纯，但蒸发溶液的盐酸浓度只能接近 6 mol/L，因为此时形成沸混合物。但在酸度 6 mol/L 时，其溶解度已相当低，回收率一般可达 90% 左右。

实践证明，较高的酸度和浓度对提高结晶回收率有利，但为了保证提纯效果和产品的含锆量，浓度不宜过高，一般应控制在以下范围：

$$[H^+]: 4～6 \text{ mol/L HCl};\ [ZrO_2]:120～140 \text{ g/L}$$

按上述条件将浸出液进行蒸发结晶，结果见表 4-16。

表 4-16　浸出液蒸发结晶结果

| 序号 | 浸 出 液 | | | 结 晶 | | | | | | 结晶率 /% |
	$[H^+]$ /mol·L^{-1}	ZrO_2 /g·L^{-1}	体积 /mL	ZrO /%	Fe_2O_3 /%	TiO_2 /%	SiO_2 /%	Na /%	质量 /g	
1	2.75	75.31	150	35.34	<0.0016	<0.0015	0.00085	<0.0045	29.50	92.6
2	4.86	78.13	150	35.47	<0.0016	<0.0032	<0.0038	<0.0045	30.20	91.4
3	2.57	69.67	150	35.78	0.005	0.0015	0.006		26.30	90.05
4	2.86	85.74	150	35.78	0.0017	0.004	0.0069	0.0040	32.50	90.4
5	4.36	55.60	150	33.73	0.0019	0.0007	0.0018	0.0049	20.00	90.4
6	3.38	54.43	150	36.08	0.0011	0.0013	0.0011	0.0049	20.00	90.4
7	3.43	66.20	150	35.26	0.0011	0.0010	0.00064	0.0040	25.90	91.1
8	3.45	76.60	150	35.91	0.0012	0.00024	0.0006	0.0025	30.00	93.4
9	2.62	77.27	150	35.66	0.0015	0.00055	0.0046	0.003	30.00	92.1

4.3.3　氧氯化锆的性质和产品标准

（1）氧氯化锆在 HCl 中的溶解度和脱水机理[1]。氧氯化锆在

HCl 中的溶解度见表 4-17。脱水曲线见图 4-14，氧氯化锆热分解产物与氯含量及温度关系见图 4-15。Zr(Hf)O_2-HCl-H_2O 系中锆和铪的溶解度关系曲线见图 4-16 和图 4-17。

表 4-17 氧氯化锆在盐酸溶液中的溶解度($kg \cdot m^{-3}$，20℃)

HCl	7.2	53.6	136.6	211.9	231.5	318.0	369.8	399.0	432.0
$ZrOCl_2 \cdot$ 8H_2O	567.5	423.9	164.9	31.1	20.52	10.8	17.83	40.75	66.17

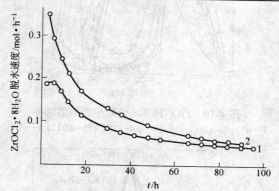

图 4-14 $ZrOCl_2 \cdot 8H_2O$ 脱水曲线
1—55℃；2—65℃

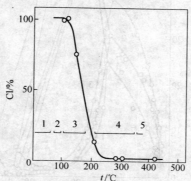

图 4-15 $ZrOCl_2 \cdot 8H_2O$ 热分解产物中氯含量与温度的关系
(287℃时[Cl]=2%；305℃时[Cl]≈0)
1—晶体结构不变；2—晶体结构发生较小变化；3—晶体结构几乎不变；
4—非晶氧化锆；5—四方结构氧化锆

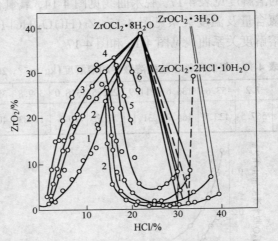

图 4-16 ZrO$_2$-HCl-H$_2$O 系中锆的溶解度

1—0℃；2—30℃；3—50℃；4—75℃；5—80℃；6—90℃

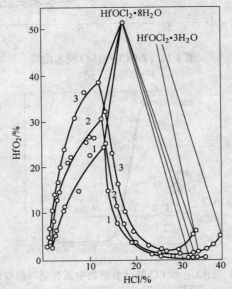

图 4-17 HfO$_2$-HCl-H$_2$O 系中铪的溶解度

1—0℃；2—30℃；3—60℃

氧氯化锆 $ZrOCl_2 \cdot 8H_2O$ 脱水机理为：

$$ZrOCl_2 \cdot 8H_2O \xrightarrow[\leqslant 66.5℃]{-3H_2O} ZrOCl_2 \cdot 5H_2O \xrightarrow[\leqslant 102℃]{-H_2O} ZrOCl_2 \cdot 4H_2O$$

$$\xrightarrow[\leqslant 118℃]{-H_2O} ZrOCl_2 \cdot 3H_2O \xrightarrow[212℃]{-2HCl} ZrO_2 \cdot 2H_2O_{(非晶)} \xrightarrow[350℃]{-2H_2O} ZrO_{2(四方)}$$

(2) 氧氯化锆的化学成分。氧氯化锆产品的化学成分见表 4-18。

表 4-18　氧氯化锆的化学成分　　　　　　(单位：%)

级　别	Zr(Hf)O₂	SiO₂	Fe₂O₃	SiO₂	TiO₂
1	≥36	≤0.01	≤0.002	≤0.005	≤0.0005
2	≥35	≤0.03	≤0.003	≤0.01	≤0.0005

4.4　硫酸锆(Zr(SO₄)₂·4H₂O)的制备[7,8]

4.4.1　工艺流程

硫酸锆为白色晶体，易溶于水，在温度为 120℃ 时可转变为一水结晶盐，是皮革鞣剂、羊毛处理剂和油漆表面氧化剂的重要原料，可用作催化剂载体、氨基酸和蛋白质、沉淀剂和脱臭剂，也是制取锆化学制品和金属锆、铪的中间原料。由锆英砂制备硫酸锆的方法很多，包括：(1) 锆英砂→烧结或碱熔→水洗→硫酸浸出→氨水沉淀→洗涤除钠→硫酸溶解→蒸发结晶→重结晶→硫酸锆产品。(2) 锆英砂→碱熔→水洗→盐酸浸出→水解→硫酸溶解→结晶→硫酸锆产品。方法 1 的不足是流程较长，金属回收率低，生产成本高。方法 2 由于使用盐酸，设备的腐蚀，操作环境较差，由于低酸浸出高酸水解，金属回收率低，产品含钛偏高。(3) 氢氧化锆→溶解→加硫酸结晶→重结晶→硫酸锆产品。(4) 氯氧化锆→溶解→水解→硫酸溶解结晶→硫酸锆产品。但用氧氯化锆生产硫酸锆，虽然质量较好，但成本较高。目前国内外生产硫酸锆的主要方法仍是碱熔—酸浸法，工艺流程见图 4-18。以锆英石和氢氧化钠为原料，经碱熔分解锆英砂，水洗除去可溶性硅、余碱和其他可溶性杂质，再经硫酸浸出、蒸发结晶、分离，即得到硫酸锆产品。

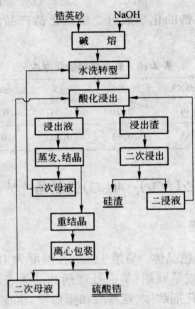

图 4-18　硫酸锆生产流程

4.4.2　主要反应和工艺技术条件

A　碱熔法制备硫酸锆的主要反应

$$ZrSiO_4 + 2NaOH = Na_2ZrSiO_5 + H_2O$$

$$ZrSiO_4 + 4NaOH = Na_2ZrO_3 + Na_2SiO_3 + 2H_2O$$

$$ZrSiO_4 + 6NaOH = Na_2ZrO_3 + Na_4SiO_4 + 3H_2O$$

$$Na_2ZrO_3 + 3H_2SO_4 = Zr(SO_4)_2 + Na_2SO_4 + 3H_2O$$

$$Na_2ZrSiO_5 + 3H_2SO_4 = Zr(SO_4)_2 + Na_2SO_4 + 3H_2O + SiO_2$$

B　工艺技术条件

a　碱熔

碱熔分解锆英砂的最佳工艺技术条件为：锆英砂∶氢氧化钠 $=1∶1.3$(质量)；温度 $700 \sim 750℃$；时间 $1 \sim 2h$。碱熔实例见表 4-19。从表可见，氢氧化钠熔融分解锆英砂的分解率可达 99% 以上。

表 4-19　锆英砂分解实践

序　号	温度 $t/℃$	碱熔料/%		转化率/%
		可溶 ZrO_2	总 ZrO_2	
1	700	26.70	26.81	99.5
2	700	26.75	26.84	99.6
3	750	26.85	26.95	99.6
4	750	27.05	27.14	99.7

b　硫酸浸出

碱熔烧结料经过水洗除去可溶性硅、余碱和可溶性杂质后，水洗料中的 Na_2ZrO_3、Na_2ZrSiO_5 与硫酸反应生成硫酸锆。

将水洗料和硫酸按一定比例混合，进行酸化反应，待反应完成后，调整酸浸液的体积进行过滤以除去硅渣。由于酸浸液含有大量的二氧化硅胶体，使过滤困难，可采用分步加入助滤剂的方法，以提高过滤速度，降低二氧化硅的含量，最佳酸浸出工艺技术条件为 $ZrO∶H_2SO_4=1∶3 \sim 1∶4$（物质的量比）；浸出温度 $85 \sim 100℃$；浸出时间 $1 \sim 2h$，浸出率可达 98% 以上，见表 4-20。

表 4-20　酸浸出实例

序　号	浸出液浓度/mol·L^{-1}		浸出率/%
	H^+	ZrO_2	
1	2.24	0.839	98.9
2	2.24	0.869	99.2
3	1.87	0.954	99.4
4	2.5	0.945	99.1

c 蒸发结晶

硫酸锆溶液的蒸发结晶是制取硫酸锆的关键，在硫酸浸出液的锆浓度和酸度相同的情况下进行蒸发浓缩，有时得不到硫酸锆结晶，而是玻璃糊状物或硬块状结晶，往往是硫酸锆和硫酸钠的复盐，而不是单一的硫酸锆产品，且杂质含量高，蒸发浓缩的终点较难控制。采用酸浸液蒸发浓缩至 ZrO_2 小于 3.0 mol/L、酸度大于 6.0 mol/L 作为蒸发浓缩的终点，然后控制结晶速度，可获得结晶硫酸锆，并达到与杂质分离的目的，一次结晶率可达 90%以上。硫酸锆产品质量见表 4-21。

表 4-21 硫酸锆质量分析结果 （单位:%）

名　称	ZrO_2	Fe_2O_3	SiO_2	TiO_2	Na_2O	SO_4^{2-}
硫酸锆	34.0	0.01	0.004	0.005	0.01	53.5
硫酸锆钠复盐[①]	≥20	0.2	0.3		9~12	58~60

①企业标准。

从表 4-17 看出，采用上述工艺可得到典型的硫酸锆产品，化学成分稳定，产品中 ZrO_2 含量达 34%，杂质含量少。但酸浸出液一次结晶后的母液中仍含有约 0.9mol/L ZrO_2 和大于 6.5 mol/L H_2SO_4。为了提高 ZrO_2 的回收率，可将母液进行第二次浓缩，也可制得硫酸锆产品，提高了锆的回收率，见表 4-22。

表 4-22 工业生产中锆的回收率

工　序	碱　熔	水　洗	酸　浸	结　晶	总回收率
锆回收率/%	99.0	98.3	98.0	90.0	85.8

C 制备硫酸锆相关的物理化学数据[1]

表 4-23 列出了硫酸锆的溶解度，图 4-19 和图 4-20 给出了在 ZrO_2-SO_4-H_2O 体系中 Zr 的溶解度关系曲线和碱式硫酸锆制取条件。

表 4-23　硫酸溶液中硫酸锆的溶解度(39.5℃)

$H_2SO_4/\%$	$ZrO_2/g \cdot (100g 溶液)^{-1}$	沉淀物固相组成
31.2	19.50	$H_2(ZrO(SO_4)_2) \cdot 3H_2O$
33.1	18.81	$H_2(ZrO(SO_4)_2) \cdot 3H_2O$
35.6	16.20	$H_2(ZrO(SO_4)_2) \cdot 3H_2O$
39.6	9.60	$H_2(ZrO(SO_4)_2) \cdot 3H_2O$
42.5	5.30	$H_2(ZrO(SO_4)_2 \cdot 3H_2O)$
44.1	3.51	$H_2(ZrO(SO_4)_2) \cdot 3H_2O$
46.7	1.03	$H_2(ZrO(SO_4)_2) \cdot 3H_2O$
48.7	0.46	$H_2(ZrO(SO_4)_2) \cdot 3H_2O$
51.5	0.33	$H_2(ZrO(SO_4)_2) \cdot 3H_2O$
57.4	0.14	$H_2(ZrO(SO_4)_2) \cdot 3H_2O$
69.5	0.15	$H_2(ZrO(SO_4)_2) \cdot 3H_2O$
70.5	0.50	$H_2(ZrO(SO_4)_2) \cdot 3H_2O$
72.9	2.0	$H_2(ZrO(SO_4)_2) \cdot 3H_2O + H_2(ZrO(SO_4)_2) \cdot H_2SO_4 \cdot 2H_2O$
75.2	4.40	$H_2(ZrO(SO_4)_2) \cdot 3H_2O + H_2(ZrO(SO_4)_2) \cdot H_2SO_4 \cdot 2H_2O$
75.3	4.55	$H_2(ZrO(SO_4)_2) \cdot H_2SO_4 \cdot 2H_2O$
78.2	3.33	$H_2(ZrO(SO_4)_2) \cdot H_2SO_4 \cdot 2H_2O$
78.6	1.80	$H_2(ZrO(SO_4)_2) \cdot H_2SO_4 \cdot 2H_2O$
81.8	1.12	$H_2(ZrO(SO_4)_2) \cdot H_2SO_4 \cdot 2H_2O$
83.8	0.96	$H_2(ZrO(SO_4)_2) \cdot H_2SO_4 \cdot 2H_2O$
99.8	0.1	$H_2(ZrO(SO_4)_2) \cdot H_2SO_4 \cdot 2H_2O$

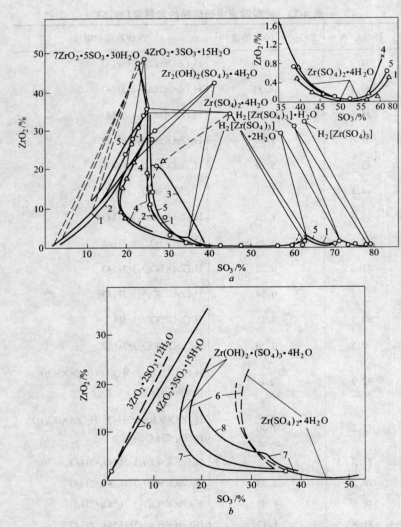

图 4-19 25~40℃（a）和 70~100℃（b）时 ZrO₂-SO₄-H₂O
体系中 Zr 的溶解度曲线

1—25℃；2—30.5℃；3—39.5℃；4—39.7℃；5—40℃；

6—72℃；7—87℃；8—100℃

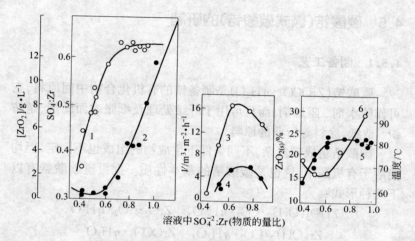

图 4-20 碱式硫酸锆的制取条件及成分

1—沉淀物中 SO_4^{2-} : Zr(物质的量比);2—母液中锆的浓度;3—过滤速度;

4—50℃,$\Delta p = 67kPa$,层厚 15mm 的洗涤速度;5—湿沉淀物中 ZrO_2 的含量;

6—沉淀开始生成的温度

碱式硫酸锆制取条件: 硫酸锆溶液中含 HCl 1.5%,时间 0.5 h。反应为:

$$zZrOSO_4 + (x - y + z)H_2O = xZrO_2 \cdot ySO_3 \cdot zH_2O + (x - y)H_2SO_4$$
$$(x : y = 1 : 0.75 \sim 0.2)$$

碱式硫酸锆和硫酸铪分解的水蒸气分压与温度关系为:

$$H_2(ZrO(SO_4)_2) \cdot 3H_2O \xrightarrow{116 \sim 234℃} H_2(ZrO(SO_4)_2) + 3H_2O$$

$$\lg p_{H_2O} = (9.60 \pm 0.66) - (3.54 \pm 0.28)\frac{1000}{T}, \ kPa$$

$$H_2(HfO(SO_4)_2) \cdot 3H_2O \xrightarrow{88 \sim 280℃} H_2(HfO(SO_4)_2) + 3H_2O$$

$$\lg p_{H_2O} = (10.66 \pm 1.04) - (3.83 \pm 0.40)\frac{100}{T}, \ kPa$$

4.5　碳酸锆(碱式碳酸锆)的研制

4.5.1　制备工艺

碳酸锆($ZrOCO_3 \cdot nH_2O$)是制备锆的有机化合物中间原料,它可作防水剂、阻燃剂,而且可用于纤维处理及纸张表面助剂,是纺织、造纸、涂料等行业的原料。

碳酸锆组成较复杂,不同条件下生成物的组成也不固定,但均能溶于有机酸中,这也是碳酸锆的基本性质。据报道碳酸锆有以下几种形式:

$$Zr_2O_3(OH)_2 \cdot CO_2 \cdot nH_2O, \quad ZrO_2 \cdot CO_2 \cdot nH_2O$$

$$Zr(OH)_2 \cdot CO_2 \cdot nH_2O, \quad ZrOCO_3 \cdot nH_2O$$

另外碳酸锆在较高温度下易分解,不易长期贮存,必须密封保存,其制备方法各异,这里简介两种。其一是在含锆的盐酸溶液(氧氯化锆溶液)中加入碳酸盐,生成碳酸锆沉淀,然后将碳酸锆与碳酸氢铵反应生成碳酸锆铵,在碳酸锆铵溶液中加入分散剂后,加热分解即可得碳酸锆产品;其二是以氧氯化锆为原料,配制成一定浓度的水溶液,在该溶液中添加硫酸或硫酸盐,使硫酸根与氧化锆摩尔比等于 $0.55 \sim 0.60$, $90 \sim 100℃$ 下加热水解,生成碱式硫酸锆,然后在一定条件下,加入碱金属碳酸盐或重碳酸盐,使其进行固液反应转为碳酸锆(亦称碱式碳酸锆)产品。我国产品质量与美国的比较列于表 4-24。

表 4-24　碳酸锆产品质量与美国产品比较

项　目	美国 MEI 公司	我 国 产 品
$Zr(Hf)O_2$/%	40	40
CO_2/%	7	$5.5 \sim 7$
Fe_2O_3/%	0.005	0.005
Na_2O/%	<0.005	<0.05
粒径/μm; D50	$1 \sim 2$	$1 \sim 2$
醋酸	常温下溶解	常温下溶解
碳酸钾溶液	1 h 内溶解	1 h 内溶解

4.5.2 碳酸锆生产实践

按上述碳酸锆制备方法二,生产试验结果和国内碳酸锆产品企业标准分别列于表 4-25 和表 4-26。碳酸锆制备工艺原则流程见图 4-21。

表 4-25 碳酸锆工业生产产品质量[1] (单位:%)

序 号	ZrO_2	Fe	Ti	Si	Na	CO_2	回收率
1	40.5	<0.001	<0.001	<0.003	<0.035	6.4	94.11
2	40.1	<0.005	<0.001	<0.004	<0.03	6.64	
3	40.4	<0.001	<0.001	<0.005	<0.03	6.61	93.87
4	40.2	<0.001	<0.001	<0.005	<0.04	6.67	93.81
5	40.7	<0.0013	<0.001	<0.005	<0.05	7.0	94.50
6	39.65	<0.002	<0.0012	<0.005	<0.003	6.92	43.98
7	40.0	<0.001	<0.002	<0.006	<0.005	6.83	94.10

[1]有关锆化合物产品标准还可阅读文献[10]。

表 4-26 碳酸锆产品的企业标准 (单位:%)

化 学 式	级别	Zr(Hf)O_2	SiO_2	Fe_2O_3	TiO_2	Na_2O	CO_2
$ZrOCO_3 \cdot nH_2O$	1	40	0.01	0.002	0.001	<0.05	6.5~7
	2	≥38	0.02	0.005	0.002	0.1	>6.0
	特级	40	<0.001	<0.002	<0.001	0.005	7.3

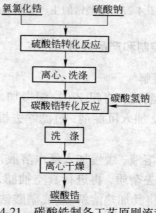

图 4-21 碳酸锆制备工艺原则流程

4.6   硝酸锆的研制

4.6.1   制备工艺

硝酸锆(硝酸氧锆、$ZrO(NO_3)_2 \cdot nH_2O$)是锆的中间产品。硝酸锆可从锆英砂分解后的碱式氢氧化锆中制取，也可从 $ZrCl_4$ 经水溶制得 $ZrO(OH)_2$ 后用硝酸溶解制得，主要工艺为：

粗 $ZrCl_4$ 溶解：

$$ZrCl_4 + H_2O = ZrOCl_2 + 2HCl$$

沉淀：

$$ZrO(OH)_2 + 8NH_4OH + nH_2O = ZrO(OH)_2 \cdot nH_2O \downarrow + 2NH_4Cl$$

硝酸溶解：

$$ZrO(OH)_2 \cdot nH_2O + 2HNO_3 = ZrO(NO_3)_2 + (n+2)H_2O$$

工艺原则流程见图 4-22。

图 4-22   硝酸锆的生产原则流程

4.6.2   工艺条件控制和产品成分

A   粗 $ZrCl_4$ 溶解

控制一定的固液比，将粗 $ZrCl_4$ 缓慢加入水中，控制加料速度，待反应结束后，加入沉淀剂，过滤除去机械杂质。

B   沉淀溶解

取一定的粗料溶液，缓慢加入氨水溶液，调到 pH 值为 8～9，将沉淀用水洗涤除去杂质，再进行真空抽滤，可获得纯净的水合氧化锆，再用硝酸将其加热溶解，制成硝酸锆溶液。

C 结晶

将硝酸锆溶液按比例进行浓缩，出现沉淀后，使反应全部完成，停止加热，降至室温进行真空抽滤，最后获得产品。

D 锆浓度的影响

锆浓度是影响晶体粒度的重要因素，研究表明，在酸度不变的情况下，锆浓度越高结晶体粒度越细，结晶率越高，应控制浓缩液酸度为 8 mol/L。不同锆浓度下硝酸锆结晶率见表 4-27。

表 4-27 锆浓度与结晶率的关系

锆浓度/g·L^{-1}	180	200	220	240	260	280
结晶率/%	20.2	25.3	29.6	38.5	46.5	53.6

E 酸度的影响

酸度是影响结晶率及晶体粒度的主要因素。酸度高产物结晶率则高，晶体粒度细，锆浓度可控制在 260 g/L。不同的酸度下硝酸锆结晶率见表 4-28。

表 4-28 不同酸度下硝酸锆的结晶率

酸度/mol·L^{-1}	7	8	9	10	11	12
结晶率/%	33.5	46.2	55.8	60.4	63.5	66.2

F 产物组成的控制

通过改变不同的配料比（即锆和硝酸根的摩尔比），发现制得的硝酸氧锆，部分不溶于水，表明其分子组成不符合要求，锆和硝酸根的摩尔比应不低于 1:3.5，否则出现不溶于水的沉淀物。

G 硝酸氧锆的品质

硝酸氧锆与其他可溶性锆化合物一样，为白色晶体，溶解度随酸度的升高而减小，其溶解度见表 4-29，硝酸锆的组成见表 4-30。

表 4-29　不同酸度中硝酸氧锆的溶解度

硝酸溶液酸度 /mol·L^{-1}	2	3	4	5	6	7	8
硝酸氧锆溶解度 /g·L^{-1}	101.5	69.0	47.5	27.8	20.6	12.1	5.3

表 4-30　硝酸锆的成分

元　素	$(Zr+Hf)O_2$	Na	SO_4^{2-}	Cl^-	Fe	Pb
含量/%	35.6	0.003	0.06	<0.02	0.08	<0.002

4.7　锆化合物生产中的"三废"处理

锆化学制品生产过程中,由于采用酸碱处理锆英砂,产生大量酸气,酸碱废水、含重金属废渣等,是生产实践中必须解决的重要课题,目前国内已有不少好的三废处理和综合回收工艺和设备,用于生产实践。

A　废水处理工艺

图 4-23a、b 列出了锆化合物生产废水的两种处理工艺。

排放水 pH 6~9, SS 77 mg/L, COD 100 mg/L, 色度 50 倍,达国家标准。

B　酸雾处理工艺

图 4-24a、b 为车间酸雾和炉室烟尘治理工艺流程。

C　硅渣综合利用工艺

在氧氯化锆生产过程中,已水解和未水解的锆酸钠,在酸转化工序与盐酸反应生成氧氯化锆溶液。残存的硅在酸性介质中生成三维网状的硅酸凝胶,可通过过滤除去。每吨产品产生 1t 硅酸凝胶废渣,废渣呈强酸性,若不加以处理,将对环境造成污染。若仅采用酸碱中和后填埋,处理成本较高,且会造成资源浪费,经对硅渣的性质及其用途的研究,以及对硅渣进行采样试验,发现硅渣可以进行综合利用,硅渣的水浸液经过一定处理后可作为造纸、制药等废水的优质水处理剂,而不溶部分经加工后可制成优质二氧化硅(白炭黑)。近年来,以聚硅酸及其与铁、铝共聚物制成的复合型聚合硅酸铁铝无机高分子絮凝剂,成为人们研究的一个热点,而这种絮凝剂的特点是比传统的铁、铝盐类絮凝剂有更好的效果,且价格较低,用硅渣制成絮凝剂,对造纸黑液有较强的脱色和去除有机物的能力。

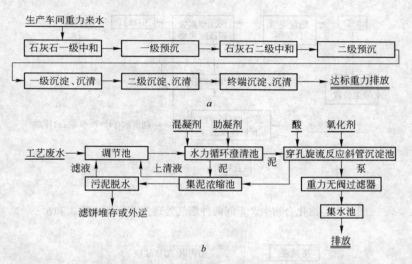

图 4-23 锆化合物生产废水处理的两种工艺原则流程 a 和 b

硅渣浸出液及添加铁、铝盐后生成的高分子聚合硅酸铁铝对造纸黑液和排污废液有良好的处理效果。絮凝作用的机理是通过聚硅酸的吸附架桥、卷扫吸附作用和铁、铝离子的电荷中和作用,迅速产生絮体沉降。

水浸后的硅溶胶,经过用适当自来水和含硅废液搅拌、溶解、分离,在一定的 pH 值时,边抽滤边洗涤,滤饼干燥后得白炭黑。实践中发现,控制硅溶胶的 pH 值和洗涤方式对最终白炭黑的粒径、比表面积和二氧化硅含量有很大的影响。回收工艺流程见图 4-25。

由硅渣回收制得的白炭黑产品质量优于沉淀二氧化硅的技术指标 GB10517—89,见表 4-31。

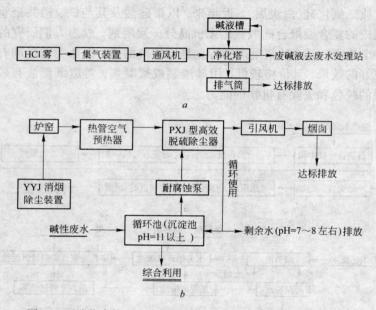

图 4-24 锆化合物生产车间两种烟气处理工艺原则流程 *a* 和 *b*

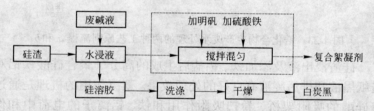

图 4-25 从硅渣中回收白炭黑的原则工艺流程

表 4-31 从硅渣中回收的白炭黑的质量比较

指标名称	沉淀二氧化硅	回收后白炭黑
SiO_2 含量/%	≥90	93.28
白度	90	95
pH 值	5.0~8.0	7.2
总含铁量	1000	120
平均粒径		22.69
比表面积		0.252

参 考 文 献

1 林振汉. 有色金属冶金提取手册(下), 锆铪. 北京: 冶金工业出版社, 1998

2 郭焦星, 王新军等. 第九届全国钛锆铪学术会议论文, 2001

3 于金凤, 高国强等. 第八届全国钛锆铪学术会议论文, 1995

4 杨兴民, 何友根. 氧氯化锆的生产. 江苏新兴锆业有限公司, 2001

5 罗方承, 吕文广. 氧氯化锆的制备工艺. 江西晶安高科股份公司, 2001

6 王善作, 于金凤. 氧氯化锆生产工艺流程改进. 北京有色金属研究总院, 1986

7 高国强, 于金凤等. 硫酸锆制备工艺研究. 稀有金属, 1998

8 成泉辉. 第九届全国钛锆铪学术会议论文, 2001

9 孙利坤, 施俭. 碱式碳酸锆的研制. 江苏化工, 1989

10 熊炳昆等. 我国锆铪产业现状和发展战略. 北京有色金属研究总院等, 2002

5 金属锆和铪的应用

5.1 概述

金属锆铪及其合金广泛用于航天、航空、原子能、电子、冶金、化工、能源、轻工、机械和医疗等行业,尤其是在原子能工业中的应用具有重要地位。世界主要锆铪生产国家锆铪的产业化发展,都是与核工业紧密联系在一起的,近年来则大力发展民用原子能发电。这一重要性从一些国家锆铪在反应堆上的应用发展简况得到证明,表 5-1 列出了美国、日本等国家核反应堆与锆铪工业的发展简况,表 5-2、表 5-3 列出了美国锆铪工业发展初期军事工业需求及核动力舰船的发展概况。

表 5-1 美国、日本等国家反应堆用锆铪发展简况

年 份	发 展 概 况
1945	美国矿务局制得 90g 金属锆
1947	美国矿务局每周生产 2.25t 锆的工厂开工。美国麻省理工学院研究发现锆的热中子吸收截面变化状态。橡树岭研究所发现锆中铪的热中子吸收截面大,从而找到了锆的热中子吸收截面波动的原因,而低铪锆的热中子吸收截面为 $0.18 \times 10^{-28} m^2 (0.18b)$
1948	美国阿贡国立研究所开始研究建造核潜艇用反应堆及其材料
1949	橡树岭 Y-12 厂工业分离锆铪获得成功
1950	美国原子能委员会核反应堆研究部和海军部决定在"虹鱼号"核潜艇上用锆作燃料包套材料 评价铪作为反应堆控制材料。阿贡国立研究所开始比较铪和银-铟-镉合金的可行性
1951	决定用铪作核潜艇"虹鱼号"水冷反应堆控制材料 矿务局开始建设锆铪分离厂并于 1952 年投产
1952	美国原子能委员会与金刚砂金属公司签定为期 5 年、每年生产约 68t 低铪锆的合同,每公斤平均价格 32.52 美元

年　份	发 展 概 况
1953	美国提出了锆-锡合金的研究方案 金刚砂公司的阿库伦工厂开工生产 金刚砂公司的锆交货量增加至 147.7t，随着用量增加和生产规模扩大，海绵锆平均价格降为 27.32 美元/kg 日本试制金属锆成功
1956	日本开始海绵锆工业化生产的研究 根据美国原子能委员会交货募集投标，中标决定： 　(1) 美国国家蒸馏器公司为期 5 年，每年 450t，单价 9.97 美元/kg 的生产 　(2) 哥伦比亚公司为期 5 年，每年 318t，单价 14.30 美元/kg 的生产 　(3) 金刚砂金属公司为期 5 年，每年 225t，单价 16.98 美元/kg 的生产 　(4) 华昌公司为期 2 年，每年 137t，单价 19.98 美元/kg 的生产 　(5) 日本东洋锆公司为期 1 年，每年 91t，单价 26.40 美元/kg 的生产
1956	美国原子能委员会要求东洋锆公司追加 91t 的交货量，单价 19.8 美元/kg
1957	日本进行了锆铪萃取分离，并开始工业生产原子能级海绵锆
1958	东洋锆公司的户田锆厂建成 东洋锆公司向英国第一次出口
1959	日本开始了海绵铪的研制，并试制了加工材料，东洋锆公司第一次向美国和英国出口氧化铪，美国进口氧化铪约 330t
1960	日本开始研究锆的耐蚀问题，日本核反应堆考察团赴美国调查反应堆使用锆的氢吸收问题，同时国内也进行了试验，日本神户制钢所开始成吨出售锆加工品。英国开始在二氧化碳冷却反应堆中使用锆-铜-钼合金 西德、意大利和法国合资建立锆生产公司——锆工业公司(Societe Industrielle dw zikonium)
1962	美国原子能委员会铪锆的购买量为 6469t，实际交货量为 7163t
1963	日本的动力示范反应堆(JPDR)开始运转，JPDR 燃料小组开始研究反应堆用国产燃料
1964	日本矿业公司中央研究所开始了锆的生产，以保持其技术的发展
1993	原子能级海绵锆价格为 9～12 美元/kg，工业海绵锆为 7.5～9 美元/kg，海绵铪价格约为 160～200 美元/kg，高纯铪为 4.2 万日元/kg
1960～2000	全世界已有 437 座核电站运行，总发电量为 2223.5 TW·h[2] (1TW·h=10kW·h)

表5-2　美国军需海绵锆和铪产量　　　　　(单位:t)

年　份	军需海绵锆	海绵铪生产量
1954年为止	120	7.2
1955	90	2.22
1956	180	3.12
1957	390	5.76
1958	750	8.21
1959	990	11.33
1960	750	
1961	1500	
1962	1020	
1963	1290	
1964	1680	
1965	1290	
1966	2040	
1967	1560	
1968	2070	
1969	2460	
1970	2070	
2000年估计	1200	4.2~5.0

表5-3　美国原子能舰队的统计数估计[3]　　　(单位:只)

年　份	潜水艇	驱逐舰	巡洋舰	航空母舰	陆上原型
1954年为止	2				1个
1955	2				
1956	4				
1957	6		1		
1958	7			1	
1959	11	1			3个
1960	4				
1961	9			1	
1962	9				
1963	9				
1964	9			1	
1965	9				
1966	9				

年 份	潜水艇	驱逐舰	巡洋舰	航空母舰	陆上原型
1967	9			1	
1968	9				
1969	9				
1970	9			1	
总计	125	1	1	5	4 个
每只需锆量	30t[①]	60t	120t	240t	30t

① 按 2.5~3 年更换一次。

前苏联也将金属锆铪大量用于船舰动力反应堆和民用原子能发电，并首次成功建造了核动力破冰船，据文献[1]报道，其早期的核动力潜艇数量达 65 只。

随着金属锆、铪的优异性能的发现，开发了许多应用新领域，表 5-4 列出了工业上应用的锆、铪及其合金的种类和主要用途。

表 5-4　工业应用的锆铪及合金

名　称	要　求	用　途
锆及其合金：		
原子能级海绵锆及其合金	$Hf < 100 \times 10^{-4}\%$	原子能反应堆的核燃料包套管，核燃料棒端塞、支撑架，核燃料元件盒和核燃料再处理
高纯锆	$Zr \geqslant 99.9\%$	原子能工业及某些高级锆制品
硼化锆		原子能工业慢化剂
氢化锆		原子能工业减速剂
工业级海绵锆（火器海绵锆）	$Zr + Hf \geqslant 99.4\%$	用于炮弹和枪弹头中，增加杀伤威力，化工耐腐蚀材料及冶金脱氧剂激光炮的材料
锆镁钍合金		增加高温强度
锆镁稀土合金		晶粒细化
锆锌镁合金	$Zr\ 0.6\% \sim 0.7\%$	做挤压件
锆硅合金	$Zr\ 12\% \sim 54\%$	钢铁脱硫
锆铜合金	$Zr\ 0.02\% \sim 5.0\%$	提高铍铜合金强度
锆铁	$Zr \geqslant 40\%$	做炼钢脱氧剂和元素添加剂

名　　称	要　　求	用　　途
铝锆合金	Zr 约 20%	铝基中间合金
锆铝铁合金	Zr 24%～27%	炼钢脱氧剂和合金添加剂
锆镁合金	Zr 23%～30%	镁合金的中间合金，航空发动机构件、机轮等并用作吸气剂
锆镍合金		储氢合金、电池材料
锆钛合金		储氢合金、氢气净化
锆锰合金		储氢合金
锆镧镍合金		储氢合金
锆镧合金		储氢合金
钐钴铜铁锆铪		记忆合金
锆铬铝合金	Zr 2.2%	高温铝合金
锆铪钒合金	Zr 40%～45%	优良的超导材料
锆钴镍合金	Zr 20%	用作刀具和磁性材料
锆钛钒合金		生体材料
锆钽合金	Ta 10%	航天航空器材料
锆铱合金		
锆及合金粉末：		
爆燃剂和热电池用锆粉	粒度 0.044～0.066mm（-230～320 目）	爆燃剂锆粉用于烟火工业、热电池锆粉用于军工等制品
电真空锆粉	粒度 0.038～0.042mm（-360～400 目）	用于电真空器件吸气剂
冶金锆粉	Zr+Hf≥98%～99%	合金添加剂和粉末冶金
氢化锆粉	（ZrHf）+ H$_2$ ≥98.5%～99%	冶金制品和烟火工业
高纯氢化锆粉	(ZrHf)H$_2$≥99.9%	高纯锆粉末冶金制品及有特殊要求的烟火工业
锆钒铁粉		吸气剂
锆镍合金粉		吸气剂
铪及其合金：		
原子能级铪	Zr≤1%	原子能反应堆控制材料
金属铪粉		等离子切割电极、吸气剂

续表 5-4

名　　称	要　　求	用　　途
铪钽合金	Ta 15%～30%	高温抗氧化材料
氢化铪		抗氧化涂层
铪铜合金		
铪镁合金		
铪镍合金		
铪钴合金		
钴铌合金		

5.2　锆和铪在原子能工业中的应用

5.2.1　锆的性能❶

A　锆的物理性能和力学性能

表 5-5 列出了锆的物理和力学性能。

表 5-5　锆和铪的物理和力学性能[4]

名　　称	性　　能
原子序数	40
相对原子质量	91.22
原子半径/nm	0.1452
离子半径(4 价)/nm	0.074
价电子构型	$4d^25s^2$
密度/kg·m^{-3}	6520
热中子捕获截面/m^2	$(0.18\pm0.02)\times10^{-28}$
同素异态转变温度/℃	865
晶格参数/nm	
α 型密排六方晶系	$a=0.32312, c=0.51477$
β 型体心立方晶系	$a=0.3609$
熔点/℃	1852 ± 10

❶　关于锆铪与气体的作用将结合其应用进行阐述。

名　　称	性　　能
沸点/℃	3577
熔化热/kJ·kg^{-1}	252
蒸发热/kJ·kg^{-1}	6524
质量热容/J·kg^{-1}·K^{-1}	
25~100℃	276
1000~1500℃	473
热导率/W·m^{-1}·K^{-1}	
24℃	5.86×10^{-3}
100℃	5.67×10^{-3}
300℃	5.19×10^{-3}
线膨胀系数/K^{-1}	5.8×10^{-6}
电化当量(4 价)/kg·A^{-1}·h^{-1}	8.507×10^{-4}
电阻率(室温)/Ω·m	4.0×10^{-7}
电阻率温度数/K^{-1}	4.4×10^{-3}
超导性状态转变温度/K	0.7
高纯金属的力学性能 (退火棒，20℃)	
弹性系数/kg·m^{-2}	9.82×10^{10}
硬度 HB	64~67
抗拉强度极限/Pa	$(2.3~2.5) \times 10^{8}$
屈服强度/Pa	2.1×10^{8}
杨氏模量/Pa	9.39×10^{8}
泊松比	0.34
剪切模量/Pa	3.48×10^{10}

B　锆的核性能

锆优异的核性能是其热中子吸收截面小，只有(0.18 ± 0.02) b($1b = 10^{-28} m^2$)，比铁、镍、铜、钛等金属小得多，见表 5-6，而与铝镁相近，散射截面（马克斯韦尔分布上的平均值）为(8 ± 1)b。锆的稳定同位素、天然丰度、相对原子质量和热中子系数截面数据列于表 5-7。即使将锆置于反应堆中照射后，也只有较低的放射性。Zr^{90} 和 Zr^{91} 在捕获中子后，会形成相应稳定的同位素 Zr^{91} 和 Zr^{92}，即：

$$Zr^{90} + n = {_{40}}Zr^{91} + \gamma$$

表 5-6 锆与某些金属的热中子俘获截面比较 （单位：b，$1b = 10^{-28}m^2$）

Zr	Fe	Ni	Cu	Al	Mg
0.18	2.43	4.5	3.59	0.21	0.059

表 5-7 锆的同位素丰度及俘获截面

同位素	丰度/%	相对原子质量	中子俘获截面/b[①]
Zr^{90}	51.46	89.9043	0.1
Zr^{91}	11.23	90.9053	1.0
Zr^{92}	17.11	91.9046	0.2
Zr^{94}	17.40	93.9061	0.1
Zr^{96}	2.80	95.9082	0.1
平均值		91.22	0.18

① $1b = 1 \times 10^{-28}m^2$。

锆的中子俘获总截面随能量而变动，见图 5-1、图 5-2。在室温下热反应堆内的平均中子能量约为 0.03 eV，低于图 5-1 中的范围。

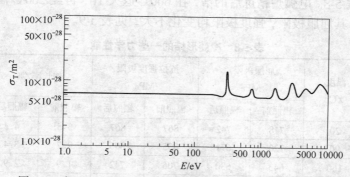

图 5-1 在 1.0～10000 eV 能量内测得的锆的中子俘获总截面

当 Zr^{92}、Zr^{94} 与 Zr^{96} 组成不稳定的 Zr^{93}、Zr^{95} 与 Zr^{97} 时,其半衰期分别为 500 万年、65d 和 17h。在 Zr^{95}、Zr^{97} 的衰变时则产生 γ 射线。当自然锆中 Zr^{92} 捕获一中子成为 Zr^{93} 时,具有放射性的 Zr^{93} 可按下式产生 β-衰变,其半衰期为 500 万年。

$$Zr^{93} = {}_{41}Zr^{93} + {}_{-1}\sigma^0$$

还可以从铀的裂变产物中分离出放射性同位素 Zr^{98}($t_{1/2} =$ 65d, β-放射性),它可用于锆的示踪研究。

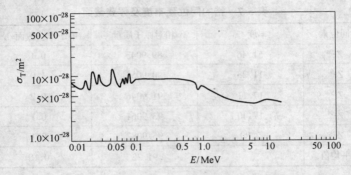

图 5-2 在 0.01～100 MeV 能量内测得的锆的中子俘获总截面

变形较大的金属锆在辐照条件下,其屈服极限降低,而伸长率则有所提高。冷变形锆在积水通量为 $5 \times 10^{19}\,N/cm^2$ 下的数值见表 5-8。电弧炉精炼后的锆,在 600℃ 退火 1h,再经 260℃ 辐照后,其屈服极限、强度极限均变化不大,见表 5-9。

表 5-8 冷变形锆的一些力学性能

温度 /℃	屈服极限/ MPa		抗拉强度极限/ MPa		伸长率/%	
	辐照前	辐照后	辐照前	辐照后	辐照前	辐照后
20	748	742	867	867	3.5	4.2
90	720	671	805	805	2.7	3.4
160	643	630	706	742	1.9	2.9
200	609	574	636	650	2.1	2.7

表 5-9 辐照后退火锆的力学性能

快中子总通量 /N·cm^{-2}	屈服极限 /MPa	抗拉强度极限 /MPa	断面收缩率 /%	在 50mm 长度上的伸长率/%
0	120	276	48	29
8×10^{19}	154	284	50	29
2.5×10^{20}	165	279	52	25

C 锆的腐蚀性能

金属锆优良的性能之一，是它对很多腐蚀介质都有极好的耐蚀性能，锆对各种碱溶液的稳定性比不锈钢和钛好，只有氢氟酸、浓硫酸和磷酸才能与之反应。对盐酸的耐蚀能力也仅次于钽和贵金属。锆能抵抗王水的侵蚀[5]，而液体金属对锆的腐蚀性能尚不完全清楚。表 5-10～表 5-12 分别列出了锆在各种介质中的耐腐蚀性能。

表 5-10 锆在无机酸中的耐蚀性能

腐蚀介质	浓度/%	温度/℃	耐蚀性能①	腐蚀速度/μm·a^{-1}
HCl	5	室温	优	<25.4
	5～20	35	良	<127
	浓	沸腾	劣	>254
H$_2$SO$_4$	10～70	35～60	优	<12.7
	1～70	100	良	<127
	75～96	35～60	劣	>254
HNO$_3$	10～70	260	优	<25.4
	65～70	沸腾	优	<25.4
白发烟硝酸		室温～71	良	<127
红发烟硝酸	92% HNO$_3$ 6.5% NO$_2$ 1.5% H$_2$O	室温～71	劣	>254
H$_3$PO$_4$	5～50	室温～100	良	<127
	65～85	100	劣	>254
HCl-H$_2$SO$_4$	1:1	35	优	2

腐蚀介质	浓度/%	温度/℃	耐蚀性能[①]	腐蚀速度/μm·a^{-1}
王水	$3HNO_3 + 1HCl$	18~60	劣	>254
		77	劣	>1270
H_2SO_4-HNO_3	0~1:9	35~100	优	<12.7
	≥1:4	60~100	劣	>640
	>1:2	35	劣	>254
	≥1:1	35	劣	>2200
HBr	40	室温	劣	>1270
HF	48	室温	劣	>1270
硅氟酸	10	室温	劣	>1270
铬酸	10~30	20~100	优	<12.7
草酸	0~100	35~100	优	<25.4
Cl_2(干)	100	室温	良	<127
饱和氯水		室温~75	劣	>1270

① 优—腐蚀速度小于 50.8 μm·a^{-1};

良—腐蚀速度为 50.8~127 μm·a^{-1};

劣—腐蚀速度大于 254 μm·a^{-1}。

表 5-11　锆在碱性溶液中的耐蚀性能

腐蚀介质	浓度/%	温度/℃	耐蚀性能[①]	腐蚀速度/μm·a^{-1}
NaOH	10~50	30~沸腾	优	<25.4
	50~73	188	劣	710
	73	110~129	优	<50.8
	73~100	240~549	劣	2790
KOH	10~40	35~沸腾	优	<25.4
	50	27	优	<1.5
	50	沸腾	良	<127
	50~100	240~377	劣	10920
$NaOH$-NH_3	52NaOH 16NH$_3$	138	良	76.2

腐 蚀 介 质	浓度/%	温度/℃	耐蚀性能[1]	腐蚀速度/$\mu m \cdot a^{-1}$
NaOH-NaCl	9~11NaOH 15NaCl	82	优	1.8
KOH-KCl	13KOH 13KCl	29	优	2.3
NH$_4$OH	28~40	35~100	优	12.7
NaOH-NH$_3$-NaClO$_3$	0.6NaOH，微量 NH$_3$，2NaClO$_3$	129	优	1.3
NaOH-NH$_3$-NaCl-NaClO$_3$	7NaOH，1×10^{-4} NH$_3$，53NaCl，7NaClO$_3$	191	优	10.2
Ca(OH)$_2$-CaCl$_2$-NaCl	0.2Ca(OH)$_2$，14CaCl$_2$，8NaCl	79	优	10

①耐蚀评定等级同表 5-10。

表 5-12　锆在无机盐溶液中的耐蚀性能

腐 蚀 介 质	浓度/%	温度/℃	耐蚀性能[1]	腐蚀速度/$\mu m \cdot a^{-1}$
AgNO$_3$	50	温	良	<127
AlCl$_3$	5~30 40	35~100 100	优 优	<127 <50.8
Al$_2$(SO$_4$)$_3$	10~30 60	沸腾 100	优 优	<12.7 <50.8
BaCl$_2$	5~20 25	100 沸腾	良 差~劣	<127 127~1270
CaCl$_2$	5~75	100~沸腾	良	<127
次氯酸钙	2~20 饱和	100 室温	良 差~劣	<127 127~1270

5 金属锆和铌的应用

续表 5-12

腐蚀介质	浓度/%	温度/℃	耐蚀性能[1]	腐蚀速度/$\mu m \cdot a^{-1}$
$CuCl_2$	1	35	优	22.9
	1	60	良	<127
	1	沸腾	劣	940
	1~25	60~100	劣	>254
	5~25	35	劣	>1880
	20~50	沸腾	劣	>1270
$Cu(CN)_2$	饱和	室温	劣	>1270
$FeCl_2$	1	100	优	<12.7
	1	沸腾	优	22.9
	2.5	35~60	优	<12.7
	2.5	100	良	<127
	5	沸腾	劣	1780
	10	沸腾	劣	3860
	5~50	室温~沸腾	劣	>1270
H_2O_2	10	50	优	<12.7
	5	100	优	<50.8
$HgCl_2$	1~饱和	35~100	优	<25.4
KCl	饱和	60	优	<12.7
KF	3	沸腾	优	<5
$MgCl_2$	5~42	35~沸腾	优	<12.7
$MnCl_2$	5~20	100	优	<50.8
NaCl	29~饱和	室温~沸腾	优	<25.4
次氯酸钠	6	100	优	<127
Na_3PO_4	5~20	100	良	<127
NH_4Cl	1~饱和	35~100	优	<12.7
$(NH_4)_2SO_4$	5~10	100	良	<127
	饱和	49	优	<12.7
$NiCl_2$	5~20	100	优	<25.4
$SnCl_2$	5~24	35~100	优	<25.4
$U(SO_4)_2$	40g/L U	250	优	<12.7
$ZnCl_2$	10~20	100~沸腾	良	<127
海水		35	优	<12.7

[1]耐蚀性能评定等级同表 5-10。

表 5-13 锆在有机溶液中的耐蚀性能

腐蚀介质	浓度/%	温度/℃	耐蚀性能[①]	腐蚀速度/μm·a⁻¹
三氯甲烷	50	沸腾	优	2.54
四氯化碳	50	沸腾	优	2.54
	100	49	优	<12.7
四氯乙烷	100	沸腾	良	<127
氯乙烯	50	沸腾	优	3.1
二氯乙烯	100	沸腾	良	<127
三氯乙烯	50	沸腾	优	3.1
	99	沸腾	劣	<127
四氯乙烯	50	沸腾	优	3.1
甲醇	99	65~沸腾	优	<12.7
乙醇	95	沸腾	优	<12.7
乙醛	100	沸腾	优	<50.8
甲酸	10~90	35~100	优	<12.7
乙酸	5~99.5	35~100	优	<12.7
冰醋酸	99.7	沸腾	良	<127
一氯乙酸	30	82	差~劣	127~1270
	100	35~100	优	<12.7
二氯乙酸	100	100~沸腾	差~劣	127~1270
三氯乙酸	10~40	室温	优	<50.8
	100	100~沸腾	劣	>1270
丹宁酸	10~25	35~100	优	<12.7
酒石酸	10~50	35~100	优	<12.7
柠檬酸	10~50	35~100	优	<12.7
乳酸	10~100	35~149	优	<25.4
草酸	0~100	100	优	<25.4

① 耐蚀性能评定等级同表 5-10。

表 5-14　锆在各种液态金属中的腐蚀性能

液态金属	在下列温度下的耐蚀性			腐蚀情况
	300℃	600℃	800℃	
Bi	不知	不良	不良	在816℃、50 h试验后,锆完全溶解;在1000℃下,4 h内便严重被蚀
Bi-In-Sn 共晶体 (57.5% + 25.2% + 17.3%)	不知	不良	不知	在649℃、500 h后,锆强烈腐蚀
Bi-Pb 共晶体 (55.5% + 44.5%)	良好	有限	不知	在649℃、500 h内,腐蚀情况适度
Bi-Pb-In 共晶体 (52.3% + 25.8% + 21.9%)	不知	不良	不知	在649℃,500 h后,腐蚀情况从适度到强烈不等
Bi-Pb-Sn 共晶体 (52% + 32% + 16%)	良好	有限	不知	在500℃、1个月后,镁还原法锆试样仅极轻微被蚀;在649℃、500 h后,腐蚀从适度到强烈不等
Ga	有限	不良	不知	在100℃,锆对镓是耐蚀的,在高温下形成共晶
Hg	不良	不良	不知	锆很易与汞形成合金,在316℃、330h 后,锆上清晰地形成了一层汞齐层
Li	良好	有限	有限	在搅动的器皿中试验,在482℃、100 h内,锂可溶有 0.01% Zr,在760℃、100 h内,则溶有1%,锆在1000℃锂内4 h,耐蚀性良好
Pb	良好 (327℃)	有限	有限	一块锆试样在816℃、100h后,显著被腐蚀,另一块试样在1000℃、5 d,仅适度被蚀
Mg				在651℃熔点下,不良
Na、K、NaK	良好	良好	不知	

5.2.2 铪的性能

A 铪的物理性能

铪的物理性能见表 5-15。

表 5-15 铪的主要物理性能

名 称	数 值	备 注
原子序数	72	
相对原子质量	178.49	
密度(20℃)/g·cm^{-3}	13.09±0.01 13.19	含 0.72%Zr 海绵铪
熔点/℃	2222±30	含 0.0080%Zr
沸点/℃ 转变温度/℃ 晶格常数/nm	3100 $a=0.31946, c=0.508$ 1760±35	外推到 0%Zr
α-Hf, a_0	3.1883	含 0.78%Zr
c_0	5.0422	
c/a	1.5815	
β-Hf, a_0	3.50	
线膨胀系数(20~200℃)/℃$^{-1}$	$5.9×10^{-6}$	
导热系数(50℃)/J·(cm·s·℃)$^{-1}$	0.0533	
质量热容(20~100℃)/J·(g·℃)$^{-1}$	0.035	
焓/J·mol^{-1} 400K 600K	 633 1900	
熵/J·(mol·K)$^{-1}$ 298.15K 400K 600K	 45.60 53.21 63.91	
熔化热/kJ·mol^{-1}	24.20	

名　称	数　值	备　注
蒸发潜热/kJ·mol^{-1}	301	
蒸汽压/Pa	133.0×10^5	5500℃
电阻丝(0℃)/Ω·cm	32.4×10^{-6}	含 0.7%Zr
2.5℃ 电阻温度系数/℃$^{-1}$	35.1	
(0~200℃) 超导转变温度/K	44.3×10^{-4} 0.374 ± 0.01	含 0.7%Zr 退火 Hf, 含 0.9%Zr
电子发射/mA·cm^{-2} 1900K 2000K 2100K 2200K	 4.80 26.20 123 485	
电子逸出功/eV	3.5	
热中子吸收截面 巴霍尔系数, V·cm/A·G(室温) 磁化率/cm^3·g^{-1} 　4.2K 　77K 　298K 　1670K	105 ± 5 -0.16×10^{-13} 1.92×10^{-6} 1.67×10^{-6} 1.76×10^{-6} 2.38×10^{-6}	
弹性模量/MPa 　室温 　260℃ 　371℃	 140000 118000 96800	
泊松系数	0.328	退火
电化当量/Mg·C^{-1}	35.1×10^{-6}	

B　铪的力学性能

铪具有优良的加工性能,可以锻压、拉丝,但其可塑性受杂质影响,表 5-16 列出铪的一些力学性能。

表 5-16　铪的一些力学性能

试验温度	性　能			
	样品处理状态	σ_b/MPa	$\sigma_{0.2}/\text{MPa}$	$\delta/\%$	$\psi/\%$
室温	950℃，1 h	540	180	12.0	
室温	900℃，1 h	525	200	23.5	
室温	850℃，1 h	495	230	23.0	>36
室温	800℃，1 h	570	305	10.0	
320℃	退火状态	>280	>150	>35	>45

C　铪的核性能

铪的热中子俘获截面为 $115\times10^{-28}\text{m}^2$，散射表面为 $(8\pm2)\times10^{-8}\text{m}^2$。铪比其他一些中子吸收截面大的元素（如硼、钇等）的特点是，经过长期辐照后，其中子俘获截面变化很小，这是因为其裂变生成的新同位素的俘获截面都比较高。由于铪的热中子俘获截面高于锆，使铪成为核用锆的有害杂质。但另一方面，正是由于铪的高俘获截面，使它成为核反应堆控制热核反应的重要材料。铪有 6 种天然同位素，铪的稳定同位素、天然丰度、相对原子质量和中子俘获截面的数据列于表 5-17。铪在辐照下发生的蜕变主要有：

$$\text{Hf}^{177} + \text{n} \longrightarrow \text{Hf}^{178} + \gamma$$
$$\text{Hf}^{178} + \text{n} \longrightarrow \text{Hf}^{179*} + \gamma$$
$$\text{Hf}^{179*} + \text{n} \xrightarrow{19\text{s}} \text{Hf}^{179} + \gamma$$
$$\text{Hf}^{179} + \text{n} \longrightarrow \text{Hf}^{180*} + \gamma$$
$$\text{Hf}^{180*} + \text{n} \xrightarrow{5.5\text{h}} \text{Hf}^{180} + \gamma$$

式中 Hf^{179*} 和 Hf^{180*} 是 Hf^{179} 和 Hf^{180} 的激发态。铪还有 10 个人工放射同位素，其中主要为 Hf^{135}，半衰期为 70d，Hf^{181} 半衰期为 45d，其反应为：

$$\text{Hf}^{174} + \text{n} = \text{Hf}^{175} + \gamma$$
$$\text{Hf}^{180} + \text{n} = \text{Hf}^{181} + \gamma$$

表 5-17 天然铪的 6 种稳定同位素

同 位 素	丰度/%	相对原子质量	中子俘获截面/b[①]
Hf[174]	0.18	173.9403	400
Hf[176]	5.20	175.9435	<30
Hf[177]	18.50	176.9435	370
Hf[178]	27.15	177.9439	80
Hf[179]	13.75	178.9460	(0.2±65)
Hf[180]	35.24	179.9468	10

① $1b = 1 \times 10^{-28} m^2$。

铪也有几种不稳定的同位素,见表 5-18。

表 5-18 铪的不稳定同位素[①]

同 位 素	半 衰 期	衰变的能量和形式
Hf[170]	1.87 h	0.4MeVβ
Hf[171]	16 h	k 电子俘获, 1.02 和 0.63MeVγ′s
Hf[172]	5a	k 电子俘获, 0.28 和 0.08MeVγ′s
Hf[173]	23.6 h	k 电子俘获, 0.3 和 0.12MeVγ′s
Hf[175]	70 d	k 电子俘获, 0.343 和 0.089MeVγ′s
Hf[199]*	19 s	内转变, 0.16 和 0.22MeVγ′s
Hf[180]*	5.5 h	同位转变, 0.57 和 0.44MeVγ′s
Hf[181]	46 d	0.41MeVβ, 0.13 和 0.48MeVγ′s
Hf[183]	64 min	1.4MeVβ, 1.75MeVγ′s

① 表中 MeV 为能量单位:兆电子伏特。

铪的共振吸收结构非常丰富,见图 5-3。能量从 1.0~15 eV 的重要共振吸收峰值见表 5-19。

表 5-19 铪的主要的共振吸收

能量电子伏特	同 位 素	峰值/b[①]
1.1±0.002	Hf[177]	4950
2.38±0.01	Hf[177]	5800
5.69±0.05	Hf[179]	1400
5.9±0.01	Hf[177]	1100
6.9±0.1	Hf[177]	7200
7.8±0.1	Hf[178]	9700
8.8±0.1	Hf[177]	7400
13.7±0.2	Hf[177]	130

① $1b = 1 \times 10^{-28} m^2$。

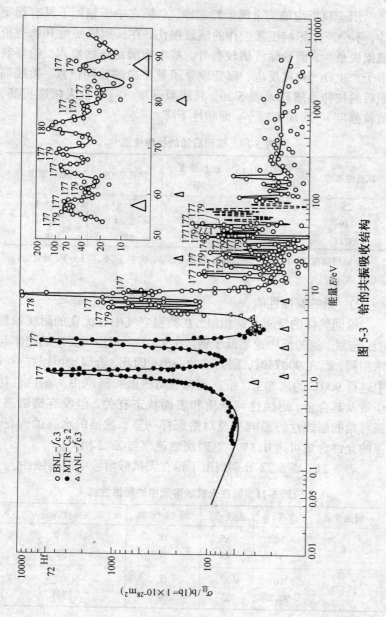

图 5-3 铪的共振吸收结构

用于核反应堆的金属铪控制棒，必须在中子辐照下具有稳定性，不会产生影响正常工作的辐照损伤，在长期辐照后其物理价值损失最少。而铪除价格较高外，基本能满足这些要求。铪俘获中子产生(n，γ)核反应，而变成原子量更高的铪同位素。铪经辐照后的拉伸性能列入表 5-20，其屈服强度 $\sigma_{0.2}$ 有较大幅度提高，抗拉强度 σ_b 增加则较小，而塑性下降。

表 5-20　辐照后铪的拉伸性能[1]

试验温度/℃	屈服强度 $\sigma_{0.2}$/MPa	抗拉强度/MPa	伸长率/%	断面收缩率/%
25	471	575	1.9	25.1
149	402	444	23.4	37.1
371	256	277	24.3	38.1

① 辐照前在 700℃ 退火 1 h，辐照温度 245℃，快中子($E_n>1$ mV)剂量 2×10^{21} N/cm²。

D　铪的腐蚀性能[6]

铪同气体的反应与锆相似，在高温空气中有优良的耐腐蚀性能，与氧、氮的反应速率低于锆。在 750℃，与空气反应的速率与锆相同，而在 900℃ 时，则为锆的一半。因此，金属铪可以在空气中进行 900℃ 的热加工。铪在高温、高压水和蒸汽中的耐蚀性优于锆及其合金。耐蚀性与杂质和表面状态有关，但没有锆敏感。氮对铪的耐蚀性的影响不及对锆那样明显，就铪的水腐蚀而言，氮的允许含量可达 0.1%，这时腐蚀速率与 Zr-2 相同。

表 5-21、表 5-22 分别列出了铪在无机酸溶液中的耐蚀性。

表 5-21　铪在无机酸溶液中的耐蚀性能

腐蚀介质	浓度/%	温度/℃	耐蚀性能	腐蚀速度/μm·a⁻¹
HCl	10	35	优	8.9
	37	35	优	33
H_2SO_4	10	35	优	8.9
	96.2	35	劣	溶解

腐蚀介质	浓度/%	温度/℃	耐蚀性能	腐蚀速度/$\mu m \cdot a^{-1}$
	10	35	优	8.9
HNO_3	69.7	35	优	4.6
	发烟	35	优	11
$HCl-H_2SO_4$	1:1	35	优	12
$HCl-HNO_3$	1:1	35	劣	3300
$H_2SO_4-HNO_3$	1:1	劣	4800	
HF			劣	溶解

表 5-22 列出了晶条铪的腐蚀增重；表 5-23 列出了铪管的腐蚀性能；表 5-24 列出了氮对铪腐蚀性能的影响。

而铪在 500℃时对钠的腐蚀抗力与不锈钢相近，腐蚀速率为 0.1 mg/($cm^2 \cdot$ m)。

表 5-22　晶条铪的腐蚀增重　　　　　(单位:mg/dm^2)

时间 /d	316℃，109atm $(1.1 \times 10^7 Pa)$，(水)Hf	360℃，100atm $(1.01 \times 10^7 Pa)$，(水)Hf	400℃，105atm $(1.06 \times 10^7 Pa)$(蒸汽)Hf
44	5	6~9.0	4~7
195	6	7~9.0	7
294			9

表 5-23　原子能级铪管的腐蚀性能

试样序号	腐蚀增重/ mg·dm^{-2}	表面状况	
		腐蚀后	腐蚀后
1	2.9	光亮	干涉色
2	3.3	同上	同上
3	3.4	同上	同上

注:336℃，140atm($1.42 \times 10^7 Pa$)水中腐蚀 21 天。

表 5-24   氮对铪腐蚀性能的影响

氮含量 /%	360℃,19252 kPa(190atm (1.93×10⁷Pa))(水)/mg·dm⁻²		400℃,10639 kPa(105atm (1.06×10⁷Pa))(蒸汽)/mg·dm⁻²			
	252d	280d	95d	102d	109d	116d
$500×10^{-4}$	15	23	22	23	22	24
$750×10^{-4}$	35	48	36	37	37	37
$1000×10^{-4}$	83	94	66	70	70	75
Zr-2 ($≤80$ $×10^{-4}$)	83	100	87	91	90	110

5.2.3   锆铪在原子能工业中的应用

锆是一种理想的中温核材料,而铪是优良的反应堆控制材料,在原子能工业中,锆主要用于原子能发电厂(民用);核潜艇、核动力航空母舰、核动力巡洋舰的核反应堆中。锆在反应堆中的用途是:核燃料包套材料,结构材料和慢化剂等。铪的主要用途是用作核反应堆的控制棒。

A   核反应堆的种类和工作原理简介[7]

为了解锆、铪在核反应堆中的应用,对核反应堆的种类和工作原理作一简介。

核反应堆主要有气冷堆、重水堆、轻水堆和快中子增殖堆等堆型。

a   气冷堆

气冷堆以石墨为慢化剂,用气体(二氧化碳或氦)作冷却剂,用天然铀作燃料时,一次装入燃料多,反应堆体积大、造价高。燃料元件的覆盖材料是铝镁合金,热效率低。改进型的气冷堆改用2.5%～3%的低浓缩铀作燃料,一次装入燃料量只有天然铀的1/5～1/4,燃料元件包壳改用不锈钢,因而体积小,热效率有提高。20世纪70年代后期,美国、西德等国家还建造了高温气冷堆,用氦作冷却剂,采用碳化铀及碳化钍混合物的颗粒燃料,热效率大大提高。英、法、美、西德等国都采用过气冷堆,到20世纪80年代末大部分已陆续停用，主要原因一是由于工业上对用气作为传热工质的经验较少，加上氦气温度高、压力大，技术上存在的问题较多；二是利用蒸汽发电的压水堆占领市场后，采用蒸汽进行间接循环的高温气冷堆难以与其竞争。图5-4是石墨气冷堆的原理图和结构示意图。

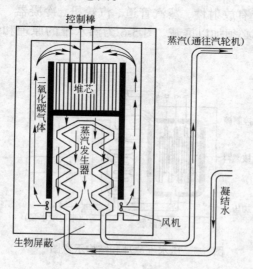

图 5-4　石墨气冷堆原理和结构示意图

b　轻水堆

轻水堆目前主要有两种类型，一种是压水堆，目前世界上几乎所有的核潜艇所采用的核动力装置都是压水堆蒸汽动力装置[8]。压水堆是经过多年实践证明适用于潜艇的堆型。在体积、质量、隐蔽性等方面有不同于核电站的要求，美国核潜艇动力装置的有效功率为 14710～22065 kW。原理如图5-5所示。采用2%～3%的低浓缩铀为燃料，慢化剂和冷却剂都用轻水。工作时，第一回路中的水用水泵打进反应堆，经过活性区后，加热成为高温高压的热水，热水流经蒸汽发生器，把热量传给第二回路中的水，并使之产生蒸汽，供汽轮机使用。由于水的沸点低，为了得到较高的蒸汽温度，必须使水在高压下工作，给反应堆外壳和整个系统设备制造带来困难。使水在反应堆内沸腾，并产生蒸汽，直接供给汽轮机使用，这就是沸水堆。沸水堆可以在较低工作压力下产生更高压力的蒸汽，提高了热效率，但沸水堆结构复杂，体积比压水堆大，检修和换料不如压水堆方便。由于蒸汽直接从堆芯中产生带有放射性，蒸汽管道、汽轮机、冷凝器、水泵和凝结水管道等都必须加以屏蔽。图5-6为沸水堆的原理和结构示意图。

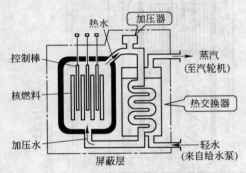

图 5-5　压水堆原理和结构示意图

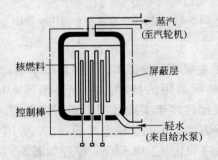

图 5-6　沸水堆原理和结构示意图

　　轻水堆体积小、造价低、技术比较成熟，目前世界上已建和在建的核电站大多采用轻水堆。我国秦山核电站和大亚湾核电站均采用压水堆。

c 重水堆

重水堆与轻水堆的最大区别在于用重水做慢化剂和冷却剂，见图 5-7。工作原理与压水堆相似，有两个回路，第一回路为重水回路，重水在活性区加热以后引出反应堆，进入热交换器，把热量传给第二回路的普通水，使普通水加热变成蒸汽。重水堆具有吸收中子少的优点，故可用天然铀和低浓缩铀做燃料，大大减少燃料成本。但由于重水价格昂贵，因此回路中必须避免漏损，所以系统中增加了回收和复合重水的设备，增加了系统运行和维护的复杂性。近年来又出现了一种用重水慢化、轻水作冷却剂的轻水重水反应堆，这种堆既具有重水吸收中子少，又具有轻水经济性的优点。世界上应用重水堆最多的是加拿大，加拿大多年来致力于研究坎杜(CANDU)型重水天然铀反应堆系统，其核电发展计划全部采用坎杜系统。

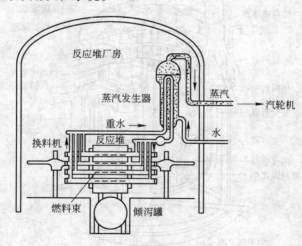

图 5-7　重水堆原理和结构示意图

d 快中子增殖堆

快中子增殖堆在核裂变消耗可裂变元素的同时，可将一部分非裂变元素转变为新的可裂变元素。如利用铀 235 裂变时的快中子轰击铀 238 就能得到可裂变元素钚 239，同样可以把天然钍

232 转换成可裂变的铀 233。这样的转换，虽然消耗一定的核燃料，但会得到更多的核燃料，这就是核燃料的增殖。

快增殖堆不用慢化剂，而且冷却剂采用不吸收中子的液态钠。快堆的燃料可以循环使用，其核燃料生产过程中的运输量（包括矿石）不到压水堆的 1%。快堆具有现实（生产电力）和未来（生产裂变燃料）的双重优点，热能利用效率高，余热少，废物、废液、废气的生成量比相同发电量的压水堆少得多，是一种极有前途的堆型，许多国家把它列为发展核电的重要内容。到 1991年，英国、法国、意大利、德国和比利时 5 国合作开发的欧洲快堆计划已进入建造快堆示范阶段。目前世界上最大的快堆核电站是法国的 120 万 kW 超级凤凰钠冷快堆电站，1986 年并网发电。图 5-8 是它的结构示意图。

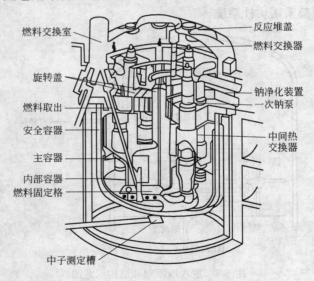

图 5-8　超级凤凰堆结构示意图

e　核电站简介

核电站由反应堆、蒸汽发生系统（热交换器、蒸汽发生器）、汽轮机和发电机等设备组成。图 5-9a、b 分别给出核电站与火电厂的构成示意图。在核电站中，反应堆安全壳代替了火电厂的锅炉房，反应堆和蒸汽发生器代替了锅炉。

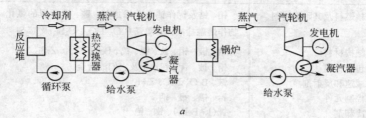

a

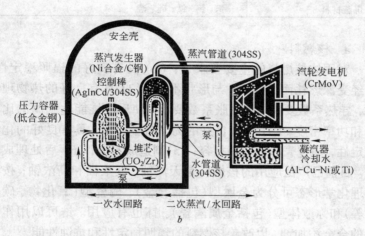

b

图 5-9　发电厂(*a*)与核电站(*b*)构成示意图

　　核电站一般根据所使用的反应堆分类，主要有压水堆核电站、沸水堆核电站、气冷堆核电站和快中子增殖堆核电站等。核电站的汽轮发电设备与火电厂基本相同，热效率大致在33%左右。

　　B　核反应堆的材料及要求

　　反应堆的主要材料见表5-25[9]。对反应堆各主要部件有十分严格的要求，常规要求包括机械强度、结构完整性、可加工性、切削性、耐蚀性、热传导性、热稳定性、相容性、可用性和成本等。中子性能、感生放射性、辐照稳定性、化学性能、粒子相互扩散性能、燃料再处理的容易程度。

表 5-25　反应堆应用的主要材料

主　要　部　件	主　要　材　料
核燃料及其附属材料	钼、锆及铌作铀合金添加剂；铍、锆及锂的氟化物作熔融盐液体；陶瓷 BeO、UO_2、U_2Si_2 及 U_3Si
结构材料	锆、铍、钼、钛、钽、钨、BeO、SiO_2、$ZrSi_2$
包套材料	锆、铍、铌、钒、钼及它们的合金
减速和反射剂	铍、BeO、BeC、ZrH_2
控制元件	铪、镉、银、铟
冷却剂	锂(Li_2BeF_4)、铷、铯
屏蔽材料	钽、钨、钛、硅、锆

　　a　核燃料

　　对固体核燃料的主要要求是：(1) 具有良好的辐照稳定性，能经受深燃耗而保持尺寸与形状不变；(2) 具有良好的热物理性质，导热系数要高，热膨胀系数要小，使反应堆能达到高的比功率和功率密度；(3) 具有良好的力学性能；(4) 具有良好的化学稳定性，同包壳和冷却剂相容；(5)制造成本低；(6) 后处理成本低。目前已广泛应用的核燃料是天然铀、低浓铀和高浓铀；按其物理化学形态可分为金属型(包括合金)、陶瓷型(氧化物、碳化物等)和弥散体型(包括金属陶瓷)。钍也有应用。锆可以用作燃料的合金添加剂，以改善核燃料的辐照稳定性和抗蚀性能[10]，图 5-10 为用锆合金包套的 U-2%Zr 燃料棒示意图。

　　在实践中，铀锆有共溶性，平衡相图见图 5-11。美国西平港加压水反应堆堆芯采用的核燃料为长 183cm、厚 0.18cm 的铀-6.8 锆合金板。萨凡拉河加压水反应堆采用的为长 457cm、直径 5.08cm、壁厚 0.13cm 的铀-2 锆燃料管。阿汞实验性增殖反应堆-Ⅰ的堆芯和增殖区都采用 U-2Zr 燃料棒。阿汞实验性沸水反应堆堆芯采用 114 个由 6 块 U5Zr1.5Nb 板组成的组件；而堆芯除使用 114 个上述组件外，还装入了 32 个由 49 根 130cm×0.94cm 的燃料棒构成的组件，燃料棒组成为 9UO_2-82.4ZrO_2-8.1CaO-0.5MoO_3。一些稀释 Zr-U 合金，如 Zr7U、Zr22U 也在研究应用。

而 U-Zr 化合物燃料(UC-ZrC)的比冲量可达到 1000s。还研究用包以难熔金属的碳化铀-碳化锆燃料元件来作热离子转换器发射极,这种燃料元件能在 2000℃ 以上操作。

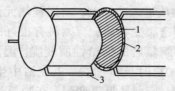

图 5-10　用锆-2 合金包套的铀-2 锆燃料棒示意图
1—U-2%Zr 芯;2—锆-2 合金包套;3—锆-2 合金翅

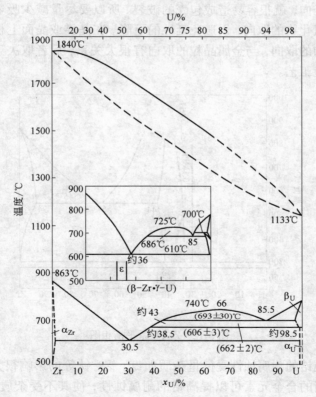

图 5-11　Zr-U 系平衡相图

b 包套材料

包套管与燃料共同构成燃料元件,包套的功能是不让燃料接触冷却剂,以解决燃料抗冷却剂腐蚀能力不高的问题,防止因裂变形成的放射性物质进入冷却剂,增强释热元件的强度,使其不在辐照下变形,穿透裂变物质;与燃料有很好的适应性。但金属锆铪极易吸氢,溶解氢后的锆铪性质变脆。温度高于 300℃ 时锆便与氢气反应,400℃ 时反应加快。氢在锆中生成氢的固溶体和氢化物,见图 5-12。特别是吸氢变脆,在吸氢过多时出现小片的氢化锆沉积,这种氢化物在 150℃ 以下是脆性的,如果在包壳管中呈径向,就很容易造成包壳的破裂。所以要尽量减少吸氢量并控制氢化物的取向,以避免延性的下降。在晶界或晶面上析出的氢化物的取向,与金属晶粒的取向有很大关系,后者取决于包壳管制造工艺。

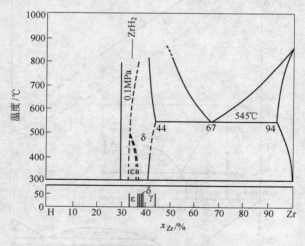

图 5-12 Zr-H$_2$ 系平衡相图

纯锆的耐腐蚀性受微量杂质如氮、铝、钛等的影响很大。加入适当的合金元素可以提高锆的耐腐蚀性,使其不受杂质影响。在水冷堆中普遍采用锆锡系合金,锆-锡合金的平衡相图见图

5-13,锆-锡合金具有很好的耐热水或蒸汽腐蚀的性能,同时高温力学性能也优于纯锆,但导热系数要比纯锆低约 30%。最常用的锆-2 合金大约含 1.5%锡,0.12%铁,0.10%铬,0.05%镍。它有吸氢变脆的缺点。不加镍并相应地增加含铁量,可以减少吸氢量,见图 5-14,但腐蚀速率略高,这就是锆-4 合金,约含 1.5%锡,0.20%铁,0.10%铬。以后发展了含铌 2.5%的锆铌合金,Zr-Nb 平衡相图见图 5-15,其高温机械强度为锆-2 合金的 1.3~1.6 倍,辐照蠕变性能比锆-2 合金优越,采用它可减小壁厚(从而少吸收中子),延长工作寿命。坎杜型重水堆已改用锆铌合金代替锆-2 合金作为压力管材料。它的机械强度高于锆-2 合金约30%~60%,可以减小壁厚和相应的伴生中子损失。目前采用的内径约 100mm,壁厚约 4mm,长度 5~6m。压力管须承受100atm(1.01×10^7Pa)和 300℃ 温度的重水的作用,在堆内起压力壳的作用。对压力管制造提出很高的质量要求,如尺寸精确,壁厚均匀以免因热膨胀的差别而弯曲。同时,制造过程应具有重复性,因此对生产工艺参数要作严格的控制。简要制造方法为,先以含合金元素的海绵锆为自耗电极,在真空电弧炉内熔化,将铸锭热煅成圆柱形,钻孔后在表面作机械加工,用肉眼和超声波检查表面及内部缺陷,然后把已加工的毛坯包上钢和铜覆盖层,在 800~850℃ 下挤压成形。铜覆盖层用以防止氧化和减小工件与模具之间的摩擦;钢中间隔离层用以防止在高温下形成锆铜共熔合金。挤压后用硝酸除去覆盖层。经过淬火、冷加工(使断面积缩小 5%~15%)和 500℃ 下时效处理,以获得所需要的力学性能。

轻水堆和重水堆燃料元件的包壳管,多采用在高温纯水中耐腐蚀性能优良的锆锡合金(锆-2 或锆-4 合金),也采用锆-2.5 铌合金,包壳管外径为 10~15mm,壁厚为 0.4~0.8 mm。制造方法是,先将配好的合金熔化和煅压成块,经化学分析认为合金元素和杂质含量符合规定,并检查表面质量合格后,再进一步挤压穿孔,成为管状毛坯。毛坯经过多次冷加工后达到所要求的尺寸。冷加工可以采用冷轧或冷拉工艺。加工时使内径与壁厚两种收缩

保持一定的比例，可以造成一种加工织构，使在蒸汽腐蚀试验和
反应堆运行中所产生的氢化物沉淀基本上按管壁周向析出。由于
包壳管的最大应力发生在圆周方向，故希望氢化物尽量多地呈周
向而不是径向。其他重要的力学性能借助于热处理来达到。热处
理的温度和持续时间应低于再结晶条件，使最后冷加工所造成的
变形结构基本上保留下来。所有热处理均应在真空或保护气体中
进行。

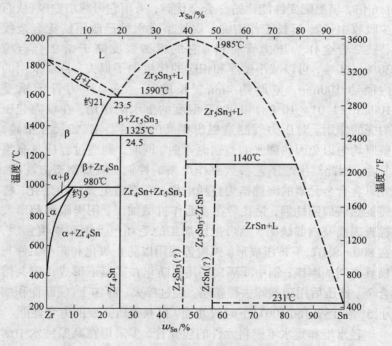

图 5-13　锆-锡系平衡相图

文献[2,9,11]介绍了 10 种核反应堆的包套材料，即：(1) Zr-
2 和 Zr-4 合金。是美国海军为潜水艇核推进反应堆而研制的，有
实用价值，其化学组分略有不同。但 Zr-2 合金吸收氢。后来研制
成功 Zr-4 合金，增大了铁含量，不加镍，减少了吸氢量。目前两
种合金均在使用；(2) Zr-2.5Nb 合金。加拿大 CANDU-型反应堆

使用的高压冷却剂是重水，燃料元件置于压力管中，与其他国家设计不同；(3) Zr-2.5Sn 合金为最早使用的合金，目前已被淘汰；(4) Zr-3 合金(即 Zr-0.25Sn-0.20Fe)对热处理敏感，也已被淘汰；(5) Valloy 合金(即 Zr-1.15Cr-0.10Fe)是为了改善高温气流下的耐蚀性而研制的，尚有少数反应堆在使用；(6) Valloy-S 合金(即 Zr-1.2Cu-0.28Fe)在过热水蒸气中工作，耐蚀性和力学性能好；

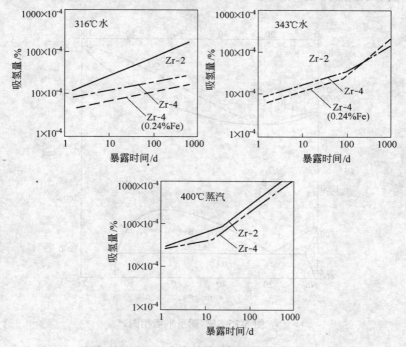

图 5-14　Zr-2 和 Zr-4 合金的吸氢量比较

(7) Ozhennite合金是前苏联研制的用于压力水和水蒸气中的锆合金。添加剂为 Sn、Fe、Ni 和 Nb 的总量在 0.5%～1.5%之间。前苏联常用的 Ozhennite-0.5 合金，含 0.2Sn、0.1Fe、0.1Ni 和 0.1Nb。合金耐蚀性和强度均好。(8) Zr-1.0Nb 合金为前苏联研制。其耐蚀性较 Ozhennite-0.5 合金差，强度较前者好。(9) Zr-

3.0Nb-1.0Sn 合金由前西德研制。其强度、蠕变性能及耐蚀性均好，但对热处理敏感。(10) ATR (即 Zr-0.5Cu-0.5Mo) 合金为英国研制。主要用于 CO_2 冷却堆中。此外，表5-26 中比较了目前使用和开发研究的包套材料用锆合金的性能，主要分为 3 大类，即 Zr-Sn 二元或多元合金系列；Zn-Nb 或多元合金系列和 Zr-Nb-Sn 多元合金系列。

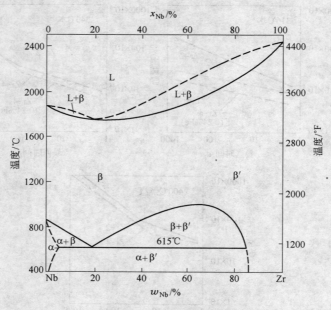

图 5-15 锆-铌系平衡相图

表 5-26 包套材料用锆合金的一些性能比较

名　称	添　加　剂		特　　性
	元　素	含量/%	
Zr			熔点 1845℃，沸点 3580℃，热中子吸收截面 $0.18 \times 10^{-28} m^2$，含锆小于 100×10^4%，耐蚀，但对氧氮亲和力强，辐照下发生氢脆

名 称	添 加 剂		特 性
	元 素	含量/%	
Zr-Sn	Sn	适量	改善了锆的耐蚀性和强度,特别是强度宜用于加压水和沸腾水反应堆,经适当处理的 Zr-2、Zr-4 和无 WZr-2 能在 455℃ 的蒸汽和加压水中使用,作包套和结构材料,但强度仍不够高
Zr-1	Sn	2.5	锡抵消了氮的有害影响,一定程度上消除了碳和钼的不良作用,改善了锆的耐蚀性,但 Zr-1 已被更好的 Zr-2 所淘汰
Zr-2	Sn Fe Cr Ni	$1.20 \sim 1.70$ $0.07 \sim 0.20$ $0.05 \sim 0.15$ $0.03 \sim 0.08$	含锡 1.5 有效地消除了氮的有害作用,Cr、Fe、Ni 增加了合金在高温水和蒸汽中的耐蚀性,锆含量保持在 0.10 左右以防止硬度增加太大。合金的热中子吸收截面不超过 $0.20 \times 10^{-28} \mathrm{m^2}$;强度为纯锆的 2 倍,在 310℃ 下的抗张强度为 21100MPa,屈服强度为 14800MPa,耐蚀性优于 Zr-1
Zr-3A	Sn Fe	2.5 2.5	耐蚀性和 Zr-2 相近,但强度仅为 Zr-2 的 75%,难加工,已被淘汰
无 NiZr-2	Sn Fe Cr Ni	$1.20 \sim 1.70$ $0.12 \sim 0.18$ $0.05 \sim 0.15$ < 0.007	将 Zr-2 中镍含量降低至 0.007 以下,吸氢和氢脆现象减少,但却损害了 Zr-2 在 400℃ 以下的蒸汽中的耐蚀强度,类似于 Zr-2
Zr-4	Sn Fe Ni Cr	$1.20 \sim 1.70$ $0.18 \sim 0.24$ $0.07 \sim 0.13$ < 0.007	增加无镍 Zr-2 中的铁含量,在 400℃ 的加压水和蒸汽中有优良的耐蚀性,吸氢率只有 Zr-2 的 $\frac{1}{2} \sim \frac{1}{8}$,强度类似于 Zr-2
Zr-Nb	Nb	适量	比 Zr-2 的强度大;宜用于水冷堆作压力管;也可以降低包套厚度从而提高中子透过度和节省锆材 Zr-0.5～2.5Nb 比 Zr-2 和 Zr-4 在 400℃ 蒸汽中的耐蚀性好得多。Zr 0.5～1Nb 二元合金中加入一些 Cu、Ca、Y、Ce、V、Cr、Mo、W、Fe 和 Ni 可大大降低腐蚀速率
Zr-1Nb	Nb	1	有良好的耐蚀性和强度
Zr-2.5Nb	Nb	2.5	耐蚀性和 Zr-2 相近,但强度比 Zr-2 提高 50%,提高了抗撞击和蠕变性能,宜作压力管

名　称	添 加 剂		特　　性
	元 素	含量/%	
Zr-2.5Nb Zr-0.5Cu	Nb Cu	2.5 0.5	强度和 Zr-2.5Nb 相当，加铜改善了 Zr-2.5Nb 高温耐蚀性，在二氧化碳中也有良好的耐蚀性。不仅可用于水冷堆，也可以用于二氧化碳冷却反应堆中作结构材料
Zr3Nb-1Nb Zr-Sn	Nb Sn	3 1	耐蚀性类似于 Zr-2，但高低温抗蠕变能力比 Zr-2 和 Zr-2.5Nb 优，抗拉伸性能好，氢影响较小，因此综合力学性能较好
奥泽尼特	Nb Sn Fe Ni	0.1 0.2 0.1 0.1	300℃ 的加压水中耐蚀性比 Zr-2 差，但在 400℃ 的蒸汽中比前者好，机械强度和加工性能较好
Zr-Cu	Cu	适量	在研究用于二氧化碳冷却重水减速反应堆的结构材料时，发现 Cu、Ce、Sb、V、Ni、Pb、Ba、Mo、Mn 和 Cr 都可以与 Zr 组成适用的合金
Zr-2.5Cu	Cu	2.5	宜用于二氧化碳冷却反应堆
ATR	Cu Mo	0.5 0.5	540℃ 以下能承受干燥和潮湿的二氧化碳腐蚀，不起鳞；316℃ 的抗张强度为 31620MPa，屈服强度为 29600MPa。（是 Zr-2 的 2 倍）；但硬度略低。宜用于 CO_2 冷却反应堆中作结构材料
AJR	Cu Mo	1.0 1.0	类似于 ATR
Zr-Al	Al	1~4	在高温下具有很高的强度，但耐蚀性稍低
Zr-Al-Mo-Sn			用于 500℃ 以上的 Na 冷反应堆，Al 有助于提高合金的高温强度，Sn 改善合金的耐蚀性，Mo 增加了合金的抗蠕变性能
Zr-Al-1 Sn-Mo	Al Sn Mo	1.0 1.0 1.0	强度比 Zr 大与 304 型不锈钢相似，平均热导率为不锈钢的 75%，中子吸收特性比锆只有微小的变化，抗钠腐蚀，机械加工性能好，具有良好的综合性能

除锆及其合金可以用作包套材料外，还研究用锆化合物作包套材料，如用碳化锆和氧化锆代替石墨反应堆的燃料包套材料，这种材料的逸出功大于 3 eV，可在 1500℃ 以上的温度中操作，从而保证热离子元件的效率达到 30%～40%。

c　结构材料

结构部件指反应堆的高压容器、高压水箱、高压外壳、管路系统、阀门、泵、热交换器、冷却剂冷凝装置等。选择结构材料的主要因素与包套材料有许多共同之处。稀有金属中铍、钛、钒、钽、铌和锆均可用作结构材料，但锆属于最佳结构材料之一。由于纯锆的性能不如合金，故普遍用锆合金作结构材料。Zr-2 合金适于作沸水堆的结构材料。Zr-4 合金适于作压水堆结构材料。如 Zr-2 合金用于加拿大道格拉斯点反应堆高压管、英国蒸汽发生重水堆高压管和瑞士卢森斯堆高压管，Zr-4 合金用于美国卡罗莱纳维尔吉尼亚堆的高压管，美国均相试验反应堆（PRT）-水溶液燃料反应堆的堆芯容器是用 Zr-2 合金制造的梨形容器，容器直径 1.28cm、壁厚 7.94～9.53mm；恩利科费米反应堆下部熔化区衬有 3.18mm 厚的锆；纳冷实验反应（SRE）中所有的减速元件和许多反射元件都是用锆包套的。此外，德国、加拿大和前苏联研制的几种用作包套的优良合金也可用于反应堆的结构材料。

除锆或锆合金作结构材料外，还有钛、铍、铌和钽可作结构材料。铍是核研究用堆的结构材料。钛是航空用堆的结构材料，由于其密度小，能够减轻构件质量，节约用量。铌是快中子和热中子堆的高温结构材料。钽是液态金属快增殖堆的结构材料。稀有金属陶瓷（如：BeO、ZrH_2、ZrO_2、$ZrSi_2$、Be_2C、SiO_2、SiC 和 HfC 等）也可作结构材料。随着反应堆向高温方向发展，难熔金属也将广泛用作结构材料。

有关包套材料和结构材料的应用实例很多，如在运行的美国印第安-2 原子电站的反应堆堆芯中装有 39372 根外径为 1.08cm 的燃料棒，每根棒包有 0.6mm 厚的锆合金。早期美国 20MW 的重水减速实验性沸水反应堆中使用了 0.54t 锆。美国重水型反应堆蒸汽发生器用压力管为 Zr-2 或 Zr-2.5Nb 合金制成，管长 3.96m，内径 130.5mm，壁厚 5mm。

英国哈威尔原子能科学研究中心 DIDO 高通量研究反应堆中：压力管、压力容器末端罩子、压力容器盖子，压力器凸缘都是用 Zr-2.5Nb 制造。而试样载体、水流分离管、试验箱、包套及包套盖都用 Zr-2 合金制成。

日本动力示范反应堆（JPDR）使用了内径（12.62±0.04）mm、壁厚（0.76±0.07）mm、长（912±5）mm 的 Zr-2 合金管。日本敦贺发电所沸水反应堆，容量为 375 MW，其堆芯中装有 319 个燃料组件，组件由 49 根长 3.94 m、外径 14.5mm、壁厚 0.92mm、质量约 1kg 的 Zr-2 合金燃料管装在槽箱里而组成；与燃料管 5.8 年更换一次不同，槽箱要长期使用，必须考虑氢脆问题，因而采用厚 2mm 的 Zr-2 合金板制成；堆芯共用 Zr-2 合金管约 15t, Zr-4 合金板 8.8t，见表 5-27。

锆在我国核工业上的应用取得了很大发展，在核动力工程的推动下，相继研制了 Zr-2、Zr-4、Zr-2.5Nb 等锆合金并建立和完善了自己的板、带、棒、管的生产工艺。目前我国新建的国产轻水堆，每 1 万 kW 装机容量需锆合金包壳管用量为 0.30～0.35t，见表 5-28[12]。

表 5-27　锆合金在反应堆包套和结构材料上应用实例[1]

原 名	译 名	型 号	国别	合金	应用部分
DONUS	沸腾水核过热反应堆	BWR/SH	美国	Zr-2	沸腾区燃料包套
CVTR	卡罗来纳-维尔吉尼亚管式堆	D₂O 冷却	美国	Zr-4	压力管，燃料包套
Dresden	德累斯顿沸水反应堆	BWR	美国	Zr-2	燃料包套，冷却剂管道
EBWR	实验性沸水反应堆	BWR	美国	Zr-2	燃料包套
Elk River	麋鹿河沸水反应堆		美国	Zr-2	控制棒导向装置

原　名	译　名	型号	国别	合金	应用部分
Hallam	哈莱姆钠冷反应堆	Na 冷	美国	Zr-2	水工艺管道控制棒包套
HRE-2	均质试验堆-2	B_2O 均质	美国	Zr-2	堆芯容器
Indian Point	印第安区加压水反应堆	PWR	美国	Zr-2	冷却剂管道
N-Reactor	N-反应堆	PWR	美国	Zr-2	压力管
Pathfinder	帕斯芬德沸水反应堆	BWR/SH	美国	Zr-2	沸腾区燃料包套
Savanaah N S	萨凡拉河压水反应堆	PWR	美国	Zr-2	冷却剂管道
Sippingport-1	西平港-1 压水反应堆	PWR	美国	Zr-2	燃料包套和基体
Sippingport-2	西平港-2 压水反应堆		美国	Zr-4	再生区燃料包套
WBWR	维来西托斯沸水反应堆	BWR	美国	Zr-2	燃料包套
Yankee	杨基	PWR	美国	Zr-2	控制棒导向装置
CANDU	加拿大重水铀反应堆	D_2O 冷	加拿大	Zr-2	燃料包套、压力管
NPD-2	核示范反应堆-2		加拿大	Zr-2	
JPDR	日本核动力示范堆	BWR	日本	Zr-2	燃料包套、管道
敦贺	敦贺沸水反应堆	BWR	日本	Zr-2 Zr-4	导向装置 燃料包套槽箱
	卡尔沸水反应堆	BWR	前西德	Zr-2	燃料包套，管道、导向装置
	R-重水冷却反应堆	D_2O 冷	瑞士	Zr-2	燃料包套
	哈威尔原子能科学研究中心 DIDO 高通量研究反应堆		英国	Zr-2 Zr-2.5Nb	燃料包套、试样箱，水流分离管 压力容器盖，凸缘，压力管

表 5-28 我国核电站包套材料应用简况

核电站	装机容量/kW	燃料包壳管		每座堆需用量		总需用量	
		规格/mm×mm×mm	牌号	根	t	根	t
大亚湾	$2×90×10^4$	$\phi9.5×0.57×3800$	Zr-4	41605	约17	83210	约34
辽宁	$2×100×10^4$	$\phi9.1×0.63×3840$	Zr-1Nb	50856	约22	101712	约44
秦山一期	$30×10^4$	$\phi10×0.7×3200$	Zr-4	24684	约11.5	24684	约11.5
秦山二期	$2×60×10^4$	$\phi9.5×0.57×3660$	Zr-4	32065	约13	64130	约26

d 控制材料

反应堆使用的控制材料有金属铪及其合金,也用银-铟-镉合金和含硼材料。与其他控制材料相比,铪具有许多特点:

(1) 具有适当的热中子吸收横截面,以及在超热中子范围内有良好的共振吸收,且铪和铕是所有的控制材料中能以其金属本身被应用的两种材料。而硼虽然中子吸收横截面高(天然硼为7500b,硼^{10}为 3800b,$1b=1×10^{-28}m^2$),但只能少量加入到不锈钢或锆中。

(2) 与硼发生 α、δ 衰变反应不同,铪发生 n、γ 衰变反应,每一代产物仍然是铪(无燃耗),因此使用寿命是比较长的。估计铪在压水堆中的工作期与 Ag-In-Cd 合金一样为 20 年,而含硼不锈钢只有 3.5 年。

(3) 铪的耐蚀性优良,在高温水、氦和钠中是耐蚀的,虽在空气、CO_2 和二苯中较易受腐蚀,但仍宜用于水冷反应堆。

(4) 铪的熔点高达 2150℃,耐热性优良。它与硼在经过适当的加工之后可用作高温反应堆的控制材料,而镉和 Ag-In-Cd 合金在超过 700℃ 时强度明显下降。

(5) Ag-In-Cd 合金在吸收中子后产生半衰期很长的 γ-射线源。相反,铪无此现象,因此对安全措施的要求低一些。

(6) 铪具有适当的力学性能,满意的焊接性能和加工性能。

铪稀少昂贵,控制棒成本高(见表 5-29),但综合考虑控制棒的使用寿命,其经济性也不错。铪与硼不锈钢、Ag-In-Cd 和铕的价格比为1:1.5:3,文献[1]报道,美国阿贡国立实验室用同样的资金购买不同量的铪和Ag-In-Cd合金进行试验,发现铪的经济效果并不比Ag-In-Cd合金差。

表5-29 不同Y形控制棒的估算成本参考数值比较 (单位:美元)

类 型	加工成本	材料成本	制备成本(包括利润)	检验及包装费	总成本
焊接Hf棒	500	4460	6000	2000	12960
挤压Ag-In-Cd	500	2080	4000	1500	8080
挤压氧化铕陶瓷棒	500	6100	4400	1000	12000
有钛包皮的合成棒(35.56cm 铪及40.64cm、3.5% B10-Ti弥散体叶片)	500	6300	9300	1000	17100
焊接不锈钢硼棒	500	2975	3750	500	7725
挤压Ti-B10、Ti-Eu$_2$O$_3$钛包皮的合金棒	500	4330	4400	1000	10630

基于上述特点,铪用于水冷高功率长寿命堆芯是可取的,特别用作加压水反应堆的控制棒比较成熟。

铪要用特殊的工艺进行加工,于保护性气氛下在装有钨电极的非自耗电弧炉内熔炼成铪锭,再在真空水冷自耗电弧炉中二次熔炼,依次经锻造、热轧、喷砂、酸浸和冷轧,加工成带状板材,将板材平整,在惰性气体中弧焊,以及经热处理、去油、酸浸和精制而制成Y形控制棒。目前铪控制棒主要用在轻水型反应堆和军用反应堆中。在美国铪大多用在海军核潜艇中。现代压水堆虽多采用Ag-In-Cd,但西平港加压水反应堆阿贡实验室沸腾水反应堆、印第安区加压水反应堆和杨基加压水反应堆的第二堆芯中都使用了铪控制棒。

日本原子能研究所的材料试验堆中使用了铪做控制棒。日本第一艘核推进远洋船使用了12根铪控制棒。

铪用作控制棒的标准成分为(%):

Al:$<50\times10^{-4}$,W:$<65\times10^{-4}$,Cu:$<25\times10^{-4}$,N:$<10\times10^{-4}$,Fe:100×10^{-4},Ti:$<25\times10^{-4}$,Zr:3。

但有文献报道,碳化铪(HfC)还可与碳化铀(UC)组成混合燃料。这种燃料的快中子反应堆的比冲量大于1100s。

e　慢化剂

为了减缓裂变速度,在反应堆中要采用慢化剂,对慢化材料的主要要求是:(1) 相对原子质量低,热中子吸收截面小,散射截面大;(2) 原子密度高,即单位体积内的原子数目多;(3) 与冷却剂相容;(4) 良好的热稳定性和辐照稳定性;(5) 良好的传热性能;(6) 对固体慢化剂要求机械强度高;(7) 容易制造,成本低廉。锆具有强的吸氢能力,因此氢化锆是优良的慢化剂。目前氢化锆不仅已在许多核辅助动力系统中获得应用,而且已在许多反应堆尤其是研究性堆中获得应用,见表5-30。一种进行飞行试验的核辅助动力系统－10A的堆芯装有37根铀-氢化锆燃料细棒,含氢密度为6.5×10^{22}原子/cm^3,组合元件在高温下是足够稳定的。德国拟建造的Karlsrnhe(KNK)反应堆是以前报告过的惟一氢化锆减速大功率动力堆,反应堆输出功率为20 MW,由钠冷却。

表5-30　使用氢化锆减速剂的各国研究试验和教学用反应堆

原　名	用途	热功率/kW	国别	燃料组成/%	减速剂
Vienna U	教(1)	100	奥地利	20 铀—氢化锆棒	氢化锆
TRIGA	教(1)	30	巴　西	20 铀—氢化锆棒	氢化锆
TRIGA	研(2)	50	刚果（金）	20 铀—氢化锆棒	氢化锆
Fir-1	研(2)	100	芬　兰	20 铀—氢化锆棒	氢化锆
Mainz U	教(1)	30	前西德	20 铀—氢化锆棒	氢化锆
TRIGA	研	100	印　尼	20 铀—氢化锆棒	氢化锆
RC-1	研	100	意大利	20 铀—氢化锆棒	氢化锆
武藏工大	教	100	日　本	20 铀—氢化锆棒	氢化锆
TRIGA	研	100	韩　国	20 铀—氢化锆棒	氢化锆
TRIGA－1	研	250	美　国	20 铀—氢化锆棒	氢化锆石墨
TRIGA－A	研	2000	美　国	20 铀—氢化锆棒	氢化锆轻水
TRIGA－F	研	1	美　国	20 铀—氢化锆棒	氢化锆轻水
TRIGA	研	100	前南斯拉夫	20 铀—氢化锆棒	氢化锆轻水

C　原子能反应堆的应用现状及对锆铪的要求

随着锆铪在军用原子能反应堆和民用原子能发电站的不断发展,核能作为清洁能源的用量日渐增加,世界上已有437座核电站在运行中, 见表 5-31[9], 有 105 座正在建设之中, 到 2010 年将有 542 座投入运行。反应堆的发展趋势是: (1) 采用全锆堆芯。美国和法国已有全锆堆芯型反应堆; (2) 向商品化发展。美、英、法三国在 20 世纪 50 年代便开始发展核动力堆用于商品化发电; (3) 沸水堆是一种强大的全球性发电技术, 已被公认为世界性的反应堆, 技术比较成熟, 发展中国家将普遍采用这种反应堆, 从向全锆堆芯型发展的趋势看, 未来的核工业将需要大量的锆。

表 5-31 世界在运行的核电站[①]

国　家	运行机组/座	净发电能力/MW	核净发电量/TW·h	占本国总发电量的份额/%
立陶宛	2	2370	10.6	85.6
法国	56	58493	358.6	76.1
比利时	7	5631	39.2	55.5
瑞典	12	10002	66.7	46.6
保加利亚	6	3583	17.3	46.4
匈牙利	4	1729	13.2	42.3
斯洛伐克	4	1632	11.4	41.1
瑞士	5	3050	23.5	39.9
斯洛文尼亚	1	632	4.6	39.5
乌克兰	16	13629	65.6	37.8
韩国	11	9120	63.7	36.1
中国台湾	6	4884	33.9	35.4
西班牙	9	7124	53.1	34.1
日本	51	39893	286.9	33.4
芬兰	4	2310	18.1	29.9
德国	20	22017	145.7	29.6
英国	35	12908	81.6	24.9
捷克	4	1648	12.2	20.1
美国	109	99394	633.4	20
加拿大	21	14907	92.3	17.3
阿根廷	2	935	7.1	11.8
俄罗斯	29	19843	99.4	11.8
南非	2	1842	11.3	6.5
墨西哥	2	1308	8.4	6.0
荷兰	2	504	3.8	4.9
印度	10	1695	6.5	1.9
中国	3	2167	12.4	1.2
巴西	1	626	2.5	1.0
巴基斯坦[②]	1	125	0.5	0.9
哈萨克斯坦	1	70	0.1	0.1
亚美尼亚	1	376	0.0	0.1
总计	437	344402	2223.5	21.9

① MW = 百万 W; TW·h = 10 亿 kW·h。

② 已有 2 座。

资料报道,美国生产的海绵锆绝大部分用于反应堆,只有少部分做其他合金的添加剂,其副产物铪也几乎全用作反应堆控制材料。这两种金属主要用于核潜艇,一些水冷堆也消耗掉很大的数量。以下数据可以作为锆和铪用量的依据。

(1)建立一个500MW的轻水型反应堆约需22.7t锆型材,这相当于每1万kW约需锆型材0.45t。如果反应堆用型材的平均回收率为50%左右,则1万kW的发电量约需海绵锆1t。

(2)加压水反应堆的燃料管每1～2.5年换一次,沸水反应堆每3～3.7年更换一次。

(3)航母6万kW的反应堆(Sitpinport型)堆芯中使用锆板6t、锆管8t。

(4)建造一个发电量为3万kW的反应堆需氢化锆减速剂1.575t。

(5)反应堆中铪的用量为锆的1/15。

根据民用反应堆中每1万kW的发电量需海绵锆1t并在4年内全部更换;Sitpinport型反应堆锆用量为板6t、管8t,2.5年全部更换;以海绵锆加工成锆板的总收率为57%和加工成锆管的总回率为24%,对美国和英国反应堆中海绵锆的用量进行了推算,在60年代不到10年间,美国共生产海绵锆约8168t,估算的需要量为7903t。考虑到一定量的进出口和储备,表明估计较接近于实际用量。表5-32列出了美国不同舰艇的用锆量。

表5-32　单支舰艇动力和用锆简况[①]

舰　　种	反应堆动力	所需海绵铪量/t
潜水艇	3万马力,4万kW	30
驱逐舰	10万马力,13万kW	60
巡洋舰	15万马力,20万kW	120
航空母舰	25万马力,38万kW	240

①反应堆中用的锆两年半全部更换。

D　原子能用锆、铪的质量及标准

a　我国和美国原子能级海绵锆标准(见表5-33)

表 5-33 我国和美国原子能用锆的标准

（单位：%）

杂质元素	中国，YB652—70 1级	中国，YB652—70 2级	杂质元素	美国，ASTM，B349—8C R60001	杂质元素	美国原子能委员会（AEC）规定含量 变动极限	整批平均	类别
Al	75×10^{-4}	75×10^{-4}	Al	75×10^{-4}	Al	300×10^{-4}	75×10^{-4}	
B	0.5×10^{-4}	0.5×10^{-4}	B	0.5×10^{-4}	B	1.0×10^{-4}	0.5×10^{-4}	
C	300×10^{-4}	300×10^{-4}	C	250×10^{-4}	Cl	1800×10^{-4}	1300×10^{-4}	
Cl	500×10^{-4}	500×10^{-4}	Cd	0.5×10^{-4}	Cr	400×10^{-4}	200×10^{-4}	
Cd	0.5×10^{-4}	0.5×10^{-4}	Co	20×10^{-4}	Co	40×10^{-4}	20×10^{-4}	第1类
Co	20×10^{-4}	20×10^{-4}	Cr	200×10^{-4}	Hf	400×10^{-4}	100×10^{-4}	
Cr	150×10^{-4}	150×10^{-4}	Cu	30×10^{-4}	Fe	5000×10^{-4}	1500×10^{-4}	
Cu	50×10^{-4}	50×10^{-4}	Fe	1500×10^{-4}	Pb	200×10^{-4}	100×10^{-4}	
Fe	1500×10^{-4}	1500×10^{-4}	Hf	100×10^{-4}	Mg	1000×10^{-4}	600×10^{-4}	
Hf	100×10^{-4}	150×10^{-4}	Mn	50×10^{-4}	Mn	200×10^{-4}	50×10^{-4}	
Mn	50×10^{-4}	50×10^{-4}	Mo	50×10^{-4}	Ni	280×10^{-4}	70×10^{-4}	
Mo	50×10^{-4}	50×10^{-4}	N	50×10^{-4}	N_2	200×10^{-4}	50×10^{-4}	
N	50×10^{-4}	50×10^{-4}	Ni	70×10^{-4}	O_2	0.28%	0.14%	
Ni	50×10^{-4}	50×10^{-4}	O_2	1400×10^{-4}	Si	400×10^{-4}	100×10^{-4}	
O_2	1000×10^{-4}	1000×10^{-4}	Si	120×10^{-4}	Ti	200×10^{-4}	50×10^{-4}	
Si	100×10^{-4}	100×10^{-4}	Ti	50×10^{-4}	V	200×10^{-4}	50×10^{-4}	
Ti	50×10^{-4}	50×10^{-4}	U	3.0×10^{-4}	硬度，HB		150	
U	3.5×10^{-4}	3.5×10^{-4}	W	50×10^{-4}	Cd	0.3×10^{-4}		
W	50×10^{-4}	50×10^{-4}	Cl	130×10^{-4}	Ca	30×10^{-4}		
Cl	500×10^{-4}	500×10^{-4}			C	500×10^{-4}		
ΣRE	15×10^{-4}	15×10^{-4}			Cu	50×10^{-4}		
Sn	200×10^{-4}	200×10^{-4}			Li	1.0×10^{-4}		第2类
P	50×10^{-4}	50×10^{-4}			Mo	50×10^{-4}		
Zn	50×10^{-4}	50×10^{-4}			P	100×10^{-4}		
Mg	600×10^{-4}	600×10^{-4}			ΣRE	15×10^{-4}		
H_2	25×10^{-4}	25×10^{-4}			Na	50×10^{-4}		
Pb	50×10^{-4}	50×10^{-4}			W	50×10^{-4}		
Ca	30×10^{-4}	30×10^{-4}			Zn	100×10^{-4}		
V	30×10^{-4}	30×10^{-4}						
Li	1×10^{-4}							
硬度，HB	≤150	≤150	硬度，HB	<150				

美国原子能级锆合金锭标准见表5-34。

表 5-34 美国原子能级锆合金锭标准（ASTMB350—84） （单位：%）

元 素	R60802	R60804	R60901
Cr	0.05~0.15	0.07~0.13	
Fe	0.07~0.20	0.18~0.24	
Fe+Cr+Ni	0.18~0.38	0.28~0.37	
Nb			2.40~2.80
Ni	0.03~0.08		
O			0.09~0.13
Sn	1.20~1.70	1.20~1.70	
杂质元素			
Al	0.0075	0.0075	0.0075
B	0.00005	0.00005	0.00005
C	0.027	0.027	0.027
Cd	0.00005	0.00005	0.00005
Co	0.0020	0.0020	0.0020
Cr			0.020
Cu	0.0050	0.0050	0.0050
Fe			0.150
H	0.0025	0.0025	0.0025
Hf	0.010	0.010	0.010
Mg	0.0020	0.0020	0.0020
Mn	0.0050	0.0050	0.0050
Mo	0.0050	0.0050	0.0050
N	0.0065	0.0065	0.0065
Ni		0.0070	0.0070
O	①	①	
Si	0.0120	0.0120	0.0120
Sn			0.0050
Ti	0.0050	0.0050	0.0050
U	0.00035	0.00035	0.00035
W	0.010	0.010	0.010
硬度 HB	≤200	≤200	不规定

① 氧含量按定货要求确定。

b 我国原子能级海绵铪和美国铪产品的标准

我国原子能级海绵铪和美国铪产品的标准和数据分别见表

5-35、表 5-36、表 5-37。

表 5-35　我国海绵铪的质量标准（YB772—70）　（单位：%）

杂质元素	含量	杂质元素	含量	杂质元素	含量	杂质元素	含量
Zr	3%	Mn	10×10^{-4}	H_2	30×10^{-4}	Cl	300×10^{-4}
Cd	1×10^{-4}	Mo	20×10^{-4}	O_2	500×10^{-4}	V	10×10^{-4}
B	5×10^{-4}	Ni	10×10^{-4}	Fe	100×10^{-4}	P	20×10^{-4}
Cr	20×10^{-4}	Al	50×10^{-4}	C	50×10^{-4}	Na	20×10^{-4}
Co	10×10^{-4}	Sn	10×10^{-4}	W	50×10^{-4}	U	5×10^{-4}
Pb	10×10^{-4}	Ti	10×10^{-4}	Cu	50×10^{-4}		
Mg	300×10^{-4}	N	20×10^{-4}	Si	10×10^{-4}		

表 5-36　美国原子能委员会（AEC）对海绵铪的要求　（单位：%）

元　　素	含　量	元　　素	含　量
Zr	1.5%~2.0%	Mn	20×10^{-4}
Al	200×10^{-4}	N_2	20×10^{-4}
Cl	800×10^{-4}	O_2	0.1%~0.2%
Fe	1500×10^{-4}	硬度，HB	220
Mg	600×10^{-4}		
Ti	200×10^{-4}		

表 5-37　美国反应堆用标准铪带质量　（单位：%）

杂质元素	含　量	杂质元素	含　量
Al	50×10^{-4}	Mn	$<10\times10^{-4}$
B	$<5\times10^{-4}$	Mo	$<10\times10^{-4}$
Cd	$<1\times10^{-4}$	Ni	$<10\times10^{-4}$
C	50×10^{-4}	N_2	20×10^{-4}
Cr	$<10\times10^{-4}$	O_2	500×10^{-4}
Co	$<10\times10^{-4}$	Si	$<10\times10^{-4}$
Cu	$<50\times10^{-4}$	Sn	$<10\times10^{-4}$
H	$<30\times10^{-4}$	Ti	$<10\times10^{-4}$
Fe	100×10^{-4}	W	50×10^{-4}
Pb	$<10\times10^{-4}$	Zr	2.25%
Mg	$<10\times10^{-4}$		

5.3　锆铪在冶金和石化工业中的应用[6,13]

　　添加锆铪的金属合金具有普通合金不具备的优良性能，而被广泛应用。本节在阐述含锆铪合金的应用时，列出相关的元素与 Zr 的平衡相图，以供参考。

5.3.1　锆铪在有色金属合金中的应用

　　A　Ni-Zr 合金

　　图 5-16 为 Zr-Ni 合金平衡相图，在 Zr-Ni 系中镍使锆的 α-β 转变温度降低。镍在 α-Zr 中溶解度极小，在 β-Zr 中最大溶解度为 1.9%。两个金属间化合物为 Zr_2Ni（24.4% Ni）和 $ZrNi$（39.2% Ni）。含有镍、钴的锆合金，对酸和碱有良好的耐蚀作用，且在加热至 1150℃ 时，形成致密的保护层。镍中加入 2%～10% 的锆，适于制造日用刀具，这种刀具与酸性果汁不起作用。含 25%～30% 锆的镍合金可制作高速切削工具。含锆的 Ni-Co-Fe-Cr 合金可制作内燃机的排气阀。锆添加于 Ni-Si 青铜中具有消气作用。表 5-38 介绍了 3 种含锆镍合金的性能。

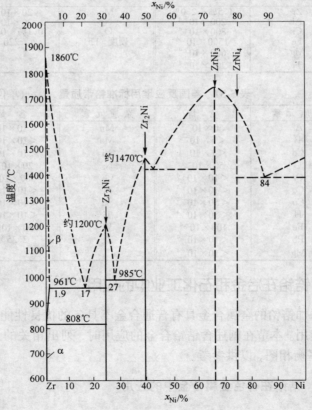

图 5-16　Zr-Ni 系平衡相图

表 5-38　含锆镍合金应用实例

名　称	性能及用途	材　料
(1)含 1.51% Zr,0.04Fe 的镍合金	耐酸、碱腐蚀 　将截面积为 24.5 mm² 的样品，在 950℃下退火，并于炉子中冷却，得到下列特征:屈服极限为 194MPa，压应力下的强度极限为 557MPa，伸长率 36%	锆中间合金
(2)组分为：12% Cr, 10%Co, 8%W, 4% Al, 0.1%C,0.05% B, 0.05% Zr 的 Ni 合金	可用作在 980℃下工作的透平叶轮，是铸造材料，无需热加工。在 980℃ 时的疲劳极限约为：190MPa，弹性模量为 180000MPa，都比其他合金高	锆中间合金
(3)Ni-Co-Zr 合金,含锆 20%	可作耐煅合金和高速切削工具。加入 2%～10%锆宜制造普通刀具。此外, Ni-Co-Zr 合金还可以制造优质磁性材料,其特点是硬度大,耐蚀性好,将合金加热至 1150℃，能形成致密的氧化膜	锆中间合金

B　Cu-Zr 合金

图 5-17 为 Zr-Cu 合金系平衡相图。铜可使锆的 α-β 相转变温度降低。铜在常温的 α-Zr 中的溶解度小于 0.2%,在 β-Zr 中的溶解度有所增加，共析温度(822℃)下为 1.6%,在共晶温度(995℃)时增至 3.8%。金属间化合物为 Zr_2Cu、$ZrCu$、Zr_2Cu_3、Zr_2Cu_5 和 $ZrCu_3$。Zr_2Cu 具有面心正方结构。

将 0.93% 的锆加入铜中，在 950℃ 淬火后，合金的硬度(HRB)为 40；在 450℃进行时效 8 h, 硬度(HRB)增至 59。铍-铜合金中添加锆，可提高合金在高温下的强度。铜中添加 0.02%～5.0%的锆，对铜的良好导电性没有什么影响，但可增强其抗张强度。应用实例见表 5-40。

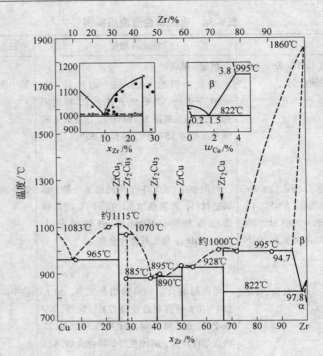

图 5-17　Zr-Cu 系平衡相图

表 5-39　含锆铜合金的应用实例

名　　称	性 能 及 用 途	材　料
(1) 含 6% Zr 的 Cu-Zr 合金	用于导电合金和触点；美国研究采用这种合金生产热辐射管、开关，并且锆使青铜脱氧。用含 6% 以上锆的 Cu-Zr 合金可代替 Cu-Be 合金	锆中间合金
(2) 含 0.02%～5.0% Zr 的 Zr-Cu 合金	增加抗拉强度而对 Cu 的良好导电性没有影响，加 0.1%～5%Zr 能改善 Cu 合金的物理性能，在应力下其持久强度达 500MPa，比未退火 Cu 的强度高 50%	锆中间合金
(3) 作接触电焊电极的高电导 Cu 合金	在 800℃ 时 Zr 提高了 Cu 的持久强度及热强度，Zr 添加剂的影响显然优于其他元素。前苏联的 MLI-5A 合金在 400～600℃ 时持久强度高于 Cd 青铜，且电导率也较 Cd 青铜高	锆中间合金

名　称	性 能 及 用 途	材　料
(4) Cu-Cd 合金添加剂	在含 0.9% Cd 的 Cu-Cd 合金中添加 0.35%锆，使合金强度提高，而电导率不变	锆中间合金
(5) 用于消除 Cu 合金中有害杂质的锆铜合金	锆可以黏结 Cu 合金中易熔的金属杂质，如 Pb、Sb、Bi，消除其有害作用	锆中间合金
(6) 电气设备用的铜合金	含少量 Zr(0.01%～0.15%)的无氧铜基合金可用来制造整流器、高温电极和其他电气设备。纯铜或已知的合金比较，这种合金具有较高的再结晶温度	锆中间合金
(7) Cu-Cr 合金添加剂	由于 Cu-Cr 整流器合金在 260℃ 工作温度下难于机械加工，而含 0.25%Zr 的新整流器铜合金热稳定性高，电导率大，易于进行机械加工	锆中间合金
(8) 铜制件的涂层	锆涂层能改善铜制件的物理、化学特性	锆中间合金

C　Al-Zr 合金

Zr-Al 系平衡相图见图 5-18。在锆中加入少量的铝可提高 α-β 转变温度，铝在 α-Zr 中的最大溶解度约为 3.5%，金属间化合物为 $ZrAl_2$，斜方晶，$a_0 = 1.040$ nm，$b_0 = 0.721$ nm，$c_0 = 0.497$ nm；$ZrAl_3$，正方晶，$a_0 = 0.4306$ nm，$c_0 = 1.690$ nm。

含锆的铝合金可使合金晶粒细化，当加入 Zr 量为 0.5%、0.21%和 0.28%时，晶粒形状分别为狭长状与柱状，粗等晶轴和非常细等轴晶，具有很好的耐蚀性能。闪光粉中的铝镁合金中添加 0.5%～1.5%的锆，可以改善合金的性能，含锆 1.5%～2.0%锆具有可锻性的铝-锆合金，可制造电子管中的栅网。应用实例见表 5-40。

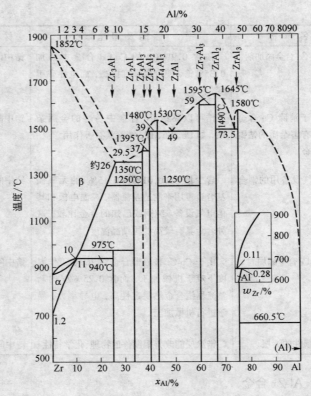

图 5-18 Zr-Al 系平衡相图

表 5-40 含锆铝合金的应用实例

名 称	性能及用途	材 料
(1) 在铝合金中添加锆	制造活塞的铝合金中加入锆可改善其热性能，含 0.2%Zr 的铝合金开始结晶的温度高于 A-ZC 铝合金(2%Si，3.25%Mn 的铝合金)	海绵锆
(2) 铝合金中添加锆和锰的混合物	锆在合金晶粒结晶时作减速剂，合金开始结晶温度为 400℃，若锰含量为 0.8% 则结晶温度提高为 500℃。Mg-Cu-4% Al 轻合金中加入锆能改善其可锻性，同时提高了结晶温度，在非均匀热塑性变形或热加工下能保持毛坯的结构	锆中间合金

续表 5-40

名　　称	性能及用途	材　料
(3) 用锆熔炼铝-黄铜合金	合金中添加 0.04%Zr，加强了在负荷作用下的抗破坏能力，而不会影响合金的蠕变极限	锆中间合金
(4) Fe-Al 合金添加剂	在 Fe-Al 合金中加入铈和锆添加剂，可使晶粒细化；而添加 0.81%Zr 和 0.5%Ta 使合金强度提高。铁铝合金中加 0.05%～0.1%碳和 0.2%～0.4%Zr 进行精炼使晶粒细化，不仅可以提高合金的机械强度，而且能改善合金的焊接性能	锆中间合金
(5) Al-Mg 合金添加剂	添加 3%Zr 使合金有良好的耐蚀性能 添加 0.5%～1.5%Zr 可改善合金性能。可锻性 Al-Zr 合金(1.2～2.0Zr)用于制造电子管的栅极，也可作发电机线圈电线合金、航空工业用合金	锆中间合金

D Mg-Zr 合金

Zr 在 Mg、Mg-Zn、Mg-稀土金属、Mg-稀土金属-Zn 及 Mg-Th 合金中是一种最有效的晶粒细化剂。一般冷铸纯镁的晶粒约在 2mm 以上。这种金属添加 0.65% Zr，即使在 178cm×51cm×51cm 的大型冷铸块中，铸件的晶粒也可降至 0.05～0.15 mm。镁-锆合金具有良好的力学性能与物理性能。铸造或锻造镁基合金最大应力较高，强度极限也较高，并具有优良的延伸性能。Mg 中 Zr 的加入介质为 50% 的 $ZrCl_4$ 与 50% 的 KCl 和 NaCl，或仅加入 KCl。加入的介质不同，合金化效率也不同。含锆镁合金的一些应用实例见表 5-41。

表 5-41　含锆镁合金的应用实例

名　　称	性能及用途	材　　料
(1) 高强度铸造合金：Elektron ZSZ	添加锆改善镁合金的结构，物理化学性能，抗腐蚀性能及压力加工性能；其组成是：4.5% Zn，0.6%～0.7% Zr，其余为镁。此合金在铸制状态下应力强度为 120～140MPa，（旧的镁铝合金为 70～80MPa），可以在 750℃下工作，是良好的结构材料	锆中间合金

名　　称	性　能　及　用　途	材　料
(2) 稀土镁合金	含稀土的镁合金中添加 0.1%～0.3% Zr，能使晶粒减小到 0.05～0.13mm，锆量增加到 0.4%～0.6%时则晶粒减少到 0.025～0.05mm。Elektron ZREI 合金在高温下具有高的抗滑移性，可用作喷气式飞机结构材料	锆中间合金
(3) 2-W$_3$ 合金	组成为 3%Zn，0.7%Zr，其余为镁的合金，有很好的加工性能及抗蚀性	锆中间合金
(4) Mg-Zn-Zr	此合金的抗蚀性比 Mg-Al-Zn 合金高，而 Mg-Th-Cr-Zr 合金适于在 300℃ 左右的温度下工作，主要用在原子能工业上	锆中间合金

E　Ti-Zr 合金

图 5-19 为 Zr-Ti 系平衡相图。锆与钛生成无限互溶固溶体。在 66%(摩尔分数)Ti 处(物质的量比 $n_{Ti}:n_{Zr}=2:1$)，熔点达最小值 1610℃，在 50%(摩尔分数)处(物质的量比 $n_{Ti}:n_{Zr}=1:1$)，α-β 转变温度达最小值 530℃。

加锆的钛合金具有优良的耐蚀性、吸气性，应用实例见表 5-42。

表 5-42　含锆钛合金的应用实例

名　　称	性　能　及　用　途	材　料
(1) 50%Ti-50%Zr	钛-锆合金具有良好的吸气性，可作为炼铬电弧炉中的吸气剂	金属锆
(2) Ti-13.8%Zr	含 13.8%Zr 的钛合金，在 100℃ 盐酸溶液中放置 70 h，其抗蚀能力提高 5%。添加锆同样能提高抗硫酸和磷酸腐蚀的能力	金属锆
(3) 用于制造化工设备的钛合金	组成为：2%～5%Cu，1%～9%Zr，3%～5%Mn，2.5%～3%Nb，其余为 Ti。这种耐蚀合金于 100℃ 的 97% HNO$_3$ 中，在 100 h 内没有发现任何被腐蚀的痕迹，含 9.14%Zr 的钛合金耐蚀性最佳，可作化工设备的结构材料	金属锆
(4) MST881 型钛合金	此合金在 343℃ 以上比 304 型不锈钢和 A-280 铁基合金，具有更高的瞬时强度	金属锆
(5) 生物体合金	Ti15%-Zr4%-Nb4%-Ta 0.2%-Pd 合金具有良好的生物体相容性、力学性能和腐蚀疲劳特性；Ti29%-Nb13%-Ta4.6%-Zr 弹性模量接近人体骨骼	

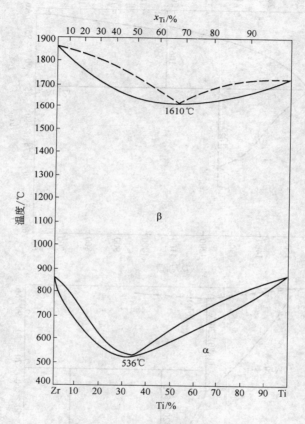

图 5-19 Zr-Ti 系平衡相图

F 其他含锆有色金属合金

其他含锆有色金属合金有很多品种，如钽锆、铅锆系、金锆系(Zr 在 Au 中最大溶解度为 7.5%(摩尔分数))等。相应的锆合金相图见图 5-20、图 5-21、图 5-22 和图 5-23，应用实例见表5-43。

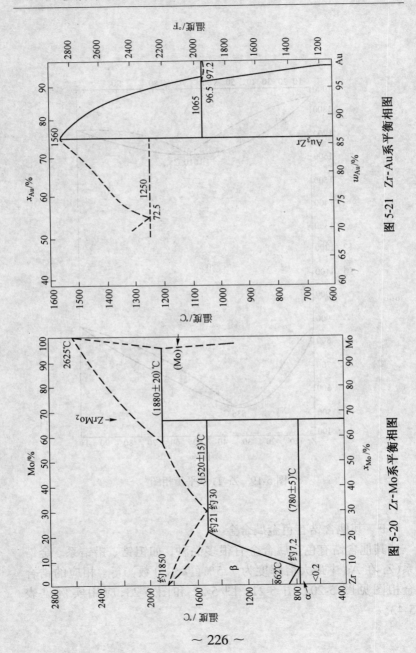

图 5-21 Zr-Au系平衡相图

图 5-20 Zr-Mo系平衡相图

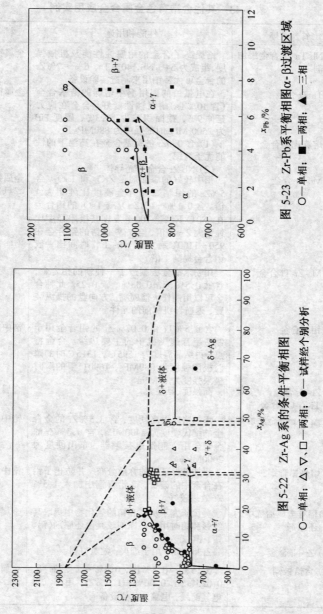

图 5-23 Zr-Pb系平衡相图α-β过渡区域
○—单相；■—两相；▲—三相

图 5-22 Zr-Ag系的条件平衡相图
○—单相；△、▽、□—两相；●—试样经个别分析

表 5-43 其他含锆有色金属合金应用实例

名 称	性能和用途	材 料
(1) Nb-Ta-Zr 合金添加剂	锆提高了合金的耐腐蚀性能及机械强度,组成为 54% Nb, 40% Ta, 6%～7% Zr 的合金可代替铂用来制造实验设备	金属锆
(2) Ta-Zr 合金	在电弧炉的铜坩埚中熔炼的锆基合金(含 10% Ta)耐腐蚀性能好,合金在应力延伸 9%, 截面积减少 15.3%, 硬度 HB 为 2500 MPa 时的强度为 880MPa。	金属锆
(3) 熔炼铌基合金	(1) 含 0.6Zr 的铌基合金在高温下的性能优于纯铌 (2) Nb-Zr 合金作超导体	
(4) Mo-Zr 合金	钼中较好的添加剂是 ZrO$_2$ 和 TaO$_2$。含 5%Zr 的钼基二元合金硬度比纯钼大 1 倍。含 0.1%～1%ZrO$_2$ 或 TaO$_2$ 的钼合金在 980℃ 下试验 100 h 发现其极限强度比纯钼大 2～3 倍, 含二氧化锆的钼合金在 950～1100℃ 有负载下的工作时间比一般钼合金提高 1 倍	金属锆或二氧化锆
(5) Mo-Zr-Ti 合金	用粉末冶金法制造了一种新的钼合金,含钛 0.5%, 锆 0.08%, 碳 0.25。此种合金可以用制作火箭喷嘴, 方向盘的操纵装置, 返航器机翼前的元件	
(6) 钼基合金	含 0.5%Ti 和 0.07%Zr 的钼合金用于制造超音速飞机中的主要边缘。合金特点: 再结晶温度为 1595℃, 1315℃ 时的瞬时极限强度为 380MPa, 1690℃ 下的瞬时极限强度为 98MPa	锆中间合金
(7) Zr-Os 合金 Ti-Zr-Os 合金	高强度、延性大	金属锆
(8) Au、Ag 合金添加剂	添加锆以提高硬度, 含 3.5%Zr 的金合金的维氏硬度为 2400MPa, 含 0.3%Zr 的金合金用于制造电接触器, 布氏硬度为 2000MPa	锆中间合金
(9) 熔炼铅青铜	添加锆保证铅的弥散分布, 并防止了铅在合金中的偏析, 高铅青铜中加入 1.5% Zr 效果较好	锆中间合金
(10) 稀有金属冶炼中的还原剂	美国研究了从钐和铕的氧化物中提取高纯钐和铕时用锆还原剂较其他还原剂(铝、镧、钍)好	金属锆
(11) Zr-Ni 合金	Zr30Ni76, 用于烟火, 贮氢材料	
(12) 含锆铍铜	0.15%～0.5%Ba, 0.4%～1.25%Ni, 0.025%Sn, 0.06%～1.0%Zr, 用于汽车电气配线, 电脑、电信设备[15]	金属锆

5.3.2 锆铪在黑色冶金中的应用

在黑色冶金中应用锆铪合金主要有 Fe-Zr、Si-Zr、Si-Ca-Zr、Si-Mn 等系列，Zr 与其中某些元素的平衡相图分别见图 5-24、图 5-25、图 5-26。锆在炼钢中的主要作用是脱去钢中的氧、氮及硫化物，尤其是作工具钢的脱氧剂最好，添加少量的锆可以提高工具钢的切削寿命，见表 5-44。防止低碳不锈钢晶间腐蚀，提高其焊接性和防止热脆。锆对降低钢的应变时效，改善钢的氢脆现象有良好作用。锆对改善低合金钢的低温韧性比钒好，对纯铁和碳素钢的退火组织有细化作用。

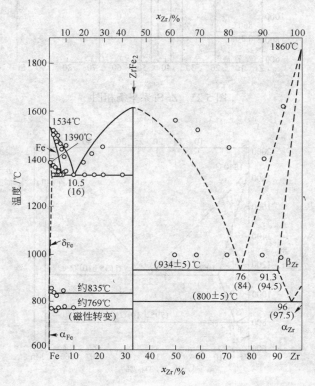

图 5-24　Zr-Fe 系平衡相图

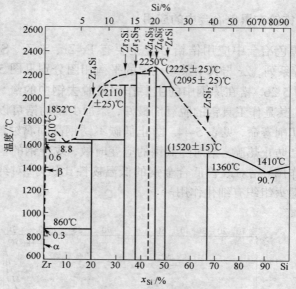

图 5-25 Zr-Si 系平衡相图

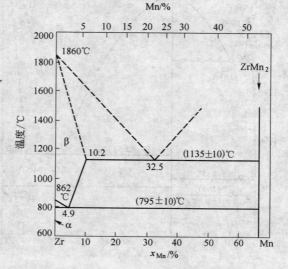

图 5-26 Zr-Mn 系平衡相图

由于锆的价格较高，所以在一般钢中较少使用，而往往用在一些有重要用途的合金钢中，如在超高强度钢(0.03%C，4.6%～5%Mo，18%～19%Ni，8.5%～9.5%Co，0.5%～0.7%Ti，0.05%～0.15%Al，<0.006%B)中加入 0.02%Zr；在镍基高温合金钢(0.12%～0.2%C，14%～16%Cr，13%～17%Co，3.3%～3.8%Mo，4.5%～5.5%Al，3.5%～4.5%Ti，0.01%～0.025%B)中加入小于 0.25%Zr[16, 17]。

表 5-44   锆对高碳工具钢切削寿命的影响

试样号	化学成分/%				Zr/% (加入量)	硬度 HRC	I 吃刀量 1.2mm，走刀量 0.1mm/r，切削速度 15.5 m/min	II 吃刀量 1.2 mm，走刀量 0.1 mm/r，切削速度 20.4 m/min
	C	Si	Mn	Zr				
1	1.06	0.1	0.15			63.5	4min15s	1min26s
2	1.06	0.17	0.14	痕量	0.3	62.5	9min18s	1min2s
3	1.06	0.16	0.16	0.34	0.5	64	25min10s	4min23s

锆在铸铁内可助长片状石墨的形成并减少碳化物析出。通常以 SMZ 的铁硅锰锆合金(60%～65%Si，5%～7%Mn，5%～7%Zr，20%Fe)形态加入。添加少量锆可以促进铸造收缩，增加耐热震性。

锆铪在黑色冶金中的其他应用实例见表 5-45。

表 5-45   锆铪在黑色冶金中应用实例

名 称	性能和用途	材 料
(1) Fe-Zr 合金	锆在冶炼时作脱气剂和清除剂，改善了钢铁的性能：提高了韧性、耐磨性、强度、塑性和抗蚀性能等	含铁锆合金
(2) 用于灰口铁变质处理的 Si-Mn-Zr 合金	Si-Mn-Zr 合金具有强的石墨化作用，并能防止白口化，可获得具有下列力学特性的高强度灰口铁：最大破坏负载 14200N，最大挠度 8.3mm，极限强度 153MPa(试样直径为 30.5mm)。Zr-Si-Fe 系合金含 Zr12%～15%。高锆级含 Zr35%～40%，Si47%～52%，Fe8%～12%，低锆级含 Zr12%～15%，Si39%～43%，Fe40%～45%	含锆铁合金

名　　　称	性能和用途	材　　料
(3) 用于灰口铁变质处理的硅-钙或硅-锆合金	比较含 1%硅的铁与 1%锆合金对生铁的影响，表明以锆合金作为变质处理剂的铸铁有较大的挠度和较高的冲击韧性，采用含锆的铁合金制取的高强度灰口铁具有下列力学特性：最大破坏负载为 19500N，最大挠度为 9.25mm，极限强度为 179MPa(试样直径为 30.5mm)；在团块混合料中加入 1.2% Si 和 0.16% Zr 能提高灰口铁的流动性并消除钢包中液体金属表面氧化膜	含锆铁合金
(4) 用于低硫铸铁变质处理的合金	含硫小于 0.02% 的铸铁中，加入 0.13%~0.15%锆，其切削加工性能提高 40%~45%，用高硅-锆合金处理的铸铁可得到完全是铁素体的结构	含锆铁合金
(5) 生产低铬的锆钢的添加剂	锆是钢的有力脱氧剂，并能脱硫，使晶粒细化以及作为氮化物的稳定剂 (0.08%~0.15%C、0.5%~0.45% Mn、0.6%~0.9% Si、0.4% P、0.5%~0.15% Cr、0.05%~0.5% Zr)	含锆铁合金
(6) 熔炼 C-Mn-Cr 钢的添加剂	铬钢(10%~20% Cr、0.08%~0.1% Zr)用来制造金属管。含 2%碳的某些钢中加入锆使抗冲击强度增大 15%，这种钢可制造衬板。在 35 号钢中加入 0.15%锆提高了液态流动性	含锆铁合金
(7) 镍-锆中间合金钢	钢中添加镍和锆得到耐酸合金，加入 3%镍和 0.35%锆，提高了合金的强度及可焊性	锆中间合金
(8) 用于熔炼滚珠轴承钢的硅锆合金	采用此种合金代替铝在滚珠钢中脱氧，减少了氧化物夹渣对金属的污染。这种钢与用铝脱氧的钢相比较，在弯曲时具有较高的疲劳极限和较高的冲击韧性	铁锆合金
(9) 不锈钢添加剂	加入锆可避免不锈钢中缺陷，一般以硅锆合金状态加入	硅锆合金
(10) 碳素钢添加剂	少量 Zr(0.08%)能增加淬火钢的马氏体的淬透度和中间结构，并降低结晶速度	铁锆合金
(11) 高速切削钢的变形处理剂 P18 (含 18%W) P9 (10%W)	在钢中加入 0.05%~0.1% Zr 后，P18钢中钨的用量减少到 5%~6%，而 P9 钢中钨减少到 4%，制成的刀具的切削速度可达 140 m/s，而不加锆的钢刀具切削速度为 74 m/s	铁锆合金
(12) 铬锆合金钢	含锆铬钢可代替铬镍钢	
(13) Zr-Si-Fe 合金	用于钢铁冶金添加剂和特种电焊条	

5.3.3 含锆铪合金(及化合物)在飞行器上的应用[14,16]

现代飞行器如宇宙飞船、人造卫星、火箭、导弹、超音速飞机正朝着高速、高空、大推力、远距离、高准确度和安全的方向发展，锆、铪(及其化合物)由于某些优异性能，除可用作小型核动力结构和包套材料外，还被用在阿波罗宇宙飞船上的有关部件。铪也可作为体积小而能量大的火箭推进剂。

铪化合物具备难熔、抗氧化和耐蚀等几方面的综合性能，是耐高温材料。铪的碳化物熔点高，比碳化钨高 500℃。4 份碳化钽和 1 份碳化铪的混合物其熔点高达 4215℃，因而可作喷气发动机和导弹上的结构材料和高熔点金属熔炼坩埚的内衬。

硼化铪(HfB_2)具有高温特性和良好的抗氧化性，可作为高速的宇宙火箭材料，在 2000～2200℃ 的大气中使用。含铪量多的硼化合物的抗氧化性能比硼化锆大 10 倍。

碳化铪(HfC)具有 3890℃ 的高熔点和高弹性系数，良好的电热传导性，小的热膨胀和好的热冲击性能，非常适用于火箭喷嘴，可作重返大气层宇宙火箭的鼻锥部件。

钽-铪夹心结构材料，其耐高温性能达 2200℃，可作火箭的喷嘴和其他各种结构材料。

用滚压包覆层、等离子弧喷镀和喷涂等方法，将钽铪合金涂敷在管材和挤压型材上，这些涂敷了钽铪合金的管材和型材可作火箭喷嘴、透平发动机和宇宙飞行器等。

铪可用作焊接和钎焊材料。由于铪具有延展性、抗氧化性和耐高温等特性，故可用于热防护层和宇宙火箭的钎焊合金。含铪的合金如 Ta-W(8%)-Hf(2%) 和 Ta-W(9.6%)-Hf(2.4%)合金正在蜂窝结构和格架的钎焊中进行试验，钎焊温度为 2175～2200℃。Hf-Ta(40%)，Hf-Ta(19%)-Mo(2.5%)的钎焊合金至今仍在使用。

由于铪具有快速吸热和放热的性能(比锆和钛快 1 倍)，因而可作喷气发动机和导弹的结构材料。铪的难熔性质，使得其可用作涡轮喷气式飞机的叶片,用于冲压式喷气发动机中。也可用来制造活门、喷管和其他高温零件。含锆铪合金的应用实例见表5-46。

表5-46　锆铪在现代飞行器中的应用实例

名　称	性能和用途	材　料
(1) Ni-Pt、Ni-Cr-Zr 合金	耐热合金网、耐热合金材,用于登月舱倒面传热装置	金属锆
(2) Nb-10%Hf 合金	登月舱从月球起飞火箭喷嘴	金属铪
(3) 铪粉末	作火箭推进器材料	金属铪
(4) 铪基合金	含 20%～27% Ta、2% Mo,已开发出1650℃以上仍有抗氧化性合金复合工艺,用于飞行器	金属铪
(5) Ta-10% W、Ta-8% W、Ta-10% Hf、Ta-9.6% W-2.4% Hf 合金	合金用于蜂窝结构和格架结构	金属铪
(6) T111　T222　Astar 合金	Ta-W8-Hf2-C0.003　Ta-W8-Hf2-C0.012　811C Ta-W8-Re1-Hf1-C0.025　用作宇宙飞船返回大气层时的热防护层材料;具有高蠕变强度	金属铪
(7) Nb-Hf 合金	B-88、Nb-W28-Hf2-C0-067,可用于火箭和燃气透平	金属铪
	C-103 Nb-Hf10-Ti1-2Rl	金属铪
	C129r Nb-W10-Hf10-Y-0.07	金属铪
	SU16 Nb-W11-Mo3-Hf2-Co0.8	金属铪
	VAN-80 Nb-W28-Hf2-C0.013	金属铪
	WC-3015 Nb-Hf28-W15-Ta4-Zr2-C0.1	金属铪
(8) Ta-Hf 合金	Ta88%-Hf2%～4%-W7%～9%在1093℃以上具有高强度和抗氧化能力,易加工成形。钽88%、铪4%、钨8%的合金在室温下的极限抗拉强度为1030MPa,屈服强度为980MPa,伸长率为15%;在1482℃时各项相应值为:224MPa,210MPa和67%。另一合金80%钽、10%铪、10%钨在室温下的抗拉强度极限为860MPa,屈服强度840MPa,伸长率为4%;而在1482℃时各项相应值为:245MPa、210MPa和2%	金属铪

续表 5-46

名　称	性能和用途	材　料
(9) MT-104 钼合金	含 Ti0.5%、Hf0.08%、C 0.25% 可用作火箭喷嘴,方向盘操纵装置,返航器机翼前元件,亦可用作高温炉部件,电气及金属加工工业的抗磨部件,制造直径为 152.4mm,长度为 304.8mm,最大质量为 54.4kg 的气缸、空心气缸	金属铪
(10) Fansteel 42 钼合金	含 Zr0.06%~0.12%,Ti0.4%~0.55%,C0.01%~0.04%,具有很高的再结晶温度和良好应力断裂性,室温下抗拉强度844~1020MPa,屈服极限 938~950MPa,可用于热发动机,飞机高温制件	金属锆
(11) TZM、D-14、D36 宇航用合金	TZM 为 Mo-0.5Ti-0.08Zr,D-4 为 Nb-5Zr,D-36 为 Nb-10Ti-5Zr,用于宇宙飞船零件	金属锆
(12) 锆基材料	ASSTM 计划中有 5 只飞船的头部有锆基材料制成的头锥	
(13) Nb-Zr 合金	Nb-1%Zr 作 ASSET 宇宙飞行器的后前缘圆弧制件如挡热板等,因其具有足够强度和易加工性(6.3 mm 厚板)	金属锆

5.3.4　锆铪在石油化学工业中的应用

A　锆在石油化学工业中的应用

锆在主要用于抗腐蚀性能要求高的设备,如用于制造反应釜、耐酸耐热泵、热交换器、浸液器、排气叶轮、阀门、搅拌器、喷嘴、热电偶套管、导管和容器衬里和环保设备等。许多生产肥料、树脂、塑料、酸类的化工设备和重要零部件都采用锆。

据报道,美国霍伯肯公司制造了一个 12m 高的钢制反应塔,直径 700mm,壁厚 20mm,用 1 mm 厚的锆板包覆。反应塔有两个双螺旋旋管是由直径 25mm、壁厚 2mm 的锆管装备起来的。

在聚合物的生产中,锆的应用是代替石墨作热交换器。锆热交换器的成本虽比石墨约高 4 倍,比钛约高 2 倍,但它经久耐用足以弥补成本费。同时,在聚合物生产中,用锆筛盘塔代替衬砖塔,能显著地提高生产效率。

锆对氨基甲酸酯、二氧化碳和氨的混合物在高温高压下有特别好的耐蚀性,在190℃其腐蚀速率小于 0.025 mm/a。

在尿素合成设备中,用锆合金作高压进料泵壳材料。锆管也用于氨基甲酸酯的再循环热交换器中,并用锆作反应器的内衬,能使反应器在较高温度和压力下操作,从而使反应进行得更快,增加尿素的合成速率。锆还用于生产酒精设备的筛盘,并在酒精生产中扩大应用到附加酒精塔、冷却蛇形管、离心泵、调节阀和其他辅助装置。

据报道,美国使用了锆制排气器。化工反应过程所产生的HCl 通过 Zr 排气器从炉内排出,经试验,这种排气器使用了两年多还没有损坏的迹象,而铜制排气器由于喷嘴被腐蚀,寿命很短。我国锆厂在提纯 $ZrCl_4$ 的水环式真空泵中采用锆制叶轮、轴承及泵壳,使泵体寿命提高几倍。

我国曾在多种农药设备上进行过工业锆的应用研究,如在农药反应罐中进行了锆的实际应用与挂片试验。农药水解反应的条件为:20%硫酸 + 甲萘胺;温度 220～250℃;15 个大气压(1520 kPa),一个流程时间为 7 h,在此条件下设备腐蚀严重,1 mm 厚普通钢板,反应后即腐蚀穿孔。原采用罐内搪 12～14 mm 厚的铅层为防腐层,则易污染环境,铅的抗腐蚀也较差,一个搪铅反应罐,仅能使用 50～60 批料即穿孔漏液。

锆挂片试验条件为:生产介质 20%硫酸 + 甲萘胺;生产温度200～250℃;压力 14～15 个大气压(1419～1520 kPa)。腐蚀前后气体分析结果见表 5-47,腐蚀试验结果见表 5-48。结果表明,随时间增加,锆母材与焊缝区氧含量稍有增加,但增加速度较缓,对锆的力学性能未引起恶化。而氢含量却在这种介质腐蚀中逐渐下降,可减少脆性,对锆有利,年腐蚀率仅为 0.024～0.04 mm/a。

表 5-47　锆挂片试验气体分析结果

试 样 状 态	腐蚀时间/h	氧含量/%	氢含量/%
锆母材	未	1000×10^{-4}	94×10^{-4}

试 样 状 态	腐蚀时间/h	氧含量/%	氢含量/%
加填料锆丝焊缝区	未	1450×10^{-4}	44×10^{-4}
锆母材	1000	990×10^{-4}	51×10^{-4}
加填料锆丝焊缝区	1000	990×10^{-4}	49×10^{-4}
锆母材	2000	1700×10^{-4}	$(17 \sim 25) \times 10^{-4}$
加填料锆丝焊缝区	2000	2000×10^{-4}	29×10^{-4}

表 5-48　锆腐蚀前后力学性能测试结果

试 样 状 态	试验温度/℃	抗拉强度 σ_b /MPa	塑性/%
未腐蚀的锆母材	室温	675	18.2
	300		
未腐蚀加填料的焊缝区	室温	520	105
	300		
1000h腐蚀后锆母材	室温	655	20.5
	300	385	24
1000h腐蚀后加填料焊区	室温	515	8.7
	300	235	22
2000h腐蚀后锆母材	室温	558	23.5
	300	255	46.1
2000h腐蚀后填料焊区	室温	508	8.7
	300	225	22.3

　　试验中西维因反应罐锆内衬筒体部分用厚 2.7～3 mm 锆板卷制，锆封头用厚 4 mm 锆板加热旋制而成。锆罐焊接后的整体尺寸是：直径 1200 mm，高(包括封头部分)1750 mm。设备投产后，产品产量提高 30%，年节约铅 40 t，延长了设备寿命，改善了生产及环境条件。

　　B　锆在石油化学工业中的应用实例(见表 5-49)

表 5-49   锆在石油化学工业中的应用实例[18]

应　用	性　能	材料
(1) 生产食品和药物的设备	在处理有机物时，对设备耐蚀性有严格要求，锆能符合要求。在 100℃下锆在甲酸和乙二酸中的腐蚀极少（比铌好），室温下对醋酸、乳酸、酒石酸、柠檬酸都很稳定	金属锆及锆合金
(2) 人造纤维生产用拉模	完全可以用锆来代替钛和钽作金属拉模，对生产人造纤维的经济意义很大	金属锆及锆合金
(3) 实验装置	在工业上用挤压法所生产的实验用锆坩埚可代铂坩埚	金属锆及锆合金
(4) 各种容器和设备的衬里	金属锆板衬里的容器耐腐蚀。锆合金也用作镍合金和高温耐热合金钢的保护层	金属锆及锆合金
(5) 钟表工业用钻石，仪器的支撑轴承	以金属锆板做成衬里的容器耐腐蚀；锆合金也用作镍合金和高温耐热合金钢的保护层	金属锆及锆合金
(6) 化工设备中的蒸汽喷嘴，耐酸排风扇叶，搅拌器，离心机，泵，阀，接管零件，机械封口，热交换器等	对腐蚀性介质的抵抗能力强，用以来代替不锈钢	金属锆及锆合金
农药反应器	2.7 mm 厚板制成，250 kg/台	金属锆
染料中间产品搅拌器	φ1.2 m, 75 kg/台	金属锆
双氧水水解管	φ25mm×1000 mm, 1800 kg/台	金属锆
焦炉回收硫反应罐	φ800 mm×3m×11 m, 1400 kg/台	金属锆
酸再生塔	φ2m×2 m, 2000 kg/台	金属锆
酸反应罐	φ2.4m×3.8 m, 350 kg/台	金属锆
乙烯利生产反应器	φ1m×1.5 m, 100 kg/台	金属锆
乙烯利生产设备中的阀门、管道	阀门, 10 kg	金属锆

C　铪在石油和化学工业中的应用

　　铪具有很好的耐蚀性，在一些介质中甚至超过锆与钛。铪与锆不同之处在于铪中少量的氮杂质对其耐蚀能力无影响。铪在液体钠中是稳定的，在盐酸、各种浓度的硝酸中以及在 50% 氢氧化钠溶液中也很稳定，但铪溶于 96% 浓度的硫酸和氢氟酸中[26]。铪也能抗溴化氢、碘化氢、碘酸、高氯酸、醋酸、氯化醋酸等酸类的腐蚀。因此铪在化工和机械制造业方面，可用作特殊结构材料。还研制了可作为高温热电偶和在高温下抗酸腐蚀的材料，如 Nb-

Hf2-Ti10-W5 和 Nb-Hf3-W5-Ti5-Re3 合金等。

5.3.6　锆在兵器工业中的应用

锆在兵器中可用作枪管、炮筒的合金添加剂，改善枪管炮筒的使用性能，提高使用寿命。用于弹药添加剂可提高子弹炮弹的爆炸威力和燃烧面积，有报道[13]指出，锆可用于制造激光枪炮，其原理是利用过氯酸钾与锆作用产生强烈的"光-热"效应和巨大能量。虽然金属锆在兵器工业中的用量仅次于核工业，但相关报道甚少。

5.3.7　锆铪在其他领域中的应用

锆的抗腐蚀性好，与人体的生物相容性较好，经试验，锆不与人体的血液、骨骼及各种组织发生作用，目前金属锆已用作外科、牙科医疗器械，神经外科用的销钉、螺丝和头盖板等。也用锆强化和代替骨骼，制作缝线和伤带(0.6~10 μm 的丝)。

铪由于不褪色，光泽美观，价格与贵金属相似，可用于制作首饰并具有保值作用，含 8%Hf 以上的锆基合金可用于铸造银制货币。

关于锆铪在消气领域中的应用，将在下一章中阐述。

参 考 文 献

1　北京有色金属研究总院编. 国外稀有金属在舰船上的应用, 1971
2　陈昭宁. 中国能源,北京:能源出版社,1997
3　大塚毅矣. 日本礦業學會志, 84, 1968
4　林振汉. 有色金属冶金提取手册,锆铪.北京:冶金工业出版社, 1999
5　王　强. 锆.上海:上海科技出版社, 1961
6　稀有金属材料加工手册编写组. 稀有金属材料加工手册.北京:冶金工业出版社, 1992
7　马经国. 新能源技术.南京:江苏科技出版社, 1992
8　孟选雍. 原子能工业.北京:原子能出版社, 1978
9　任学佑. 稀有金属, 2000(2)

10　北京有色金属研究总院编. 稀有金属矿冶, 1971

11　Zhang Shichao, *et al*. In Symposium on Corrosion of Materials Used in LWR, Beijing, CSCP, 1993

12　杨遇春. 世界有色金属, 2001(12)

13　冯　映. 锆铪应用. 北京有色金属研究总院情报所, 1971

14　北京有色金属研究总院编. 稀有金属在火箭导弹中的应用, 1971

15　北京有色金属研究总院. 现代材料动态, 2000(9)

16　稀有金属应用编写组. 稀有金属应用. 北京：冶金工业出版社, 1984

17　北京有色金属研究总院201室锆组. 稀有金属, 1978(3)

18　熊炳昆, 郭靖茂, 侯嵩寿. 有色金属进展, 锆铪, 中国有色金属总公司 1984

6 锆粉的制备和应用

6.1 概述

锆粉是锆铪制品中的重要产品。由于其优异的吸气性能,在电气、烟火和弹药工业中被广泛应用,在讨论锆粉的制备及其应用方法的同时,本节也阐述了锆铪与气体的作用。

锆粉的制备方法有金属热还原法(主要是钙或氢化钙还原),电解法和氢化法。在生产中常常根据对产品的纯度、杂质含量、粒度分布和粒形要求来确定制备方法。

6.1.1 锆铪与氧、氢、氮的反应[1,2]

金属锆铪常温下在空气中十分稳定,但加热时则吸收氧、氮和氢。高温下也与 CO、CO_2 等反应。

A 锆铪与空气的作用

在空气中金属锆铪表面可形成氧化物保护层,但在空气中的使用温度最高仅为 400℃,当温度达 500~700℃,氧化膜会失去保护作用。温度高于 800℃在空气中迅速生成 ZrO_2 和 HfO_2。在温度为 750℃的静态空气中,锆和铪的氧化速度分别为 1.08×10^{-2} $kg/(m^2 \cdot h)$ 和 1.26×10^{-2} $kg/(m^2 \cdot h)$;950℃ 时分别为 7.07×10^{-2} $kg/(m^2 \cdot h)$ 和 3.85×10^{-2} $kg/(m^2 \cdot h)$。一般反应为:

$$Zr + O_2 = ZrO_2$$
$$Hf + O_2 = HfO_2$$
$$2Zr + CO_2 = ZrO_2 + ZrC$$
$$2Hf + CO_2 = HfO_2 + HfC$$
$$3Zr + 2CO = ZrO_2 + 2ZrC$$

$$3Hf + 2CO = HfO_2 + 2HfC$$
$$Zr + 1/2N_2 = ZrN$$
$$Hf + 1/2N_2 = HfN$$
$$Zr + 2CO_2 = ZrO_2 + 2CO$$
$$Hf + 2CO_2 = HfO_2 + 2CO$$
$$Zr + 2H_2O = ZrO_2 + 2H_2$$
$$Hf + 2H_2O = HfO_2 + 2H_2$$

B 锆铪与氧的作用

金属锆铪与氧的亲和力很强。氧在锆中的溶解度可达 29%（摩尔分数），Zr-O 和 Hf-O 平衡相图见图 6-1、图 6-2。在氧气压力为 1.0 kPa 时，250 ℃、2 h 即氧化，锆的氧化膜厚度为 1.50×10^{-8} m；当温度达 425 ℃，厚度可达 5.0×10^{-7} m。按抛物线方程计算的锆氧化活化能为 134 kJ/mol。

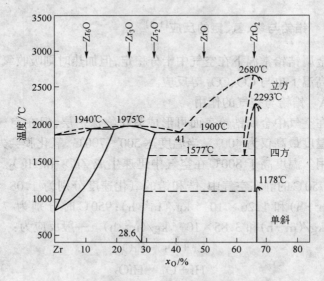

图 6-1 Zr-O 系平衡相图

当温度在 350～1200 ℃ 间和氧气压力为 101.3 kPa 时，金属

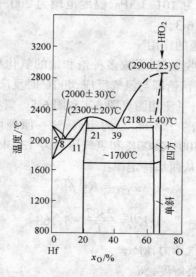

图 6-2　Hf-O 系平衡相图

铪的氧化反应速度可用对数方程(方程 6-2)、抛物线方程(方程 6-3)和直线方程(方程 6-4)表示。对数方程和抛物线方程适用于生成致密氧化物,而直线方程适用于生成多孔氧化物:

$$\left(\frac{\Delta M}{A}\right)_{(致密max)} = 5\exp\left(\frac{41400}{RT}\right) \tag{6-1}$$

$$\left(\frac{\Delta M}{A}\right) = 0.2\exp\left(\frac{47400}{RT}\right)\ln\left[1 + 7.7t\exp\left(-\frac{22600}{RT}\right)\right] \tag{6-2}$$

$$\left(\frac{\Delta M}{A}\right)^2 = 6t\exp\left(-\frac{150600}{RT}\right) + a(T) \tag{6-3}$$

$$\left(\frac{\Delta M}{A}\right) = 0.6t\exp\left(-\frac{109200}{RT}\right) + b(T) \tag{6-4}$$

式中　$\left(\frac{\Delta M}{A}\right)$——单位面积上消耗的氧气量,$kg/m^2$;

　　　　t——氧化时间,min;

$a(T), b(T)$——温度常数。

在氧气压力为 101.3 kPa、温度范围为 200～425℃ 时,纯锆的氧化速率见图 6-3。

C 锆铪与氢的作用

锆铪极易吸收氢气,形成多种锆和铪的氢化物中间相。当温度高于 300℃ 时,锆铪即与氢气反应,400℃ 时反应速度加快,生成固溶体和氢化物,平衡相图见图 6-4 和图 6-5。氢在锆中的最大溶解度相当于 $ZrH_{1.75} - ZrH_{1.965}$ 的组成,这一原理可以用来制取锆粉。当温度为 2100～2800K 和氢气压力为 13.3kPa 时,氢在液态锆中的溶解度服从西华特定律:

$$w_{CH_2} = K_{Zr}^H p_{H_2}^{1/2}$$

$$\lg K_{Zr}^H = \frac{2387}{T} - 3.168$$

式中　　p —— 氢气压力,kPa;

　　w_{CH_2} —— 氢溶解度,%。

氢在各种锆中的最大溶解度见表 6-1。致密锆与氢的等温线图见图 6-5。在真空中加热至 1000～1300℃ 时,可以脱去氢,在温度达 300℃ 以上时迅速吸氢,当温度达 700℃ 时吸氢速度加快。铪在真空和高温条件下与锆一样,可以脱去氢,铪氢体系压力组成等温线图见图 6-5。

表 6-1　氢在锆内的最大溶解度

锆的种类	分析/%	反应条件		结　果	
		开始冷却的温度/℃	压力/kPa	组　成	温度/℃
粉末	91Zr	800	101	$ZrH_{1.75}$	20
延性锆丝		900	101	$ZrH_{1.93}$	25
延性锆丝				$ZrH_{1.965}$	
碘化法锆棒	0.05C;0.04O$_2$	825	7.4	$ZrH_{1.95}$	20
碘化锆板	0.001C;0.01O$_2$ 0.01N;2.40Hf	225	6.7	$ZrH_{1.965}$	25

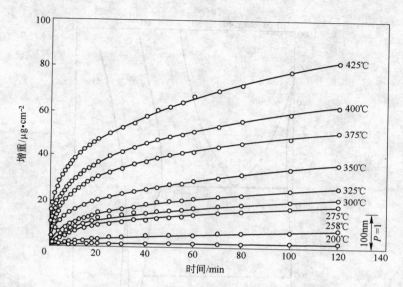

图 6-3　纯锆在一定温度和压力下的氧化速率

D　锆铪与氮的作用

在较高温度下,锆和铪都可与氮发生反应,但其反应速度较与氧的反应速度低,锆氮平衡相图见图 6-6。温度高于 800℃时反应速度迅速增加,但随锆表面氧化膜厚度增加而降低。氧化速度的经验数据遵守抛物线速度定律。当压力小于 100kPa 时,氮的反应速度几乎与压力无关,表明氮的反应不受氮分子的离解过程的影响,而受表面氧化膜的扩散数以及氢在锆中溶解度影响。α-锆氮化反应的活化能为 164kJ/mol,β-锆氮化反应的活化能为 233kJ/mol,在 876～1034℃时铪氮化反应的活化能为 238kJ/mol。在加热和真空下不能除去锆和铪中的氮。

6.1.2　锆铪与其他气体的作用

温度高于 800℃时,锆铪与二氧化碳的反应速度较快;而温度高于 1000℃时,与一氧化碳的反应速度较快,反应产物为 ZrO_2、

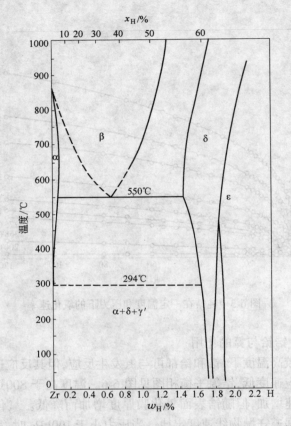

图 6-4　Zr-H 系平衡相图

HfO_2 和 ZrC、HfC。此外,在高温下锆铪也会与硫、氟、氯、溴和碘起反应。

文献[12]指出,锆对下列化合物的吸附作用顺序为:

$$O_2 > CH_2 > C_2H_4 > CO > H_2 > CO_2 > N_2$$

已知一氧化碳或氮在金属锆上的化学吸附速度约为 $2.51mg·s$。而乙烷和重氢在金属锆表面上反应的生成物中,重氢的含量如下:

生成物	C_2H_5D	$C_2H_4D_4$	$C_2H_2D_3$	$C_2H_2D_4$	C_2HD_5	C_2H_6
含量/%	52.4	17.1	5.1	4.3	7.0	14.1

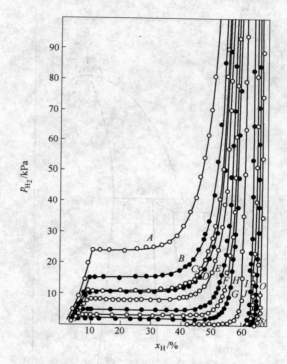

图 6-5　Hf-H 体系压力等温线图

A—872℃；B—827℃；C—803.5℃；D—798.5℃；

E—779℃；F—745℃；G—718℃；

H—683℃；I—595℃；J—396.5℃；N—272℃；O—251℃

这一反应在 158～192℃ 的条件下进行,可以求得在 150℃ 时反应速度对数值($\lg\gamma$)约为 15.6,活化能为 15.4 kJ/mol,$\lg A$ = 23.5(速度单位为 mol/10 mg·s)。Zr 的活化能比 Ni(18.0)和 Pd(21.4)小,而与 Pt(12.5)相近。这一反应速度的对数随金属颗粒特性的增加而增大,它们之间呈线性关系。另一方面,金属的汽化热越大,则在金属上乙烷与重氢的交互反应中,金属的催化活性的对数值也越大。

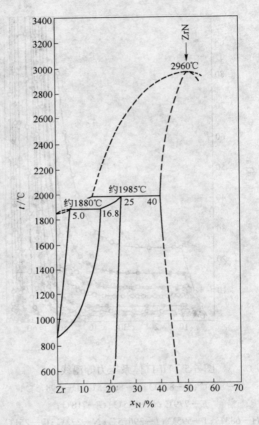

图 6-6　Zr-N 系平衡相图

6.1.3　锆粉与气体反应的一些特性

　　锆粉(铪粉)由于具有较大的表面能量,如锆粉的平均颗粒尺寸在 10 μm 以下,弥散悬浮于空气中时,常常会发生自燃和爆炸。关于产生自燃的极限条件,目前尚无准确的资料。这可能决定于锆粉的颗粒平均尺寸、数量分布、温度、湿度以及表面状态。据报道[3],颗粒平均尺寸为 3.3μm 的锆粉尘,当用空气喷射器将其从小小的黄铜室通过圆柱形小管(内径 25.4 mm)喷射时,可发生自燃现象。颗粒平均尺寸为 18 μm 的锆粉尘,在类似条件下却未燃着,只是当圆柱形小管的温度升高到 350℃,才开始燃着。

研究了 7 种不同的锆粉试样[4]发现:点燃锆粉尘雾所需的最小能量,在 5~40 mJ 范围内。当最小能量在 0.4~240 mJ 间变动时,这种锆粉的薄层可点燃。但点燃锆粉尘雾所需的最小能量与点燃锆粉薄层所需的最小能量之间没有明显的关系。研究确定了点燃 1 g 锆粉的火花燃点能量与颗粒尺寸之间的关系。如果弥散锆粉的颗粒尺寸均在 2~10μm 之间,所需的最小火花燃点能量为 125 μJ。当颗粒尺寸为 10~44μm 时,最小火花燃点能量为 20 mJ;而当颗粒尺寸为 44~75μm 时,则为 12.5 J。对于不弥散的锆粉(颗粒平均尺寸为 2.05 μm),火花燃点能量为 45 μJ。

锆粉的浓度及颗粒尺寸和表面状态决定其爆炸力的强弱,根据试验,7 个试样中的任一个试样,最大爆炸力约为 0.63MPa。爆炸力下限为 0.0012 MPa。颗粒最小尺寸大于 10 μm 的锆粉,其危险性远小于颗粒尺寸较小的锆粉。因为在某些条件下,人体能够充电和火花放电的静电能量为 10 mJ;点燃颗粒最小尺寸在 10 μm 以上的锆粉,需要的能量比这个数值为大。

曾研究了使锆与其他元素形成二元合金来降低锆粉点燃能力的可能性[5]。实验结果表明,要使锆粉的点燃能力大大降低,必须添加大量钛、镍、铜、铁、钴或氢。当锆粉在空气中放置若干时间,由于表面的氧化作用,锆粉点燃所需的能量增加,表面的这种变化也使得锆粉爆炸的特性显著不同。在二氧化碳或氮中,锆粉的点燃温度显著增高,但是这些气体并不能完全防止爆炸。一个试样的点燃温度为:

试样	空气	CO_2	N_2
锆粉尘雾	20℃	650℃	未燃着
锆粉薄雾	190℃	260℃	790℃

在氮和氧的混合气氛中，氧含量至少需达5%，锆粉尘才会由于电火花而燃着。在氧和氩气氛中，所需氧含量为4%；而在氮和氧气氛中，则为3.3%。在纯二氧化碳中可立即燃着。显然，氮、氩和氦气氛能阻止锆粉尘雾发生的燃烧，而二氧化碳则无济于事。锆粉薄层不论在氮或在二氧化碳中均能燃着。在氮和氩的气氛中，氧含量达到5%，锆粉尘即会被电火花所点燃；在氩和氧的混合气体中只需4%；在氧和氦的混合气体中也只需4%。

氢含量不同的锆粉，当氢含量小于0.01%时,发火点与普通锆粉无异,氢含量大于0.5%时,发火点升高,表6-2列出了锆粉发火点与含氢量的关系。

表 6-2   锆粉含氢量与发火点的关系

氢含量/%	粒度/μm	发火点/℃	点火能/J
0	3.3	218	0.00009
0.07	3.3	200	0.000045
0.08	3.3	204	0.000045
0.13	3.3	208	0.000045
0.55	3.3	230	0.00008
0.10	3.3	224	0.000125
0.50	3.3	260	0.00050
1.80	3.3	>400	0.0225

6.2 钙(氢化钙)还原制取锆粉[2,6,7]

6.2.1   工艺流程

钙(氢化钙)还原制取锆粉,是工业上常用的方法。工艺流程见图6-7、图6-8。

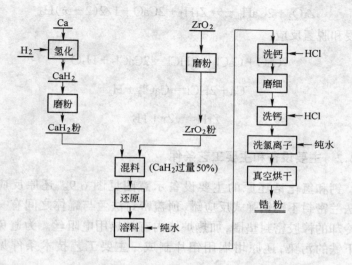

图 6-7 氢化钙还原法制取锆粉工艺流程

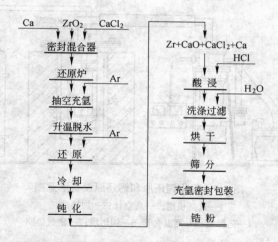

图 6-8 钙还原二氧化锆生产金属锆粉工艺流程

还原反应：

$$ZrO_2 + 2Ca = Zr + 2CaO$$

$$ZrO_2 + 2CaH_2 \longrightarrow ZrH_2 + 2CaO + 1/2(2-x)H_2$$

酸浸和脱氢反应：

$$CaO + CaCl_2 + 2HCl = 2CaCl_2 + H_2O$$

$$Ca + 2HCl = CaCl_2 + H_2$$

$$ZrH_2 = Zr + H_2$$

6.2.2 主要设备和主要工艺条件

钙和氢化锆还原的主要设备示意图见图 6-9。还原反应器为法兰密封不锈钢弹式反应罐，顶盖密封法兰与罐体之间有一用水冷却的橡胶密封垫圈，加热炉体内有加热用电阻丝。为避免高温下铁的污染，还原坩埚用钼片制成。主要工艺技术条件见表 6-3。

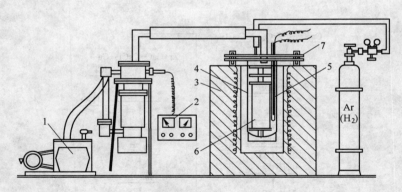

图 6-9 氢化钙还原和钙还原设备示意图
1—真空机组；2—真空计；3—加热炉；
4—还原罐；5—测温套管；6—钼坩埚；7—密封垫圈

6.2.3 钙还原法制取锆粉的实践

钙或氢化钙还原法制取锆粉的工艺相似，如采用氢化钙还原法则须将钙氢化，并增加锆粉的脱氢作业。

表 6-3　钙和氢化钙还原二氧化锆制备锆粉工艺条件

	成　分	Ca 过量 25%~50%,ZrO₂,CaCl₂	Ca 过量 20%~100%,$x_{ZrO_2}:x_{CaCl_2}=1:1$ CaCl₂	$w_{ZrO_2}:w_{Ca}=1:1$,Ca 过量 20% CaCl₂	Ca 过量 20%~30%,ZrO₂,CaCl₂	Ca,ZrO₂,CaCl₂
钙还原	还原条件	1000~1100℃,1 h	950~1100℃	1100℃,0.5 h	1000~1100℃,1h	900℃,2 h
	酸浸	2%~5%HCl		10%HCl	1:1 HCl,180 100℃(热水洗涤)	两次 4 mol·L⁻¹ HCl,第三次 6 mol·L⁻¹ HCl
	烘干温度	400~700℃	60~70℃			
氢化钙还原	CaH₂制备温度/℃					
	还原条件	CaH₂按理论量过量 30%,还原温度 980~1000℃				
	产物处理	真空干燥→氢气保护下脱氢,盐酸水洗				

(1)氢化钙(CaH_2)的制备。将一定量的金属钙置于不锈钢坩埚中,装入还原罐,在连续抽空的条件下,升温至 350℃,停止抽空,充入氢气至正压,继续升温,一般较明显的氢化反应在 380～400℃,此时还原罐中的压力迅速变为负压,此后以小流量连续充入氢气,并继续升温达 650～700℃,反应结束后 CaH_2 密封磨细至小于 0.177mm(-80 目),密封干燥保存。

(2)ZrO_2 磨细和混料。锆粉的粒度与 ZrO_2 的粒度有关,故 ZrO_2 在还原前应磨细至小于 0.043mm(-325 目)。然后与过量 50%的已磨细至小于 0.177mm(-80 目)的 CaH_2 混合,混磨料 2 h 即可。

(3)还原。为了避免物料吸潮水解,应迅速装料并将反应罐抽空,再充氩至正压,升温,升温的过程中由于 CaH_2 分解放出氢气,反应罐内压力增大,放气控制压力,升温至 980～1000℃,恒温 2 h,用泵抽空以控制锆粉中的含氢量,再充氩至正压,冷却至室温出料。

(4)产品处理。将还原所得料块破碎,分批加入去离子水,加盐酸至酸性,洗钙,磨细,再洗钙并用去离子水洗 Cl^-,过筛,在真空下于 80℃烘干,即获得成品。

使用的 ZrO_2 及金属钙成分见表 6-4,用钙和氢化钙还原法制得的锆粉及铪粉的主要成分见表 6-5。

表 6-4　钙和氢化钙还原用 ZrO_2 及金属主要成分

项目	主要成分/%							
	ZrO_2	Ca	Fe	Si	Al	Mg	Cl^-	S
ZrO_2	≥99.0		0.01	0.02	0.01	0.01		0.01
金属钙		≥99.0	0.01	0.005	0.01	0.01	<0.006	

表 6-5 钙和氢化钙还原锆、铪粉成分①

还原方法	产品	Zr总	杂质含量/%										平均粒度/μm	松散比/g·cm⁻³
			Ca	O	N	H	Cl⁻	Mo	Mg	Fe	Al	Si		
钙还原	锆粉	98~99.5	0.1~0.3	0.3~1	0.03~1	<0.1	<0.1		<0.02					
	铪粉		0.1~0.3	0.4~1.5	0.1~1	<0.1	<0.1		<0.3					
氢化钙还原	锆粉	98.5	0.2	1.0~1.5	微	0.5	0.001~0.1	<0.05	<0.04	<0.1	<0.04	<0.05	<3	1.6
	铪粉				微	微								
钙还原	锆粉	0.01~0.1	0.1~0.3	0.05~0.2				0.1~0.3	<0.1					
	铪粉	0.01~0.1	0.1~0.3	0.05~0.2				0.1~0.3						

① 所得锆粉形貌为球形。

6.2.4   氢化钙还原法制得的锆粉在真空管中的应用

曾将氢化钙还原法制得的锆粉用于电子管取得了良好的效果。

电子管(特别是大中型电子管)是通讯、广播和雷达等设施的主要部件。锆粉可吸收电子管中的残余气体,以保证其在使用过程中保持高真空度,减少栅极的电子热发射并利用其熔点高、蒸气压低以保持电子管玻璃壳的透明,利于电子管散热,使电子管保持正常工作状态。因此锆粉质量可直接影响电子管的参数、使用性能和寿命。

电子管的直热式阴极亦称灯丝,由含有 1.5% ThO_2 的钍钨丝绕制,用甲苯等碳氢化合物在高温下碳化后使用。此时钨形成厚度小于 30 μm 的具有网状结构的碳化钨($W_2C + WC$)层。在电子管灯丝工作温度下,ThO_2 被钨和碳还原为金属钍,钍原子通过网状碳化钨层扩散至灯丝表面,构成正电荷向外的 Th-W 偶电层,使灯丝内的自由电子受到向外加速的力量而易于逸出表面,提高了灯丝发射电子的能力。如果这一偶电层遭到破坏,则会造成灯丝发射电子能力的降低,表现为在不改变阳极电压甚至提高阳极电压的情况下,阳极电流下降,这种阳极电流下降的现象被称为阴极"中毒",从而降低了电子管的发射功率。偶电层的破坏是由钍的耗损引起的,在电子管正常工作的情况下,灯丝表面钍给予补充,这种正常的钍的耗损由于可以得到补充,偶电层不会被破坏。偶电层的破坏,只能由不正常的钍的耗损引起。这种不正常的钍的耗损,是由电子管中的一些气体与金属钍发生反应引起,气体的来源是在高温烘烤下,由电子管器件材料——玻璃、石墨、钼、镍、铜和不锈钢等放出,也可由作为吸气剂的锆粉中释出。可释出的气体有 O_2、N_2、CO、CO_2、碳氢化合物、卤素及卤化物。这些气体在电子管中量的大小,对阴极"中毒"产生影响。通过化学热力学计算进行分析,计算结果见表 6-6。表 6-6 表明,对于 O_2、N_2、CO、CO_2 等气体在使用锆粉的条件下,其在电子管中的浓度应极小。与锆反应后,即使能再从锆中放出,也远远小于 2300K 左右时金属钍上的平衡压力,会引起阴极"中毒"。Cl_2 和 F_2 在电子管中的浓度也极小,但它们与锆反应的产物 $ZrCl_4$ 和 ZrF_4 在电子管工作的温度下为气体,并能和钍发生置换反应:

$$Th + ZrCl_4 = ThCl_4 + Zr$$
$$Th + ZrF_4 = ThF_4 + Zr$$

表 6-6　电子管工作温度下钍、锆与气体 ΔG_T° 的关系

反 应 式	反应温度/K	$\Delta G_T^{\circ}/kJ\cdot$反应$^{-1}$	K
$Th_{(l)} + 2F_2 = ThF_{4(g)}$	约 2300	−1421	约 10^{-32}
$Th_{(l)} + 2Cl_2 = ThCl_{4(g)}$	约 2300	−723	约 10^{-16}
$Th_{(l)} + O_2 = ThO_{2(s)}$	约 2300	−794	约 10^{-18}
$Th_{(l)} + 2C = ThCl_{2(s)}$	约 2300	−167	约 $10^{-3.8}$
$3Th_{(l)} + 2N_2 = Th_3N_{4(s)}$	约 2000	−552	约 10^{-12}
$Zr_{(s)} + 2F_2 = ZrF_{4(g)}$	约 1200	−1505	约 10^{-65}
$Zr_{(s)} + 2Cl_2 = ZrCl_{4(g)}$	约 1200	−719	约 10^{-32}
$Zr_{(s)} + O_2 = ZrO_{2(s)}$	约 1200	−836	约 10^{-36}
$Zr_{(s)} + C = ZrC_{(s)}$	约 1200	−167	约 $10^{-7.6}$
$2Zr_{(s)} + N_2 = 2ZrN_{(s)}$	约 1200	−502	约 10^{-22}

并可能成为阴极不正常的失钍因素。然而实践中电子管的器件材料在装电子管前都已经过严格的高温、真空脱气处理,残留的 F_2、Cl_2 甚微。造成阴极"中毒"的气体的重要来源可能是海绵锆制得的锆粉,由于海绵锆是用镁还原四氯化锆制得,当还原过程中镁量不足时,会有下列反应:

$$2ZrCl_4 + Mg = 2ZrCl_3 + MgCl_2$$
$$ZrCl_4 + Mg = ZrCl_2 + MgCl_2$$
$$4ZrCl_4 + 2Mg = 4ZrCl_3 + 2MgCl_2$$

锆的低价氯化物沸点都较高,$ZrCl_3$:1207℃,$ZrCl_2$:1473℃,在还原反应的温度下为固态,被包置于海绵锆中,用这些海绵锆制备锆粉,将把低价氯化锆带入电子管中,在电子管工作条件下,低价氯化锆发生歧化反应放出 $ZrCl_4$:

$$2ZrCl_3 = ZrCl_4 + ZrCl_2$$
$$2ZrCl_2 = ZrCl_4 + Zr$$

从而可能引起电子管阴极"中毒",因此,为克服电子管的阴极"中毒",选用 CaH_2 还原 ZrO_2,锆粉用于大中型电子管,是避免阴极"中毒"的一种方法,并获得了良好的效果,见表6-7。

表6-7 锆粉在大中型电子管的应用结果

项 目	发射电流/A	平均功率/W	寿命/h
指标	>1	>760	2000
应用结果	1.1~1.2	820	>2000

6.3 钠还原锆氟酸钾制取锆粉

用钠还原锆氟酸钾制取锆粉的优点是设备简单,金属钠还原易于操作,锆氟酸盐不易吸潮,反应生成的氟化钠易于水洗分离。由于还原反应时析出的金属锆粉分散在熔盐中,不易被空气氧化,因而过程可在敞口设备中进行。

6.3.1 工艺流程和主要工艺条件

钠还原锆氟酸钾制取锆粉的工艺流程见图6-10。

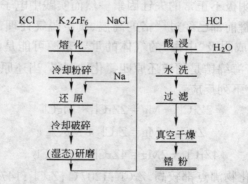

图6-10 钠还原锆氟酸钾生产锆粉工艺流程图

还原反应为:

$$K_2ZrF_6 + 4Na = Zr + 4NaF + 2KF$$

过量金属钠可采用饱和氯化铵溶解,反应如下:

$$2Na + NH_4Cl + H_2O \longrightarrow NaCl + NaOH + NH_3 + H_2$$

还原反应的单位热效应约为 1104 kJ/kg 混合料(K_2ZrF_6 + 4Na),反应热不能满足反应过程本身的需要,因此应从外部加热。主要工艺技术条件为:

配料:K_2ZrF_6(KCl):NaCl:Na = 90(16.5):1.65:35(kg)

熔化温度:700~800℃

还原条件:880~900℃

真空干燥温度:60~80℃

6.3.2 钠还原锆氟酸钾制取锆粉的实践[8]

曾采用成分如表 6-8 和表 6-9 的锆氟酸钾和金属钠制备锆粉。

表 6-8 锆氟酸钾的成分/%

项目	Zr	F	K	Fe	Mg	Si	Ti	水分
含量/%	32.0	38.0~39.0	24.0~25.0	0.018~0.024	0.011~0.019	0.08~0.09	0.043~0.045	0.07~0.11

表 6-9 金属钠的成分

项目	Na	Fe	Ti	Si	Mg
含量/%	>99.0	0.0007~0.002	<0.0022	<0.06	<0.00087

(1)原材料的准备。将 K_2ZrF_6 磨细至通过 0.177mm(80 筛目),在 150℃下恒温 5 h 除去吸附水分。纯 NaCl 及工业 NaCl 分别在 500℃ 及 150℃下恒温 5 h,(也可用部分 KCl 代替)。金属钠除去表面油脂后即可装料。先将反应罐干燥,每次装入 K_2ZrF_6 时,按过量 30% 装入金属钠。装料时先在罐底垫一层 NaCl,然后交替装入金属钠及 K_2ZrF_6(钠共 6 层,1~4 层各 150 kg,第 5 层 140 kg,第 6 层 10 kg,K_2ZrF_6 共 5 层,每层 40 kg)上面填以 30 kg 纯 NaCl,再填满工业 NaCl。在装料过程中压紧。

(2)还原。还原是在一敞口不锈钢反应罐中进行,将已装好炉料的反应罐放入用电阻丝加热的井式电阻炉中,逐渐升温至 700℃,恒温 2 h,使炉料熔化,再将温度升至 860~880℃,恒温 3h,反应即完成如反应炉料较多,反应罐体积大,则应根据反应罐直径与高度之比,通过实践确定保温时间。将反应罐吊出加热炉外冷却,启罐后除去白色盐层,取出黑色含锆烧结块,洗浸作业可以若干炉次为一批进行处理。

(3)产品的后处理。将含锆烧结块置入浸出用的饱和 NH_4Cl 溶液中,浸出 24 h 后,再用水浸出一昼夜,将浸出块粉碎至粒度小于 10 mm 碎块,加水浸去其中 95% 以上氟盐,磨细过筛后在 90℃ 热水中反复洗涤,获得的锆粉经过滤,在 70～80℃ 下真空烘干即可获得成品。锆粉的理化性能见表 6-10,用于烟火工业可满足应用要求。

表 6-10　钠还原锆氟酸钾制得的锆粉性能

化学成分(不大于)/%							着火点/℃	水萃取液反应	粒度分布
锆总量	Fe	Ca	Mg	SO_4	Cl^-	F^-			
96～98	0.3	0.15	0.15	0.25	0.003	0.008	270～370	中性	<10μm:37%～48% 10～20μm:25%～35% 20μm 以上:20%～32%

6.4　锆氟酸钾熔盐体系电解制取锆粉[2,9]

锆氟酸钾体系熔盐电解制取锆粉,也是常用的一种工业生产方法。但锆氟酸钾熔盐电解制取纯的金属锆粉,应采用以下条件:

(1)电解槽为密封,用惰性气体保护。

(2)使用净化(再结晶)的锆氟酸钾作原料,并需经预电解。

(3)用惰性材料作阳极。

(4)操作温度为 800℃(三元系);750～800℃(二元系)。

锆氟酸钾与氯化钾的平衡相图见图 6-11。

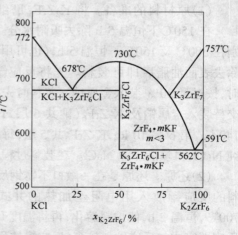

图 6-11　K_2ZrF_6-KCl 系平衡相图

6.4.1 工艺流程

锆氟酸钾熔盐电解制取锆粉的工艺流程见图 6-12。

主要反应：

$$ZrF_6^{2-} + 4e = Zr + 6F^- （阴极反应）$$

$$4F^- + 4NaCl(KCl) - 4e = 4NaF(KF) + 2Cl_{2(g)} （阳极反应）$$

$$K_2ZrF_6 + 4NaCl(KCl) = Zr + 4NaF(KF) + 2KF + 2Cl_{2(g)} （电解反应）$$

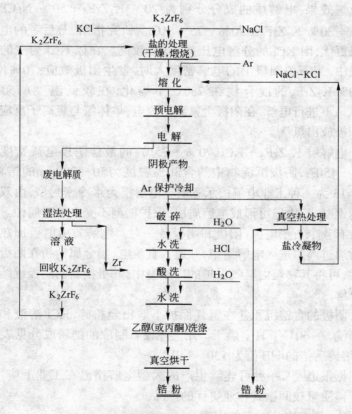

图 6-12 锆氟酸钾体系熔盐电解工艺流程图

6.4.2 主要工艺条件和生产实践

A 主要工艺条件和产品比较

锆氟酸钾体系熔盐电解的主要工艺技术条件和产品成分见表 6-11 和表 6-12。

B 锆氟酸钾电解制取锆粉的实践

采用含 K_2ZrF_6 的 NaCl 或 KCl 系熔盐电解质,均可获得较好的电解效果,电解质的成分分别为 20% K_2ZrF_6 + 50% NaCl 或 25%~30% K_2ZrF_6 + 70%~75% KCl。研究指出[9],后者的电解效果更优,因 KCl 的分解电压数 NaCl 较高。在以 KCl 为主的电解质中,当石墨阳极上的电解密度大时,发生阳极效应:70% KCl + 30% K_2ZrF_6 的混合物在 730℃ 下熔化,在较低温度(750~800℃)下进行电解,在阳极上氟离子放电,单体氟与氯离子反应而在阳极放出氯气。

电解质 K_2ZrF_6 + KCl(70%~75%)的最佳阴极电流密度为 350~450A,阴极沉淀物中约含30%粒度为50~200μm的锆粉。图 6-13 为一种工业电解槽示意图。电解槽为水冷密封型,由双层不锈钢制成,内壁可形成电解质层,保护槽型不受电解质腐蚀。槽内装有 4 个石墨电极,阳极和阴极各一对。电解质由电极加热熔化后通过阀门进入电解槽中,并通入直流电,当金属锆粉在阴极析出后,可将其移至由氩气保护的冷凝室中,并更换新的阴极继续进行电解。

阴极的含锆沉积盐在氩气保护下取出经粉碎,HCl 溶液和乙醇沥洗,在 60℃ 下真空烘干。用上述设备制取的锆粉成分见表 6-13,熔铸后锆的 HB 值为 130~140。

据报道[10],一种可连续生产的大型电解槽已在工业上应用,可获得质量较间歇式作业更优的产品。

C 影响电流效率的因素

电流效率与 K_2ZrF_6 浓度关系见图 6-14。当熔盐体系中 F^-、Zr^{4+} 升高时,会使电流效率降低,因发生如下反应:

表 6-11　锆氟酸钾体系熔盐电解的主要工艺技术条件和产品成分 (1)

电解质组分/%	38K$_2$ZrF$_6$① 62NaCl	38K$_2$ZrF$_6$② 62NaCl	41K$_2$ZrF$_6$② 59NaCl	25～30K$_2$ZrF$_6$ 70～75KCl
电解槽气氛	Ar	Ar	Ar	Ar
预焙电解条件	1.5～2.0V,850℃,石墨阴阳极	1.5～2V,850℃,石墨阴阳极	1.5～2V,850℃,石墨阴阳极	
正常电解温度/℃	800	800	800	700～800
电极材质	石墨阳极钢阴极	石墨阳极钢阴极	石墨阳极钢阴极	石墨
槽电压/V	5.8	4.9	4.8	
阴极电流密度/A·m^{-2}	34000	27000	27000	35000～40000
通电电量/A·h	560	600	600	60～80
电流效率/%	64	62	63	
锆回收率/%	84	87	86	
硬度	RB值为82	RB值为85	RB值为84	RB值为130～140
粒度	+0.417mm,2.9% +0.147mm,30.0% +0.104mm,21.0% +0.074mm,14.8% +0.043mm,17.0% -0.043mm,14.3%	+0.147mm,1.4% +0.147mm,30.1% +0.104mm,18.4% +0.074mm,12.7% +0.043mm,19.8% -0.043mm,17.6%	+0.417mm,13.7% +0.147mm,50.2% +0.104mm,14.9% +0.074mm,7.6% +0.043mm,8.4% -0.043mm,5.2%	+200μm,3.5%～12% (-200～+147)μm,6%～8% (-147～+112)μm,13%～21% (-112～+74)μm,9%～13% (-74～+52)μm,17%～22% -52μm,34%～42%
纯度/%	w_{Zr}=99.9 w_C=0.047 w_N=0.011 w_O=0.038	w_{Zr}=99.8 w_C=0.030 w_N=0.0017 w_O=0.074	w_{Zr}=99.8 w_C=0.029 w_N=0.002 w_O=0.049	w_{Si}<0.05,w_C<0.5 w_N=0.003,w_O=0.06 w_{Fe}=0.013,w_{Ni}=0.007 w_{Cu}<0.001,w_{Ti}=0.002 w_{Mn}<0.002,w_{Cr}<0.003 w_{Sn}<0.05,w_{Ca}<0.05 w_{Mg}<0.01,w_W<0.01 w_{Mo}<0.01,w_{Cl}<0.002

①纯度>99%；②纯度为99.9%。

表 6-12　锆氟酸钾体系熔盐电解的主要工艺技术条件和产品比较(2)

	20~35K₂ZrF₆ 65~80NaCl-KCl	20K₂ZrF₆ 80NaCl	20K₂ZrF₆ 80NaCl	5.0K₂ZrF₆ 95.0KF·NaF·LiF(1:1:1,摩尔比)		
电解质组分/%	$20\sim35K_2ZrF_6$ $65\sim80NaCl\text{-}KCl$	$20K_2ZrF_6$ $80NaCl$	$20K_2ZrF_6$ $80NaCl$	$5.0K_2ZrF_6$ $95.0KF\cdot NaF\cdot LiF(1:1:1,摩尔比)$		
电解槽气氛	Ar	Ar	Ar	He		
预电解条件	1.5~2.0V 石墨阴阳极	1.5~2V 石墨阴阳极		12 h		
正常电解温度/℃	850	750~860	860	750		
电极材质	石墨阳极钢棒阴极	石墨阳极钢或钼阴极	石墨阳极钼阴极			
槽电压/V	3.5~4	3~4	6	0.17~0.20	0.3~0.36	0.37~0.4
阴极电流密度/A·m⁻²	25000~40000	25000~40000	36000~45000	500	1000	2000
通电电量/A·h			225~300			
电流效率/%	60~64	60~64	61~65	69	80	85
锆回收率/%	>96	>96	>96			
硬度			RB值为79~81			
粒度/mm	0.3~0.5	0.3~0.5	0.3~0.5	粗大的块状结晶	良好的长形结晶	长形结晶
纯度/%	$w_{Zr}=99.8\sim99.9$ $w_C=0.03\sim0.05$ $w_N=0.01\sim0.02$ $w_O=0.04\sim0.07$	$w_{Zr}=99.8\sim99.9$ $w_C=0.03\sim0.05$ $w_N=0.01\sim0.02$ $w_O=0.04\sim0.07$	$w_N=0.02\sim0.04$ $w_O=0.039\sim0.042$			

表 6-13 前苏联工业电解槽制取的锆粉成分(实例) (单位:%)

N	C	O	Fe	Ni	Cu	Ti	Mn	Cr	Co	Mg	Si	Cl	B
0.003	0.05	0.06	0.013	0.07	<0.001	0.002	<0.002	<0.003	<0.05	<0.01	<0.05	<0.02	1ppm

$$ZrF_6^{2-} + 2e \longrightarrow ZrF_6^{4-}$$

$$ZrF_6^{2-} + 2e \longrightarrow ZrF_6^{4-} + 2F^-$$

$$ZrF_6^{2-} + ZrF_6^{4-} \longrightarrow 2ZrF_6^{3-}$$

$$ZrF_6^{2-} + ZrF_6^{2-} \longrightarrow 2ZrF_5^{5-}$$

$$ZrF_6^{3-} - e \longrightarrow ZrF_6^{2-}$$

$$ZrF_6^{2-} - e + F^- \longrightarrow ZrF_6^{2-}$$

锆氟酸钾 K_2ZrF_6 的分解电压为:

$$E_{DP} = 2.06 - 3.45 \times 10^{-3}(T - 866) \quad (866 \sim 1144K)$$

D 锆氟酸钾体系阴极电解沉积锆

文献[2]报道了液态阴极电解制取锆粉的方法,阴极为锌制成,电解条件如下:

电解质组成:K_2ZrF_6(3%~4.9%Zr)-NaCl-KCl

电解温度:750~825℃

电流密度:5000~20000A/m²

阴极产品:Zr(8%)-Zn 合金

蒸馏后的锆粉杂质总含量不大于 0.1%,粒度为 2~100μm 采用阶梯式降低电流密度的电解方式,这样可以提高电流效率。除了采用液态锌阴极外,也可采用液态铋阴极、液态锡阴极、液态铜阴极电解沉积锆。

6.5 氢化法制取锆粉[11]

氢化法也是常用的锆粉制备方法之一。此法具有工艺简单,成本较低等优点。如前所述,其原理是利用在 600~700℃ 的温度下,将锆与氢反应生成氢化锆,在 600℃ 左右的温度下真空脱氢,经粉碎后获得细粒锆粉。

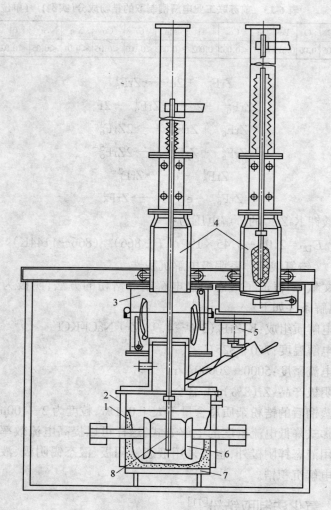

图 6-13　锆氟酸钾密闭电解槽示意图
1—渣壁；2—电解槽；3—外室；4—阴极产品冷却室；
5—加料器；6—阳极；7—水冷套；8—阴极

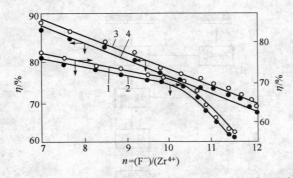

图 6-14 电解 K_2ZrF_6-KCl(1,2) 及 K_2ZrF_6-NaCl(3,4)电流效率
η 与氟锆离子浓度比 $n(=(F^-)/(Zr^{4+}))$时间的关系
$(K_2ZrF_6 = 25\%, I_K = 39000A \cdot m^{-2}, Q = 0.6 \sim 0.7A \cdot h \cdot cm^{-2})$,
$(K_2ZrF_6$-KCl:790℃;K_2ZrF_6-NaCl:810℃);1,3—根据电解前后电解质的
分析而计算的值;2,4—按洗涤过的锆粉重量而计算的值

6.5.1 工艺流程和实践

氢化法制取锆粉的工艺流程示意图见图 6-15。

A 氢化

设备为不锈钢罐式反应器,立式卧式均可,为便于氢气的渗透
和氢化完全,反应器直径 D 与长度 L 之比约为 $1:6 \sim 1:8$,设备示
意图见图 6-9。

氢化法使用的原料为工业级海绵锆,粒度在 $1 \sim 2$ mm 左右,
装入盛料器放入反应罐中密闭抽真空,当真空度小于 0.13 Pa 时,
即可升温至 700℃,通入经铜屑或硅胶净化的氢气,进行氢化反
应,待反应罐内达正压时,表明氢化完毕,恒温 $2 \sim 3$ h 后停电使罐
体降至室温。

B 脱氢

将氢化后的块状物在乙醇中磨细,磨细时为避免铁等杂质进
入,可采用锆制棒磨设备,过筛,再放入反应罐中于 $600 \sim 700$℃温度
下脱氢,在室温和氩气保护下取出产品后,在乙醇中进行沉降分解,
即可得到平均粒度为 $1.5 \sim 4.5$ μm 的细粒锆粉,其成分见表 6-14。

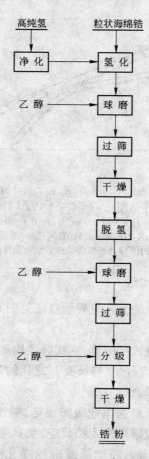

图 6-15　氢化法制取锆粉工艺流程示意图

表 6-14　氢化法制得的锆粉成分[①]　　　　　（单位：%）

总 Zr 百分比 /%	平均粒径 /μm	Fe	Si	Mn	Mg	Pb	Cr	Sn	Ni	Co	Ti	Al	V	Cl⁻
97.5~ 98.5	2.8 ~4	<100 $\times10^{-4}$	<100 $\times10^{-4}$	<20 $\times10^{-4}$	<10 $\times10^{-4}$	<10 $\times10^{-4}$	<80 $\times10^{-4}$	<10 $\times10^{-4}$	<20 $\times10^{-4}$	<10 $\times10^{-4}$	<10 $\times10^{-4}$	<30 $\times10^{-4}$	<10 $\times10^{-4}$	<10 $\times10^{-4}$

①锆粉杂质含量主要取决于海绵锆纯度。

6.5.2 应用

氢化法制得的锆粉含有少量氢，可用作电真空吸气剂、引爆剂以及热电池。热电池是火箭、导弹控制系统的热源，氢化锆粉可用作热电池加热片的燃烧剂，锆粉与铬酸钡反应放热燃烧反应如下：

$$Zr + BaCrO_4 = BaZrO_3 + Q$$

快速激活电池，使器件迅速进入工作状态。因此，锆粉的活性锆及杂质含量、粒度分布、比表面积和形貌等均可直接影响锆粉的性能及其在热电池上的应用。据报道[11]，20 世纪 80 年代美国研制的使用锆粉的热电池近 450 种，年产量超过 50 万只，大多用于军事工业，年用锆粉达 50t。表 6-15 列出了国外几种火器含锆加热片的燃速。采用氢化法制得的锆粉可达到热电池加热片和弹药燃烧爆装量要求。

表 6-15　国外几种火器用加热片燃速

名　称	加热片/mm	燃烧时间/s	燃速/mm·s^{-1}
阻尼火箭弹	$\phi35/\phi8$	0.05	1100
陶式反坦克导弹	$\phi35/\phi6.3$	0.285	175
红眼导弹	$\phi35/\phi8$	0.165	330
	$\phi35/\phi8$	0.370	148

6.6　锆合金粉的制取和应用[12]

锆-铝系、锆-镍系，锆-钒-铁系，锆-钛系和锆-碳系合金粉，也是电子、军工领域的重要材料，特别是前 3 种已在国内外广泛应用。如高压或缺乏空间的不得不采用非蒸散消气剂的各种类型的电子管，如高压闸流管、高压整流管、高压分流稳压管、彩色电视功率阻尼二极管、末级功率放大兼五极管、大功率发射管、行波管、调速管、示波管等。法国 520kW 大型发射管曾采用 Zr-Al 消气剂片，其寿命可达上千小时。在小型电子管中，也有用它取代钡膜吸气剂的产品；在灯泡工业中，广泛用于白炽灯、荧光灯、电影光源及稀土元素灯中，对提高灯泡性能和延长使用寿命有显著效果。Zr-A116 压结带可制成各种消气剂泵，用于真空系统中。在热核受控研究和加速器的大型超高真空抽气机组中，都采用 Zr-Al 消气剂泵。德国 W$_7$B 仿星器曾装配了 150 对抽速为 2000 L/min 的 Zr-Al 消气泵。意大利合金成分为 84%Zr、16%Al 的 ST101 型合金粉，也得到广泛应用。锆镍合金还可用作电池中的贮氢材料。

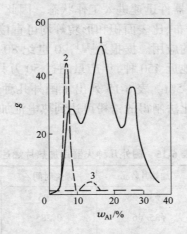

图 6-16　Ti-Al,Zr-Al,Th-Al 合金对氮相对吸气速率与成分的关系

（g 为单位时间单位面积上的吸气容量）

6.6.1　锆铝合金粉的吸气功能

锆铝容积消气剂的吸气机理可描述为：气体分子一旦到达金属表面，即被吸附在金属表面上。当物理吸附进入到表面的活性部分与自由部分交界，同时发生化学吸附，导致气体在金属表面上稳定结合。通过气体的固溶，气体与金属反应物向体内扩散或形成这种化学生成物的表面层，从而使气体被吸收。在研究ⅣB族金属和它们同铝的合金吸气性能时发现，在二元系合金中相越多，吸气活性越依赖于合金成分。在 Zr-Al 系中，各种相特别丰

富，当在合金中以吸气速率对铝含量绘成关系曲线时，呈现多吸气峰值，见图 6-16，而且其吸气特性一般较不含铝的纯金属要高。

Zr-Al16 合金的吸气性能列于表 6-16。表中是有效表面积 $1cm^2$ 的吸气剂在真空下的吸气性能，在一定温度范围内有增强趋势。同时，由于合金相中含有 Zr_5Al_3、Zr_3Al_2、Zr_2Al_3 体系（见图 6-17），其中 Zr_5Al_3 和 Zr_3Al_2 分别对 CO 和 N_2 吸收最有效。

表 6-16　ZrAl 合金粉的吸气性能

项　　目	100℃	400℃
CO	$200cm^3/s$	$1600cm^3/s$
H_2	$620cm^3/s$	$2110cm^3/s$
N_2	$50cm^3/s$	$260cm^3/s$

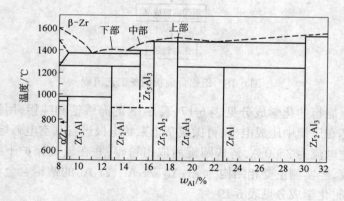

图 6-17　部分 Zr-Al 二元体系图

6.6.2　制备锆铝合金粉的工艺流程和合金粉的应用

A　工艺流程

制备锆铝合金粉的工艺流程见图 6-18。

B　制备锆铝合金粉的实践

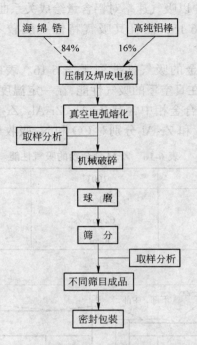

图 6-18 锆铝合金粉制备工艺流程

原料的化学成分见表 6-17、表 6-18 的海绵锆和纯铝,用铝棒为芯在压模中压成电极,再做成 7 个束状电极进行真空电弧熔化,熔化电流为 3500 A,铸成圆锭后取出粉碎,并在氩气保护下磨细过筛,经实测主要相结构为 Zr_3Al_2、Zr_5Al_3、Zr_2Al 的锆铝合金消气剂粉,化学成分见表 6-19。

表 6-17 海绵锆化学成分 （单位:%）

Co	Sn	Ni	Cr	Al	Mg	Mn	Pb	Ti	V	Fe
0.002	0.005	0.007	0.02	0.0075	0.06	0.005	0.01	0.005	0.005	0.15
Cl	Si	B	Cd	Cu	W	Mo	O	C	N	H
0.06	0.01	0.00005	0.00005	0.003	0.005	0.005	0.14	0.03	0.005	0.0075

表 6-18　纯铝化学成分　　(单位:%)

项目	Al	Fe	Si	Cu
Al-1	99.97	0.0016~0.0019	0.0017~0.0020	0.0032~0.0048
Al-1	99.93	0.0013~0.0060	0.0026~0.010	0.01

表 6-19　锆铝合金粉主要化学成分　　(单位:%)

ZrHf 余量	Al 15.0~16.5	不大于					
		Fe	Si	Ca	P	Cl	S
		0.2	0.2	0.2	0.01	0.005	0.01

C　锆铝消气剂的应用

在真空器件中,需要将金属粉末涂覆于金属表面,或压结成型或烧结在金属支持带上,也可以冲压在金属环形、矩形、折叠形带上,但不宜使用化学黏结剂。金属基带可以是钽、铌、钼、不锈钢、镍及镀镍铁等。

在行波管中使用时可将锆铝粉涂覆于灯丝托壁上,在管内进行消气、烧结和激活。在中继通讯用的功率行波管中,由于 10KC~10MC 频率范围内不允许出现大的噪音峰,提高管内真空度,可克服气体离子引起的噪音,因此可采用 Zr-Al 消气剂来提高真空度,消除残余气体引起的群频噪音,废品率可降到 3%以下,排气时间由原来的 11 h 缩短到 6h,提高了成品率。消气剂的处理和使用方便,消气剂涂敷后自然干燥,阴极因高温而分解激活,使消气剂本身随之进行了除气、烧结、激活,无需管外处理,且吸气性能更好。

在示波管装置中比较了 4 种不同的消气剂(蒸散型 3 种:Ba-Ti, Ba-Al-Ni, Ba-Na;非蒸散型 1 种:Zr-Al 合金)的工作特性,结果表明,从吸气特性,装架与除气工艺,蒸散面大小,牢固度及废品率比例等几方面比较,压制环状钡-铝-镍蒸散吸气剂仅适用于示波管。但如果在示波管电子枪一侧装一个压制环状 Zr-Al 非蒸散消气剂,作为较高温度下(示波管工作温度)的补充吸气剂则更为理想,结果如图 6-19、图 6-20 所示。由图 6-19 可以看出,装 Zr-Al 消气剂的分析系统在第一阶段测试中总压强一般为 7.33×10^{-4} Pa。主要气体为氮气、一氧化碳或二氧化碳等,而在第三阶段测试中,Zr-Al 消气剂已发生吸气作用,气体总压强可达 1.33×10^{-5} Pa,以惰性气体(氩、氦)为主。到第四阶段,经过阴极激活老练,释放一些活性气体如一氧化碳,水汽以及氮等,但分压进一步下降,总压也降低。这是因为阴极激活老练时,示波管处于较高温度,正好发挥 Zr-Al 消气剂在高温较强吸气能力,工作状态下有较好的吸气效果。

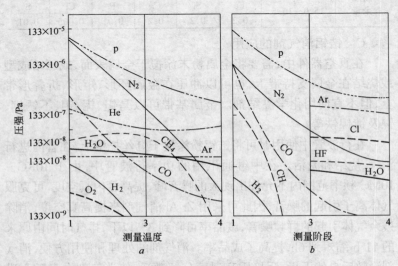

图 6-19　示波管内压强变化
a—26 号示波管 Zr-Al;b—9 号示波管 Zr-Al

锆铝消气剂在照明工业中的应用也取得了较好效果,如用于铁路信号灯、机车前灯中代替纯锆粉可提高寿命 25%~65%,见表 6-20。

表 6-20　锆铝合金粉与纯锆粉在灯泡中应用效果比较

项　目	用于 50V、500W 机车前灯			用于 12V、25/25 W 铁路信号灯		
	功率/W	光通量/lm	平均寿命/h	功率/W	光通量/lm	平均寿命/h
纯锆粉	505	9556	181	23.39	261	3202
Zr-Al16 合金粉	507	9396	299	23.31	256	3996

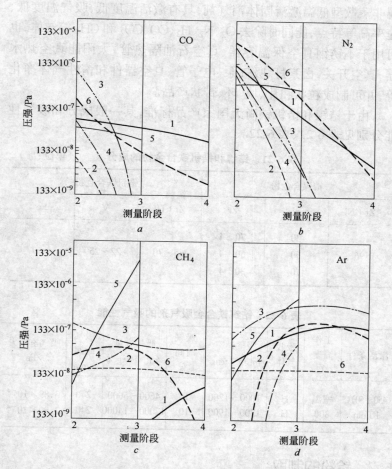

图 6-20 不同吸气剂(a)、(b)、(c)、(d)的示波管内各种气体压强的变化
1—1 号管 Ba-Ti;2—32 号管 Ba-Ti-Ni;3—19 号管 Ba-Al-Ni;
4—35 号管 Ba-N_2天线式;5—29 号管 Ba-N_2 非天线式;6—26 号管 Zr-Al

6.6.3 锆-镍、锆-钒-铁合金粉的制备和应用

锆镍、锆钒铁合金粉的制备工艺基本与锆铝相似,是用感应炉进行合金化后再经粉碎磨细,即可得到成品。其中镍钒铁合金粉

属非蒸散型低温激活固体消气剂,具有激活温度低,吸气温度低、速率高等特点,能同时除去 O_2、N_2、H_2、CO、CO_2 和 CH_4 等气体,也可用于不锈钢真空保温容器、真空石油隔热管,太阳能真空热水器,真空开关,卤素灯、吸气泵、电子管、真空器件和惰性气体净化等,并可制成粒状和片、块、环、带状产品。

由于锆镍和锆钒铁尚无国家产品标准,其一般成分和吸气性能分别见表 6-21、表 6-22。

表 6-21 锆镍和锆钒铁合金粉的成分　　（单位:%）

锆镍合金粉			锆钒铁合金粉		
Zr + Ni	Si	Zr	Zr + Hf	V	Fe
96	30 50 70	70±4 50±4 30±4	65~70	22~25	4~7

表 6-22 锆钒铁合金吸气剂的吸气性能

激活条件	工作温度/℃	吸收气体	吸气速率/mL·g^{-1}·cm^{-2}	吸气时间/s	吸气容量/mL·Pa·g^{-1}	吸气时间/min	吸气室压力/Pa
(450±50)℃ 10min	室温 300	H H	1000~1200 1700~1900	10 10	4600~5000 12000~14000	240 240	$3.89×10^{-4}$ $3.89×10^{-4}$

6.7　铪粉的制取

用前述制取锆粉的方法,一般均可制得铪粉,相关报道较少的原因是由于铪的产量太少,价格贵,除特殊用途外,很少在工业上使用铪粉。文献[10]介绍了在铪的氯化物体系中电解制取铪粉的方法。适宜的电解质体系为 KCl-HfCl$_4$ 或 LiCl-RhCl-HfCl$_4$,电解时 HfCl$_4$ 的浓度保护在 10% 左右,电解温度为 700~800℃,阴极电流密度为 0.1~0.3 A/cm^2,电流效率可达 85%,铪粉粒度小于

~ 276 ~

0.246 mm 仅为 5%,纯度有所提高,见表 6-23。

表 6-23 电解粉的化学成分

杂质含量/%					
Al,Cr,Co,H,N	Pb,Mn	Fe	Mg	Ni	Si
$\leqslant 10^{-3}$	$<2.5\times10^{-4}$	0.02	$<6\times10^{-4}$	$(2\sim6)\times10^{-3}$	$(1\sim3)\times10^{-3}$

参 考 文 献

1　A.H. 泽列克曼等 . 稀有金属冶金学.北京:冶金工业出版社,1982

2　林振汉 . 有色金属冶金提取手册.锆铪.北京:冶金工业出版社,1999

3　I. Harmann, J Nagg and M. Jacobson. Mines Rept Intrest, 1957

4　B. 勒斯特曼,F. 凯尔兹.俊友译 . 锆.下册.北京:中国工业出版社,1965

5　H.C. Anderson, L.H. Belz. J. Electrochem. Soc. , 1953

6　熊炳昆,马杰等 . 电真空用锆粉制备工艺的研究,北京有色金属研究总院,1974

7　电真空锆粉攻关组,马杰执笔 . 电真空锆粉的研制,稀有金属,1974

8　邬安华 . 钠还原制取锆粉的研究.北京有色金属研究总院,1965

9　A.H.泽列克曼,O.E.克列茵等 . 稀有金属冶金学.北京:冶金工业出版社,1978

10　侯嵩寿,吕镇和 . 稀有金属手册(下).锆铪.北京:冶金工业出版社,1982

11　吴享南 . 热电池用锆粉的研究,北京有色金属研究总院,1981

12　陈雨田 . 锆铝消气剂的研制与应用,稀有金属,1977(3)

7 锆化合物在耐火材料和
   铸造业中的应用

7.1 概述

耐火材料和铸造工业是锆英砂和二氧化锆应用的主要领域。耐火材料和铸造工业消耗的锆英砂和二氧化锆,早期占全部锆英砂产量的 60% 以上。美国锆英砂的消耗结构,也是以铸造和耐火材料为主,见表 7-1[1]。资料报道[2],近年来随着建筑、陶瓷和其他陶瓷材料对锆英砂和氧化锆的需求量不断增加,2001 年世界锆英砂的年用量达 100 万 t,应用和消费结构虽发生了变化,但耐火材料和铸造业仍占很大比例,见表 7-2。日本 2000 年消耗 ZrO_2 约 8900 t,其中用于耐火材料为 4200 t,约占 47%。资料报道[3,4],美国 1999 年生产近 1400 万 t 铸件,产值近 300 亿美元,是美国 10 大工业产业之一,仅铁合金铸件生产车间,年需 6.5 万 t 锆英砂。

表 7-1 美国 20 世纪 80 年代锆英砂的消费结构 (单位:%)

铸　　造	耐 火 材 料	陶瓷和玻璃	研磨材料	金　　属
约 40	约 30	约 15	约 7	约 8

表 7-2 世界锆英砂应用量和结构

项　目	1999 年用量/万 t	占比例/%	2000 年用量/万 t	占比例/%	2001 年[①]用量/万 t	占比例/%
陶瓷	44.5	47.3	48.5	48.6	50.0	49.9
铸造	16.6	17.7	16.8	16.8	16.9	16.8
耐火材料	15.5	16.3	15.8	15.8	15.5	15.5

续表 7-2

项 目	1999 年 用量/万 t	占比例 /%	2000 年 用量/万 t	占比例 /%	2001 年① 用量/万 t	占比例 /%
其他 ZrO_2	8.2	8.7	8.8	8.8	9.4	9.4
TV 玻璃	7.4	7.8	8.0	8.0	8.5	8.5
其他	1.9	2.0	8.0	2.0	8.5	8.5
总计	94.1	100	99.9	100	102.3	100

①预测量。

我国 1999 年铸件总产量为 1264 万 t,仅次于美国,锆英砂年用量约为 14 万 t,进口量约为 10 万 t,主要用于铸造、耐火材料、陶瓷和生产锆化学制品,金属制造用量所占比例不到 1%。

7.2 锆化合物在耐火材料工业中的应用[5]

耐火材料是钢铁冶金、有色金属冶金、玻璃、水泥生产的重要材料,文献[5]有详尽阐述。自从发现适当的添加剂可以使 ZrO_2 的高温立方晶型变得稳定以后,锆化合物在耐火材料领域中的应用得到很大发展。稳定的 ZrO_2 不被钢水浸润和溶解,因此可用作钢包和流钢槽等工作内衬的耐火材料。钢铁工业连铸技术的出现和玻璃的高质量化,使 ZrO_2 复合耐火材料得到较快的发展。如盛钢桶渣线用锆英石砖或锆英石浇注料以及 MgO-ZrO_2·SiO_2 浇注料,滑动水口的水口孔用 ZrO_2 质衬,浸入式水口砖由铝碳质发展为铝锆碳质,水口渣线部位材料则采用 ZrO_2-C 质,水平连铸用 ZrO_2 定径水口等,钢液过滤器用 ZrO_2 或 ZrO_2-Al_2O_3、ZrO_2-CaO、ZrO_2-MgO 等材质,加热炉炉床用电熔 AZS 制品,也可用作熔炼铂、铑和其他有色金属和煅烧用高温坩埚,玻璃熔窑采用电熔锆刚玉砖的 ZrO_2 含量已从 31% ~ 33% 提高到 40% 以上,在碱严重侵蚀的部位则使用 ZrO_2 含量 90% 以上的熔铸砖。干法制水泥回转窑的冷却带和过渡带内衬所用的高铝质耐火材料中加入少量 ZrO_2,可提高其一次性寿命。

近年来开发的称为 O′-ZrO_2 的材料,可与碳结合形成的耐火材料以及用 ZrO_2-CaO-C 制成水口,使其浇注铝镇静钢时在浸入式水口内氧化铝堵塞可减少 75%。据预测,ZrO_2 将代替 Al_2O_3 用做连铸用水口砖,并将与 MgO、CaO 等相结合成为多元系统的第三代材料。这种 ZrO_2 复合耐火材料包括 ZrO_2 复合的 Al_2O_3-SiO_2 系耐火材料;ZrO_2 复合的 MgO-CaO 系耐火材料;ZrO_2 复合的 MgO-MgO·Al_2O_3 系耐火材料;ZrO_2 复合的 MgO-Cr_2O_3 系耐火材料;ZrO_2 复合的非氧化物耐火材料等。

7.2.1　氧化锆在耐火材料中的作用[5]

　　A　ZrO_2在锆质耐火材料中的作用

(1)ZrO_2 在材料中生成主晶相或次晶相,使材质具有特殊的使用性能。熔铸 AZS(Al_2O_3-ZrO_2-SiO_2)材料的主晶相为斜锆石、刚玉共晶体,在斜锆石、刚玉、莫来石中,由于这些晶相的存在,抗玻璃熔液化学侵蚀稳定性比烧结法制成的高铝耐火材料高 1~5 倍,独立组元的共晶体是维持玻璃熔池受侵蚀的中、后期 AZS 砖体结构稳定性的重要结构单元。

在钢铁冶金中,利用稳定的 ZrO_2 具有氧离子在有氧势差的两相间移动的特性(即脱氧能力),采用稳定的 ZrO_2 衬套,可抑制氧化物析出,使连铸用浸入式水口中 Al_2O_3 沉积的堵塞程度减轻 50%。

(2)对材质的改性作用。刚玉质、高铝质耐火制品具有良好的化学稳定性和高温性能,但其热稳定性较差。由于 ZrO_2 有增韧作用,在刚玉和高铝质耐火材料中,加入少量 ZrO_2,可显著提高其热稳定性能,用于石油裂化炉,已取得良好效果。将 $ZrSiO_4$ 加入高铝砖中,在 1100℃ 温度下加热后,在水冷条件下热稳定次数可达 40 次以上,较一般高铝砖提高近 4 倍。

(3)利用锆质原料的矿物相不同以改进工艺。由于加入锆质的形态和矿物相不同,在原料合成时,可采用不同工艺而获得不同的反应性能。如在以反应烧结法制造锆莫来石或锆刚玉莫来石过程中,加入 ZrO_2 或加入 $ZrO_2 \cdot SiO_2$,不仅经济效益不同,且工艺方法亦有所不同。实践表明,工业氧化铝-锆英石混合物的反应烧结工艺比莫来石-ZrO_2 混合物简单,且在 1600 ℃ 温度下煅烧,可制得接近致密的物料,使 ZrO_2 包裹体的临界尺寸大于莫来石-ZrO_2 混合烧结物,从而提高了强度和韧性。在 1450~1600℃ 温度区内,莫来石化产生膨胀和致密化产生收缩同时发生,为优级生产工艺提供了重要依据。

B 共熔作用和不同的熔融温度

ZrO_2 除其本身具有熔点高、化学稳定性好、热导率低和不易被玻璃和熔渣所浸润等作为耐火材料应有的优良性能之外,ZrO_2 可与一些氧化物熔融生成锆酸盐的复合氧化物,具有较高的熔融温度,见表 7-3。

表 7-3 ZrO_2复合物的熔融温度

氧 化 物	复 合 物	熔融温度/℃
BaO	BaO·ZrO_2	2620
CaO	CaO·ZrO_2	2350
MgO	MgO·ZrO_2	2150
Al_2O_3	ZrO_2·Al_2O_3	1885

但在生产实践中,由于 ZrO_2 价格较高,常使用锆英砂与其他氧化物生成低熔混合物,见表 7-4,可提高材料的热稳定性。

表 7-4 锆英砂与氧化物生成低熔混合物的温度

氧 化 物	复 合 物	温度/℃
MgO	MgO·ZrO_2·SiO_2	约 1793
Al_2O_3	Al_2O_3·ZrO_2·SiO_2	约 1675
CaO	CaO·ZrO_2·SiO_2	约 1582
BaO	BaO·ZrO_2·SiO_2	约 1573
Na_2O	Na_2O·ZrO_2·SiO_2	约 1793

7.2.2 锆质耐火材料的有关相图

根据锆质耐火材料的平衡相图,可以确定适宜的耐火材料组成及用途,这些相图包括二元系、三元系和四元系。

(1)二元系平衡相图。与锆质耐火材料相关的主要二元系有 ZrO_2-SiO_2 系,见图 3-1;ZrO_2-CaO 系,见图 7-1;ZrO_2-MgO 系,见图 7-2;ZrO_2-Y_2O_3 系,见图 7-3;ZrO_2-CeO_2 系,见图 7-4 和 ZrO_2-SrO 系,见图 7-5。

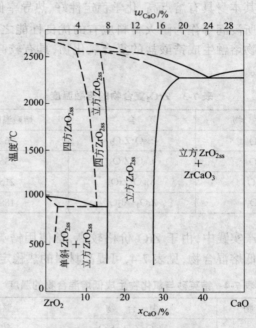

图 7-1 ZrO_2-CaO 系平衡相图

(2)三元平衡相图。与锆质耐火材料相关的三元系主要有 ZrO_2-Al_2O_3-SiO_2 三元系;ZrO_2-MgO-SiO_2 系、ZrO_2-MgO-Al_2O_3 系;ZrO_2-MgO-Cr_2O_3 系;ZrO_2-CaO-Al_2O_3 系和 ZrO_2-SiO_2-SrO 系。平衡相图分别见图 7-6~图 7-11。

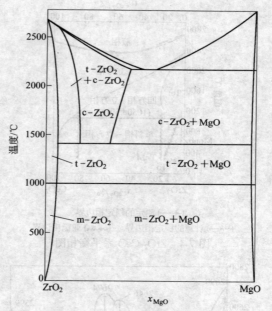

图 7-2 ZrO₂-MgO 系平衡相图

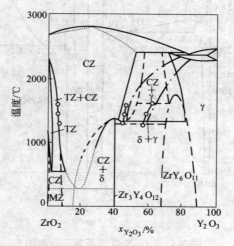

图 7-3 ZrO₂-Y₂O₃ 系平衡相图

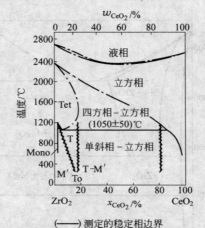

（——）测定的稳定相边界

（—·—）计算的稳定相边界　（〰〰）亚稳相边界

图 7-4　ZrO_2-CeO_2 系平衡相图

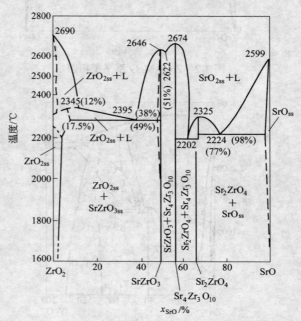

图 7-5　ZrO_2-SrO 二元系平衡相图

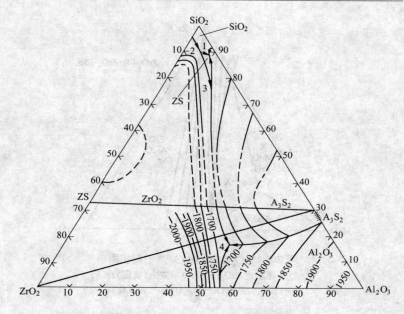

图 7-6　ZrO₂-Al₂O₃-SiO₂ 系平衡相图

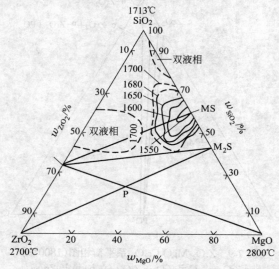

图 7-7　等温线表示的 ZrO₂-MgO-SiO₂ 系平衡相图

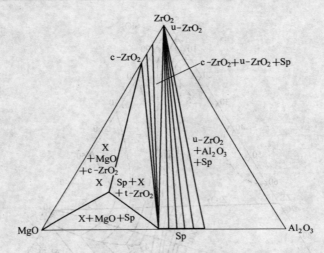

图 7-8 ZrO₂-MgO-Al₂O₃ 系平衡相图
u-ZrO₂—不稳定 ZrO₂；c—ZrO₂－立方(稳定)ZrO₂；
Sp—镁铝尖晶石；X—Mg-Al-Zr 三元氧化物

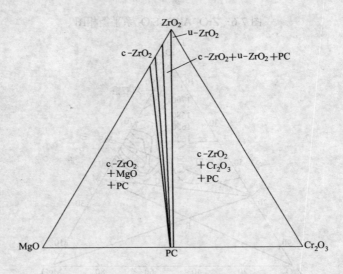

图 7-9 ZrO₂-MgO-Cr₂O₃ 系平衡相图(1800℃)
u-ZrO₂—不稳定 ZrO₂；c-ZrO₂—立方(稳定)ZrO₂；
PC—铬镁尖晶石，接近于 MgCr₂O₃

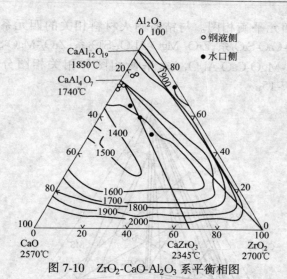

图 7-10 ZrO$_2$-CaO-Al$_2$O$_3$ 系平衡相图

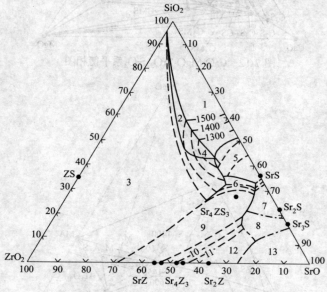

图 7-11 ZrO$_2$-SiO$_2$-SrO 系平衡相图

1—SiO$_2$；2—SrZrSi$_2$O$_7$；3—ZrO$_2$；4—SrZr$_3$O$_7$；5—SrSiO$_3$；6—Sr$_6$ZrSi$_5$O$_{18}$；7—Sr$_2$SiO$_4$；
8—Sr$_3$SiO$_5$；9—SrZrO$_3$；10—Sr$_4$Zr$_3$O$_{10}$；11—Sr$_3$Zr$_2$O$_7$；12—Sr$_2$ZrO$_4$；13—SrO

（3）四元平衡相图。与锆质耐火材料相关的四元系主要有 ZrO_2-MgO-CaO-SiO_2系；ZrO_2-MgO-Al_2O_3-SiO_2系；ZrO_2-MgO-SiO_2-SrO 系和 ZrO_2-MgO-CaO-Al_2O_3 系，平衡相图和相关相图分别见图 7-12～图 7-15。

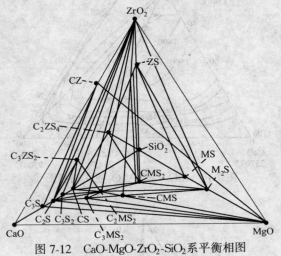

图 7-12 CaO-MgO-ZrO_2-SiO_2系平衡相图

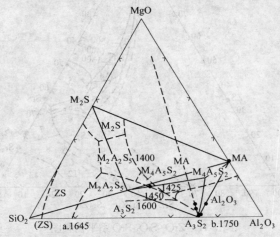

图 7-13 ZrO_2 的初晶相体积在组成四面体 Al_2O_3-MgO-SiO_2-ZrO_2 的对面（Al_2O_3-MgO-SiO_2）的投影

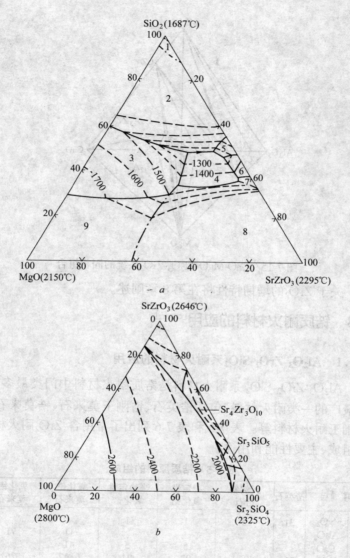

图 7-14　ZrO_2-MgO-SiO_2-SrO 等组成截面(a)

和质量分数系平衡相图(b)

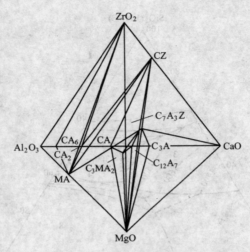

图 7-15　CaO-MgO-Al₂O₃-ZrO₂系统的固相组合

关于 ZrO₂的增韧特性将在第 8 章阐述。

7.3　锆质耐火材料的应用[5~7]

7.3.1　Al₂O₃-ZrO₂-SiO₂系耐火材料的应用

Al₂O₃-ZrO₂-SiO₂ 系耐火材料是锆质耐火材料中门类最多,应用最广的一类耐火材料,包括锆英石、锆刚玉莫来石、锆莫来石和锆刚玉耐火材料等。表 7-5 和表 7-6 列出了常用含 ZrO₂耐火材料的组成、主要性能和用途。

表 7-5　锆质原料的组成

项　　目		锆英石	天然斜锆石	稳定性氧化锆	半稳定性氧化锆	氧化锆-莫来石	氧化铝-莫来石
化学成分/%	SiO₂	31	2	1	1		
	Al₂O₃					11	71
	CaO			5	3	41	
	ZrO₂	66	95	93	94	−47	26
主要结晶相			m-ZrO₂	c-ZrO₂	c-ZrO₂ m-ZrO₂	m-ZrO₂ 莫来石	a-Al₂O₃ m-ZrO₂

表 7-6 锆质耐火材料的主要性能

材　　质		锆英石-氧化锆	氧化锆	氧化锆	氧化锆-石墨	熔铸氧化铝、氧化锆	熔铸氧化锆
用　　途		钢包内衬	连铸水口	窑具砖	浸入式水口	玻璃窑	玻璃窑
物理性能	显气孔率/%	17.4	16.0	25.0	15.5	0.5	
	密度/g·cm⁻³	4.06	4.61	4.19	3.75	3.50	5.60
	耐压强度/MPa	104	75			>300	500
化学成分/%	SiO_2	23			2	13	4
	Al_2O_3	1				50	
	ZrO_2	75	95	95	75	35	94
	C				19		

A　锆英石耐火材料

锆英石耐火材料包括富 ZrO_2 质锆英石耐火材料,锆英石耐火材料和富 SiO_2 质锆英石耐火材料。锆英石耐火材料是以锆英石为原料制成的,属酸性耐火材料,其抗渣性强,体膨胀率小,热导率随温度升高而降低,荷重软化点高,耐磨强度大,热震稳定性好。随着连铸和真空脱气技术的发展,以及玻璃的高质量要求,这种耐火材料的应用很广泛。

锆英石耐火材料有以单一锆英石制成的耐火材料,有以锆英石为主要原料,加入适量烧结剂制成的锆英石耐火材料。为了改善锆英石耐火材料的性能,还有加入其他成分如氧化铝、氧化铬,叶蜡石或石英的特种锆英石耐火材料。图 7-16 为锆英石耐火制品的生产工艺流程示意图。表 7-7 和表 7-8 为锆英石和氧化锆制品的性能。

表 7-7 锆英石砖的性能要求

物　理　性　能		化学成分/%	
耐火度/℃	>1790	ZrO_2	66.02
荷重软化点(0.2MPa)/℃	T_1 1620	SiO_2	32.96
	T_2>1700	Al_2O_3	0.60

续表 7-7

物 理 性 能		化 学 成 分/%	
真密度/g·cm^{-3}	4.63	TiO$_2$	0.25
体积密度/g·cm^{-3}	3.51~3.67	Fe$_2$O$_3$	0.23
显气孔率/%	20.4~24.0	CaO	微量
耐压强度/MPa	116~118.8	MgO	微量
体膨胀率/%	0.42	碱类	微量

表 7-8　国外烧结锆英石和稳定氧化锆制品的性能

性 能		锆 英 石		稳 定 氧 化 锆	
		美 国	英 国	美 国	英 国
耐火度/℃		2424		2550~2600	
显气孔率/%		21		31	
体积密度/g·cm^{-3}		3.0		4~4.4	3.9
真密度/g·cm^{-3}		4.6	4.59	5.6	5.66
平均体膨胀率/%		20~1550℃ 4.2	0~1500℃ 4.7	400~1250℃ 6.5	0~1500℃ 6.0
荷重软化点	负荷/MPa	0.18	0.2	0.07,0.28	0.2
	温度/℃	1550~1600	1500,1690	2110,1950	1710
	变形率/%	破坏	4	破坏,破坏	0
常温耐压强度/MPa		84		63	

　　锆英石耐火材料不仅对熔渣、钢水的耐侵蚀性和热稳定性良好,且适于在减压下工作,在冶金工业中广泛用于砌筑脱气用盛钢桶内衬。另外也用作冶炼不锈钢盛钢桶内衬,连铸用盛钢桶内衬、铸口砖、塞头砖、袖砖以及高温感应炉炉衬等。锆英石耐火材料对酸性渣和玻璃具有高的抗蚀性,因而被广泛用于玻璃熔窑的严重损坏部位。锆英石耐火材料还具有不为金属铝、铝的氧化物及熔渣侵透的特性,用作炼铝的炉底获得了良好效果。此外,由锆英石制成的坩埚、管、皿和实验室用容器等广泛用于高温加热。

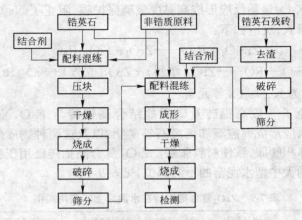

图 7-16 锆英石砖生产工艺流程示意图

B 熔铸锆莫来石耐火材料

材料的主要矿物相是莫来石、斜锆石、刚玉和非晶相。其化学组成处于 Al_2O_3-SiO_2-ZrO_2 三元相图中大约 Al_2O_3 63%、SiO_2 21%、ZrO_2 8% 生成稳定化合物的三角区内,莫来石固溶体的熔点为 1830~1870℃。制备锆莫来石熔铸砖的原料,有的以工业氧化铝和天然锆英石配料,并引入少量 Na_2O;有的用生矾土、软质黏土和锆英石压制成荒坯,经烧成后破碎至合适粒度,熔铸时再加入矿化剂 MgO。配料中选取 $w_{Al_2O_3}/w_{SiO_2}$ 比值在 2.2~3.2 之间为宜。配料中加入部分锆英石的目的是:提高熔液黏度,在退火中抑制晶体长大速度,以获得完整均匀的钢晶体结构;ZnO_2 不仅能促进晶体的形成,还能充当玻璃相的骨架,减少砖内的裂纹,调整砖体的矿物组成、改善砖的组织结构、提高其抵抗侵蚀和耐磨性能。这类材料主要用于玻璃熔窑的出口颈、铺面、前炉、给料室、蓄热室、熔池底部铺砌材料等。

C 锆刚玉莫来石耐火材料

在这一系列中锆英石的引入提高了高铝耐火材料抗碱侵蚀能力,这是由于其组成有效地抵抗了 Ca^{2+}、K^+、Na^+ 的扩散侵蚀,因为砖中未完全分解的锆英石与物料或气体中碱金属氧化物

(Na_2O、K_2O)最易反应形成高黏度玻璃保护膜,阻止了 Na_2O、K_2O 进一步渗入,反应如下:

$$ZrSiO_4 + R_2O \longrightarrow ZrO_2 + SiO_2 \cdot R_2O$$

$$ZrSiO_4 + RO \longrightarrow ZrO_2(单斜) + ZrO_2(立方) + SiO_2 \cdot RO$$

式中,R 为 K、Na、Ca 等元素。

避免了一般高铝砖及磷酸盐结合高铝砖与 K_2O、Na_2O 和 CaO 等反应形成钾霞石和钙霞石等矿物,以及这两种物质形成时产生的体积膨胀,致使材料胀裂。ZrO_2 复合高铝砖已用于我国不同窑型的大中型水泥窑的不同部位,见表7-9。

表 7-9 ZrO_2复合高铝砖在水泥窑上的应用实例

使 用 厂	窑型及规格	使用部位	原用砖情况	使 用 效 果
新疆水泥厂	日产 700t 水泥熟料窑外分解窑 $\phi3m \times L45m$	过渡带	磷酸盐结合高铝砖常大面积剥落	使用寿命为磷酸盐结合高铝砖的 1.5~2 倍
宁国水泥厂	日产 4000 t 水泥熟料窑外分解窑 $\phi4.7m \times L74m$	箅式冷却机后墙	日本引进普通镁铬砖,使用后该砖发酥,使后墙膨胀、开裂	经一年多的试验,效果极理想,寿命大大提高,现侧墙也开始使用
淮海水泥厂	日产 3000t 水泥熟料带悬浮预热器窑 $\phi5.8m \times L97m$	回转窑冷却带	用日本进口直接结合镁铬砖和镁铝尖晶石砖,价格昂贵,寿命不理想	冷却带温度变化较大,受熟料磨损严重,使用效果在观察中
上海水泥厂	湿法长窑 $\phi3.1m/2.5m/3.1m \times L78m$	过渡带及分解带	用普通镁铬砖,与水泥熟料反应层厚,结圈严重(500mm 厚),磷酸盐高铝砖常大块剥落	在未改变工艺条件下,基本消除结圈现象,使用寿命近 1 年

D   锆刚玉耐火材料

在刚玉质耐火材料中加入 ZrO_2 的质量分数为 6% 时,其抗折强度达到最大值,从 11.6 MPa 上升到 13 MPa。但随 ZrO_2 加入量的增加,抗折强度呈先增加后下降的趋势。刚玉质耐火材料的耐

压强度则随 ZrO_2 外加量的增加而增大,从 43.5 MPa 增大到 53.6 MPa,其中当 ZrO_2 外加量小于 3% 和大于 9% 时变化不明显。上述结果表明,ZrO_2 在刚玉质耐火材料中起到了助烧结作用,促进了刚玉质耐火材料的烧结,从而可提高材料的抗折强度和耐压强度。锆刚玉耐火材料包括烧结锆刚玉、熔铸锆刚玉、铬锆刚玉和钛锆刚玉耐火材料等多个品种,主要用于玻璃熔窑,特别是用于钠钙绿色、黑色玻璃、特种玻璃、纤维玻璃窑内对强度要求高的部位,也可用作水口、滑板材料。

7.3.2 ZrO_2-MgO-CaO 系耐火材料的应用

ZrO_2-MgO-CaO 系耐火材料包括 ZrO_2 复合 MgO 质耐火材料(当以 $ZrO_2 \cdot SiO_2$ 为 ZrO 源时则为 MgO-$2MgO \cdot SiO_2$-ZrO_2 系),ZrO_2 复合任意 w_{MgO}/w_{CaO} 比例的 MgO-CaO 系耐火材料和 ZrO_2 复合 CaO 质耐火材料。研究 MgO-ZrO_2 质和 ZrO_2-MgO 质耐火材料的性质后发现这类耐火材料的热稳定性、抗化铁炉炉渣和平炉炉渣的侵蚀性能都较 MgO 质耐火材料高,将 ZrO_2 加入 MgO 配料内,在 1700℃ 煅烧后可使制品具有高的热稳定性、密度和荷重转化温度。

别列日诺依等研究了 MgO-CaO-SiO_2-ZrO_2 四元系的相关系,并绘制了相图,认为在 1600℃ 时,MgO-ZrO_2-$2CaO \cdot SiO_2$ 在该四元系中可构成多种耐火材料。专利提出直接结合碱性材料的化学成分是 60%～85% MgO,7%～14% CaO,6%～18% ZrO_2,<6% SiO_2。这种材料是在 1700℃ 下烧成,获得的矿物组成为方镁石 65%～82%,$CaO \cdot ZrO_2$ 3%～19% 和一定数量的硅酸盐相,方镁石和 $CaO \cdot ZrO_2$ 直接结合,因而耐热震性能高。而 ZrO_2 与方镁石晶界区中的 CaO 反应生成 $CaO \cdot ZrO_2$,促进了方镁石晶体的长大,使用这种镁砂生产的 MgO-C 砖能够适应吹氧转炉衬中使用条件最严酷的部位。采用非球形镁砂和氧化锆粉制造连锆上水口,具有良好的耐蚀性和较高的高温强度,加入 SiO_2 细粉时,则可提高水口的耐剥落性能,并可以用锆英石细粉代替氧化锆粉。

　　用 MgO-MgO·Al$_2$O$_3$ 砖代替 MgO-Cr$_2$O$_3$ 砖,在水泥回转窑烧成带上的应用,可消除铬对环境的污染。添加 CaO 的 MgO-ZrO$_2$ 系耐火材料,与超高温烧成的 MgO-Cr$_2$O$_3$ 砖相比,其挂窑皮性相同,并且对水泥成分熔蚀的抵抗性要强。此外,由于材料中存在 CaO·ZrO$_2$ 相,因而其组织稳定性好。在水泥窑中应用有很高的使用寿命。而镁锆质浇注料,在钢包渣线处使用,比与锆英石砖使用寿命提高 25%,耐火材料单耗降低了 22%,费用减少 20%。ZrO$_2$ 对碱性耐火材料性能的影响为:

　　(1)ZrO$_2$ 在高纯镁砖中生成微裂纹,提高了砖的热稳定性;

　　(2)ZrO$_2$ 可以孤立硅酸盐相,减少对 MgO 的润湿,从而提高砖的强度;

　　(3)破裂的 ZrO$_2$ 吸收液相中的 CaO·SiO$_2$ 以点晶状分布,从而提高液相黏度和液相线温度,可减小渣的侵蚀作用,并提高砖的高温强度。

7.3.3　ZrO$_2$ 复合 MgO-MgO·Al$_2$O$_3$ 系耐火材料的应用

　　高纯 MgO-MgO·Al$_2$O$_3$ 系耐火材料的高温强度高,热稳定性好,具有良好的抗蚀性能,但与富 CaO 熔渣接触时会降低气孔率,形成变质层,在温度波动时在与原砖层交界处产生裂纹,产生剥落,并在 1100℃ 高温下快速蚀损。研究结果表明:

　　(1)在 MgO-MgO·Al$_2$O$_3$ 系耐火材料中添加 ZrO$_2$ 细粉,可促进材料组织致密化,强化结合,提高高温强度;

　　(2)添加 ZrO$_2$ 后在温度反复变动的条件下,其组织不易劣化,体积稳定性好;

　　(3)添加 ZrO$_2$ 可提高耐火材料耐水泥物料的侵蚀性能,因而 ZrO$_2$ 合金 MgO-MgO·Al$_2$O$_3$ 耐火材料也被广泛用于水泥窑。

7.3.4　ZrO$_2$ 复合 MgO-Cr$_2$O$_3$ 系耐火材料的应用

　　MgO-Cr$_2$O$_3$ 系耐火材料是 AOD 和 VOD 炉外精炼耐侵蚀的耐火材料,也是铜冶炼中不可代替的耐火材料。但在使用过程中会产生 6 价铬,在高碱度下会转变为可溶性稳定的铬盐,污染环境危害健康,因而使用受到限制。研究了 ZrO_2 复合 $MgO-Cr_2O_3$ 耐火砖(1730℃烧成),可提高烧结 $MgO-Cr_2O_3$ 耐火砖的高温强度和热震稳定性,促进了砖的致密化,见表 7-10。

日本开发的 $MgO-Cr_2O_3-ZrO_2$ 砖,通过选择合适的镁砂原料,合理的颗粒配比和高温烧结,砖的抗侵蚀性高,抗剥落性强,使用寿命优于其他碱性材料。

表 7-10 ZrO_2 对镁铬砖性能的影响

ZrO_2 加入量比 /%	显气孔率 /%	密度 /g·cm^{-3}	常温耐压强度 /MPa	常温抗折强度 /MPa	抗折强度(1400℃) /Pa	抗热震性(1100℃水冷循环次数)
	16	3.19	68	15.6	5.6	2
2.5	15	3.25	50	15.8	11.8	5
5	12	3.40	91	18.5	13.1	5

添加 ZrO_2 的再结合 $MgO-Cr_2O_3$ 砖和半再结合砖在 AOD 炉风口周围及 VOD 钢包渣线等高蚀区应用可提高寿命。同时,也是铜冶炼炉风口的重要耐火材料。

7.3.5 $MgO-C-ZrO_2$ 和 O′-ZrO_2-C 质复合耐火材料的应用

A MgO-C 质复合耐火材料

碳复合的镁质耐火材料($MgO-C$ 质耐火材料)可防止熔渣的侵蚀,抑制或分隔颗粒结合的特性,而用作炼钢炉墙内衬。添加不高于 5% 的 $ZrO_2 \cdot SiO_2$ 可提高其耐蚀性能。转炉对比试验表明,只添加 3% Al-Mg 合金的 MgO-C 砖,由于热应力高,使用中产生压应力裂纹。添加 3% $ZrO_2 \cdot SiO_2$,经 450 炉使用后,残砖内部无龟裂现象产生,损毁速度降低,使用寿命提高。

B O′-ZrO_2-C 质复合耐火材料

这是一种新型的含 ZrO_2 碳复合耐火材料,可用作浸入式水口保护环防止渣和钢水的侵蚀,并提高抗氧化性能。加入材料为

$ZrO_2 \cdot SiO_2$、Al_2O_3、Y_2O_3、Si_3N_4 和石墨,制得的浸入式水口可有效地防止和减少在多炉连铸镇静钢时 Al_2O_3 在内壁的黏着,同时还可提高使用寿命。

7.3.6 其他含锆耐火材料的应用[8~10]

A 氧化锆坩埚

我国洛阳耐火材料研究院研制的氧化锆坩埚的理化指标为:化学纯度:$ZrO_2 + HfO_2 + CaO > 99\%$;主晶相:立方 ZrO_2;最高使用温度:2300℃;显气孔率:小于 1%;体积密度:5.0 g/cm³。我国山东耐火材料厂生产的氧化锆坩埚的理化指标见表 7-11。氧化锆坩埚用于熔炼各种贵金属及其合金,如熔炼铂、铂-铑、铂-铱、金、银等。

由于钛酸锶、钛酸钡几乎与所有的耐火材料在高温下发生作用,只有 ZrO_2 质材料不受其侵蚀,所以也用作制备钛酸锶和钛酸钡的耐火材料。

表 7-11 氧化锆坩埚的理化指标(SB17—88)

项　　目	指　　标
Fe_2O_3/%	≤0.5
SiO_2/%	≤0.5
ZrO_2/%	≥92
显气孔率/%	≤0.5
体积密度/g·cm⁻³	≥4.5

B 氧化锆高温炉管

氧化锆高温炉管用于熔炼铬、钌、铑、钯、铱、铂及其合金,以及热电偶套管等。我国洛阳耐火材料研究院研制的氧化锆高温炉管的理化性能为:化学纯度($ZrO_2 + HfO_2 + CaO$)>99%;主晶相为立方 ZrO_2;最高使用温度为 2300℃;显气孔率小于 1%;体积密度为 5.4 g/cm³。

我国山东耐火材料厂生产的氧化锆管材的理化指标见表 7-12。

表 7-12 氧化锆管材的理化指标(SB17—88)

项 目	指 标
Fe_2O_3/%	$\leqslant 0.5$
SiO_2/%	$\leqslant 0.5$
ZrO_2/%	$\geqslant 92$
显气孔率/%	$\leqslant 0.5$
体积密度/$g \cdot cm^{-3}$	$\geqslant 4.5$

C 氧化锆陶瓷拉丝模

氧化锆陶瓷拉丝模用于熔炼铬、钌、铑、钯、铱、铂及其合金。我国研制的氧化锆陶瓷拉丝模的理化指标为:化学纯度 ZrO_2-HfO_2 + CaO>99%;主晶相为立方 ZrO_2;最高使用温度为 2300℃;显气孔率小于 1%;体积密度为 5.4 g/cm^3。

D 氧化锆空心球

氧化锆空心球是电熔制得的空心球状隔热材料。它的特点是耐高温、质轻,能在 2200℃ 下使用。这种材料是高温炉理想的填充料,也是耐火浇注料合适的骨料。我国研制的氧化锆空心球产品的理化指标规定,主成分(ZrO_2 + CaO)$\geqslant 97$%;主晶相(立方 ZrO_2)不小于 80%;最高使用温度为 2200℃;堆积密度为 $1.5\sim 2.5$ g/cm^3;粒度为 $0.5\sim 0.2$ mm。

氧化锆空心球制品是由氧化锆空心球制得的新型隔热材料,这种制品具有较高的高温强度及稳定的气孔结构,从而能在 2200℃ 高温下安全使用。氧化锆空心球制品密度低和热传导率低,既能减少热量损失,又能降低蓄热量。因此使用上述制品可降低能耗和减轻高温炉自重。

E 磁流发电用锆质耐火材料[9]

磁流体发电(简称 MHD)是一种把能源直接转换成电能的新型发电方法,磁流体发电按其工作流体不同可分为三类:以煤、油或天然气等作燃料、燃烧热气作为离子化气体的开放循环式,以原子能加热的稀有气体密闭循环和液态金属循环式。其中又以煤作为燃料的开环磁流体发电具有重要意义。图 7-17 为开环磁流体发电机组示意图,主要由燃烧室、发电通道和空气预热器等部分组成。燃料在燃烧室中燃烧后产生高温高压电离导电气体,经喷管加速后,高速流过发电通道,送入锅炉生产蒸汽。燃烧室、发电通道和空气预热器直接与侵蚀性很强的高温气流接触,工作条件恶劣,其中以发电通道尤为严重,因而要求材料应具有良好的耐热性、耐冲刷性、耐腐蚀性和抗热冲击的性能。文献[9]报道了用半稳定 ZrO_2 砖、镁衬和黏土砖砌成的内径为 520mm 的燃烧实炉体,使用 600 h 后仅发现轻微龟裂和侵蚀。采用含稳定 ZrO_2 92.2%、CaO 3.46% 材料的燃烧室内衬,在火焰温度 2500℃ 下工作,也取得良好效果。特别是 $ZrO_2(CeO_2)$ 稳定型耐火材料在抗钾化合物中的应用效果最好。图 7-18 为磁流发电用电极材料的分类。ZrO_2 还可以用作发电机的隔热涂层(含 ZrO_2 6%～8%),用等离子法将其喷涂在高温叶片上,可提高发电机的工作温度 50～200℃。

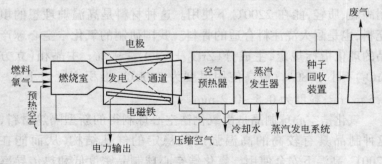

图 7-17　磁流体发电机组示意图

F　ZrO_2 纤维

氧化锆纤维可采用先驱体法和胶体法制备。在用先驱体法时,用人造纤维作为先驱体纤维,在含稳定剂的氯化锆水溶液中浸泡和干燥后,在 350～1300℃ 下加热处理,经脱水、分解、反应和结晶生长后获得稳定氧化锆多晶纤维。如以胶体法生产时,以氧氯

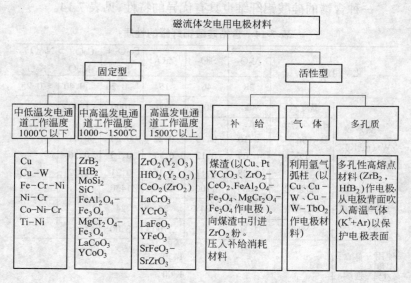

图 7-18 磁流体发电用电极材料的分类

化锆为原料,加水溶解,加入一定数量的稳定剂,加热浓缩成具有适当黏度的母液,然后在相对湿度为 20%～30% 和温度为 5～90℃ 的条件下以喷吹或离心甩丝工艺制成纤维"坯体",干燥后经高温加热处理而制得多晶氧化锆纤维。

表 7-13 列出了我国研制的氧化锆纤维和国外同类产品的性能比较。稳定氧化锆纤维本质上具有氧化锆的耐火性能好(熔点 2590℃),导热系数小和耐侵蚀性能强等特点。在 1650～1930℃ 范围内,密度为 0.48 g/cm³ 的纤维材料的导热系数最小。

表 7-13　氧化锆纤维的性能比较

项　目	中　国	国　外
$w_{ZrO_2 + Y_2O_3}$/%	>99	>99
主晶相	四方加立方 ZrO_2	立方 ZrO_2
纤维直径/μm	<8	3～6
长期使用温度/℃	1650	>1650
加热收缩率(1600×6)/%	>1.6	

一种含锆的硅酸铝纤维也具有优异的特性,见表 7-14。

表 7-14 含锆硅酸铝纤维的性质

化学组成/%		Al_2O_3	SiO_2	ZrO_2	$Fe_2O_3 +$ TiO_2	$CaO +$ MgO	$Na_2O +$ K_2O
		38	46	15	≤0.20	≤0.40	≤0.25
导热系数 /$W \cdot (m \cdot K)^{-1}$	温度/℃ 密度/$kg \cdot m^{-3}$	400	600	800	1000	1200	
	96	0.10	0.15	0.22	0.30	0.41	
	128	0.09	0.12	0.17	0.23	0.36	
	160	0.08	0.11	0.16	0.21	0.32	
加热收缩率	温度/℃	1000	1100	1260	1430		
	时间/h	24	24	24	24		
	%	1.50		2.00	3.00		
使用温度/℃	最高	1430					
	连续	1300					

加入适当的结合剂或填充材料,氧化锆纤维可进一步加工成各种纤维制品,作为高温高效隔热材料,如高温电炉隔热内衬,熔融金属的过滤材料,高温催化剂载体,高温燃烧电池的多孔材料以及高速飞行器的复合增强材料等。

G 锆质耐火混凝土[10]

锆质耐火混凝土一般采用锆英砂和氧化锆做耐火骨料和粉料,磷酸或磷酸盐做胶结剂,一般情况下不加促凝剂,需经热处理后而获得强度。锆质耐火混凝土最常用的耐火骨料和锆英砂粉,其化学成分:ZrO_2 64%～65%,SiO_2 32.13%;颗粒级配料用量:0.3～0.088mm 占 60%,小于 0.088mm 占 40%。用浓度 60% 的磷酸调制锆质耐火混凝土,其性能如下:耐火温度大于 1800℃;荷重软化温度开始点为 1470℃,变形 4% 时为 1620℃;1200℃烧后和高温耐压强度分别为 50MPa 和 26MPa;经 1200℃ 和 1400℃ 烧后线变化略有膨胀,分别为 0.15% 和 0.25%;在 1200℃ 时的线膨胀率为 0.5% 左右。

磷酸锆英石耐火混凝土烧后和高温耐压强度变化特征呈现"上升—下降"的抛物线型,经 250℃ 烘干后,耐火混凝土耐压强度约为 10MPa,加热温度上升至 400℃,烧后和高温耐压强度都有显著增长,温度高于 400℃ 以上,其强度则随之缓慢下降,高温强度在 400~1200℃ 范围内,约比烧后耐压强度降低 30%~40%。

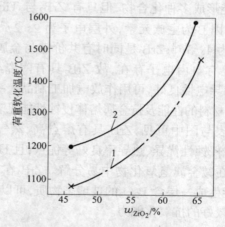

图 7-19 ZrO₂ 含量与水泥荷重软化温度的关系
1—开始点;2—变形 4%

锆英石耐火混凝土用磷酸做胶结剂时,在常温下不硬化,经过烘烤后有强度。其烘干温度不低于 450℃,否则因 ZrP₂O₇ 在 340℃ 具有可逆转化而易发生潮解。磷酸锆质耐火混凝土的化学结晶水在 800℃ 之前逐渐失去,并从 300℃ 起 P₂O₅ 逐渐升华。虽然加热时要通过中间相转化,但不影响强度。

锆英砂的品位(即 ZrO₂ 的含量)对耐火混凝土性能有较大的影响,由图 7-19 可见,耐火混凝土的荷重软化温度随锆英石中 ZrO₂ 含量的增加而显著提高。采用 ZrO₂ 含量为 46% 的原矿,其荷重软化温度开始点仅有 1070℃;而用 ZrO₂ 含量为 65% 的精矿,则开始点为 1470℃,变形 4% 时为 1620℃,比前者约提高了 440℃。

磷酸锆质耐火混凝土具有耐压强度高,荷重软化温度高和优良的热震稳定性,同时有较好的化学稳定性和抗渣性等特点。因此,在许多重要工程上使用,均取得了较好的效果,如在液态排渣锅炉上使用,寿命可达 2 年以上。

H　硼化锆的应用[11,12]

Zr 与 B 能形成多种化合物,但只有 ZrB_2 与 TiB_2 一样是最稳定的化合物。因 B 为主族元素,外层电子为 $2s^2 2p^1$;Zr 为副族元素,外层电子为 $4s^2 3d^2$;ZrB_2 是同时有共价键与金属键的化合物,即其结构中还有自由电子存在,故 ZrB_2 具有陶瓷与金属的双重性,熔点很高,导电性良好,可用作放电加工制品。一些 ZrB_2 和常用的非氧化物材料的性能及抗金属熔体侵蚀性能见表 7-15、表 7-16与图 7-20,由表与图中可见,ZrB_2 具有熔点高、蒸气压低、电阻率低、硬度高、抗侵蚀性优异、热导率良好等优点,且 HCl 与 HF 酸中是稳定的,但在碱金属氢氧化物中易分解。ZrB_2 在 1100℃ 以上,由于氧化时能生成一层含 B_2O_3 的玻璃态物质,可以阻碍其进一步氧化,因此有较好的抗氧化能力。

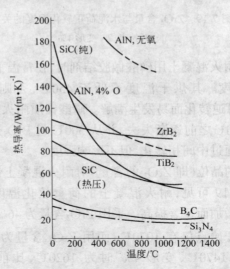

图 7-20　非氧化物耐火陶瓷的热导率与温度关系比较

ZrB_4 由于具有上述优良性质,除用作磨具、磨料外,ZrB_2 质材料现已用作钢铁工业连续测温的保护管,连铸中间包二次加热电极。ZrB_2 将是连铸采用电磁技术解决水口堵塞、净化钢液和近终形连铸时的合适材料。

ZrB_2 的制备方法很多,主要有:

(1)B_4C 还原氧化物法,反应为:

$$ZrO_2 + 0.5B_4C + 1.5C \longrightarrow ZrB_2 + 2CO$$
$$\Delta G^\ominus = -5.755 \times 10^5 + 397.9T \quad (J/mol)$$

或

$$3ZrO_2 + B_2O_3 + B_4C + 8C \longrightarrow 3ZrB_2 + 9CO$$

还原在真空或氢气氛中于 1600~2000℃ 下进行。

(2)氧化物的硼还原:

$$3ZrO_2 + 7B \longrightarrow 3ZrB + 2B_2O_3$$

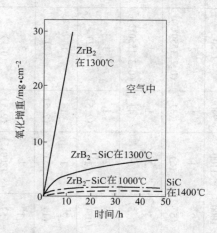

图 7-21 ZrB_2、SiC 及 ZrB_2-SiC 复合材料的抗氧化性

(3)铝热还原法:

$$ZrO_2 + B_2O_3 + 10/9\ Al \longrightarrow ZrB_2 + 5/3\ Al_2O_3$$

(4)氯化锆的氢还原:

$$ZrCl_4 + 2BCl_3 + 5H_2 \longrightarrow ZrB_2 + 10HCl$$

表 7-16 一些非氧化物耐火陶瓷与金属熔体及熔渣的反应性比较

金属熔体或熔渣		Al	Cu	Zn	Si	Ni	Fe	冰晶石	碱性渣	酸性渣
试验温度/℃		1000	1100	940	1450	1500	1550	1050	1520	1520
反应性评级	ZrB₂	2 (5)	1 (5)	1 (3)	2 (0.2,1550℃)	3 (0.3)	1 (2)	2 (20)	1 (12)	1 (12)
	TiB₂	1 (0.5)	2 (5)	1 (4)	4 (0.3,1550℃)	3 (0.3)	3 (0.1)	1 (20)	1 (12)	1 (12)
	TiN	4 (0.1)	2 (1)	1 (2.5)	4 (0.2)	4 (0.1,1460℃)	2 (0.1)	2 (36)	1 (0.3)	1 (0.1)
	BN	2 (1)	1 (5)	1 (2.5)	1 (2)	4 (0.1,1460℃)	1 (0.5)			
	Si₃N₄	1 (5)	1 (5,1200℃)	1 (2.5)	3 (0.1)	3 (0.1,1460℃)	2 (1)	2 (36)		
	MoSi₂	3 (5)	2 (0.5,1130℃)	1 (2.5)	3 (0.1)	4 (0.5)				

注：表中数字，1—不反应；2—微弱反应；3—反应；4—激烈反应。括孤内数字表示熔体与非氧化物耐火陶瓷接触时间，h。

表 7-15 一些非氧化物耐火陶瓷的物理性质比较

非氧化物陶瓷	ZrB₂	TiB₂	B₄C	α-BN	SiC	β-Si₃N₄	AlN	MoSi₂
密度/g·cm⁻³	6.09	4.53	2.52	2.29	3.21	3.19	3.27	6.24
熔点/℃	3245	3225	2450	2730(升华)	2760(分解)	1990(分解)	1850①(分解)	2030
蒸气压/Pa (温度)	4.3×10^{-3} (1800℃)	1.14×10^{-2} (1800℃)	9.11×10^{-2} (1900℃)	1.01×10^{5} (2737℃)			8.0×10^{-2} (1597℃)	1.25×10^{-1} (1800℃)
线(膨)胀系数 (25~1000℃)/℃⁻¹	$5.9 \times 10^{-6} \sim 4.6 \times 10^{-6}$	4.6×10^{-6}	4.5×10^{-6}	$(0.5 \sim 1.7) \times 10^{-6}$	4.7×10^{-6}	2.8×10^{-6}	5.6×10^{-6}	8.2×10^{-6}
电阻率/Ω·cm (25℃/1000℃)	$10^{-5}/—$	$10^{-5}/10^{-4}$	$0.1 \sim 10$ / $0.1 \sim 4$	$10^{16}/10^{6}$	$5 \sim 50$ / $1 \sim 20$	$10^{12}/10^{5}$	$10^{12}/10^{5}$	$2 \times 10^{-5}/—$
莫氏硬度	9	9.5	9.6	$1 \sim 2$	9.5	9	8	
显微硬度	2250	3370	4950		3340	3340	1230	1200
弹性模量/Pa	3.43×10^{-5}	5.30×10^{-5}	1.42×10^{-5}	$(0.34 \sim 0.85) \times 10^{-5}$	3.87×10^{-5}	0.46×10^{-5}	0.31×10^{-5}	4.22×10^{-5}
最高使用温度 /℃ (氧化气氛/惰性气氛)	1100~1400 /3200	1100 /3200	800 /2250	900 /2800	1650 /2200	1300~1500 /1400~1600(N₂)	700 /1850	>700~1700 /1650

① 在 10 MPa 的 N₂ 气氛下熔点为 2800℃。

(5)熔盐电解法：

ZrO_2 与碱土金属或氟化物在 700~1000℃ 电解。

(6)自蔓延高温合成法。此法已工业应用，又称燃烧合成法，可将反应物微粉压制成块，一端通电点火燃烧，反应放出的巨大热量使邻近物料燃烧反应。

ZrB_2 制品在真空或惰性气氛中采用热压法制得。其特性见表 7-17。ZrB_2 也可制成 ZrB_2-SiC，ZrB_2-BN 的复合材料，抗氧化性见图 7-21、表 7-18。由于六方 BN(α-BN)结构与石墨相似，有很好的润滑性，莫氏硬度值只有 2，易于机械加工。BN 的热膨胀系数低，抗热震性优良，许多金属熔体如 Al、Fe、Si、Cu、Zn、Sn、Ni、Bi 等对其不润湿、不反应，抗熔渣、玻璃的侵蚀性极好，并有很好的高温电绝缘性。

表 7-17　热压与常压烧成的 ZrB_2 样的性质对比

项　目	温　度	热压烧成	常压烧成
密度/g·cm^{-3}		5.80	5.60
抗折强度/MPa	室温	570	350
	1400℃	290	180
K_{IC}/MPa·m$^{-1/2}$		4.2	4.1
体(膨)胀系数/℃$^{-1}$		6.3×10^{-6}	6.1×10^{-6}
热导率/W·(m·K)$^{-1}$	室温	64.4	56.5
抗热冲击温差 ΔT/℃		250~300	200~250

在 ZrB_2 中加入 BN，不仅有利于 ZrB_2 机加工，还能显著提高制品的抗热震性、抗金属熔体与熔渣的侵蚀性，并使其成为电阻发热体，用于熔融各种金属或作为金属熔体蒸发时的容器。ZrB_2-BN 复合材料是近年来受到特别重视的新型高级耐火材料。

表 7-18 热压与常压烧成的 ZrB₂-BN 复合陶瓷性能

项 目	热压烧成	常压烧成
密度/$g \cdot cm^{-3}$	4.94	4.10
抗折强度(室温 1400℃)/MPa	340 180	150 80
K_{IC}/$MPa \cdot m^{-1/2}$	3.7	2.8
线(膨)胀系数/℃$^{-1}$	6.2×10^{-6}	5.7×10^{-6}
热导率(室温)/$W \cdot (m \cdot K)^{-1}$	39.9	30.1
抗热冲击温差 ΔT/℃	550~600	550~600

7.4 锆化合物在铸造工业中的应用[13,14]

7.4.1 铸造锆砂的性质

A 铸造工艺

铸造是将金属熔化成液体,浇注到具有与零件形状相似的铸型空腔内,待其冷却、凝固后获得铸件的工艺方法。砂型铸造的铸型腔采用砂质,待型腔中液体金属冷却凝固后,从铸型中取出铸件。砂型铸造是应用最广泛的一次性铸造方法,在机械制造业中80%的铸件是通过砂型铸造获得的,锆英砂是铸造工业的重要配砂,工艺流程如图 7-22 所示。

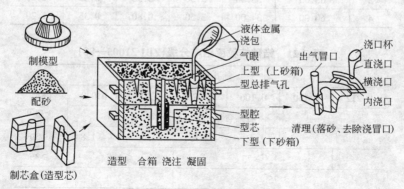

图 7-22 砂型铸造工艺流程

B 铸造用锆砂的性质

锆砂的结晶构造为四方晶系,呈四方锥柱形,密度为 4.6~4.7,均匀莫氏硬度为 7~8 级,熔点随所含杂质的不同在 2190~2420℃ 间。纯的锆英砂无色,因存在铁的化合物,一般呈棕色、黄褐色或淡黄色。理论上纯锆英砂含 67.23% ZrO_2 和 32.77% SiO_2,它是 ZrO_2-SiO_2 系惟一的化合物,天然锆砂一般含 57%~66% ZrO_2。锆砂的主要热物理性能见表 7-19。铸造用锆砂的化学成分、粒度及要求见表 7-20、表 7-21 和表 7-22。

表 7-19 锆砂的主要热物理性能

熔点 /℃	线(膨)胀系数 /K^{-1} 20~1000℃	热导率 /$W \cdot (m \cdot K)^{-1}$ 1200℃	软化点 /℃	分解温度 /℃	蓄热系数 /$kJ \cdot (m^2 \cdot K \cdot s^{\frac{1}{2}})^{-1}$
2190~2420	5.5	2.1	1660~1800	154~2000	3.14

表 7-20 锆砂按化学成分分级(ZBJ 31005—88)

分类等级	化学成分/%					
	$(Zr \cdot Hf)O_2$ ≥	SiO_2	TiO_2	Fe_2O_3 ≤	P_2O_5	Al_2O_3
1	66.00	33.00	0.30	0.15	0.20	0.30
2	65.00	33.00	1.00	0.25	0.20	0.80
3	63.00	33.50	2.50	0.50	0.25	1.00
4	60.00	34.00	3.50	0.80	0.35	1.20

表 7-21 锆砂按粒度组成分级(ZBJ 31005—88)

筛孔尺寸/mm						峰值含量[①]
0.212	0.150	0.106	0.075	0.053	0.020	
各筛含量/%						
		≥75			≤1.8	≥30
	≥75			≤1.8		≥35
	≥75			≤2.0		≥35

①粒度集中的相连三个筛号中,中间筛子上的残留含量。

表 7-22 对锆砂的其他规定(ZBJ 31005—88)

含 水 量	酸 耗 值	总放射性比活度
≤0.3%	≤5	$\leqslant 7 \times 10^4 Bq \cdot kg^{-1}(2 \times 10^{-6} Cikg^{-1})$

C 铸造用锆砂的优点

a 体膨胀率小

锆砂比目前工业上应用的各种铸砂如石英砂、橄榄石砂、铬矿砂的体膨胀率小,锆砂在 1000℃ 的体膨胀率仅为 0.32%,能够避免铸件产生结疤、夹砂等表面缺陷,提高铸件质量,降低废品率,见图 7-23 和表 7-23。

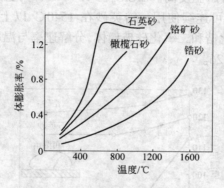

图 7-23 各类砂子的体膨胀率

表 7-23 不同型砂的体膨胀率

石英砂	1.6%,1000℃
橄榄石砂	0.9%,1000℃
烧土砂	0.5%,1000℃
锆砂	0.32%,1000℃

b 导热性高

锆砂的导热性比石英砂高出两倍多(石英砂热导率为 0.70

W/(m·K),锆砂为 2.27 W/(m·K))。由于其密度高,同体积的锆砂与石英砂相比,前者的冷却速率约为后者的 4 倍,锆砂的蓄热能力大,蓄热系数为 45 kJ/(m²·h),石英为 20 kJ/(m²·h),因此,锆砂对铸件有较强的激冷作用,可细化金属组织,提高铸件的力学性能。

c 不易被熔融金属浸润

钢水与锆砂的浸润角比石英砂大,它几乎不被熔融金属或金属氧化物浸润,见图 7-24,因此充型过程中金属液与铸型之间的界面张力有利于阻止金属液浸入铸型间隙,可减少黏砂缺陷。

d 分解温度和热稳定性高

锆砂加热分解温度高。$ZrSiO_4$ 在 1540 ℃ 保持稳定,高纯锆砂在 1870℃ 以上可连续使用。锆英砂在 1540℃ 以上开始缓慢分解成单斜二氧化锆和二氧化硅玻璃体,分解速率与温度时间有关,见图 7-25、图 7-26。

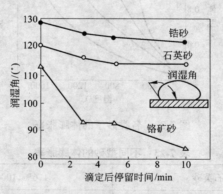

图 7-24 各类型砂的钢水润湿与时间的关系(钢水滴定法)

e 粒形好、表面清洁、呈弱酸性

锆砂粒表面洁净、形貌呈圆形或椭圆形,适宜用于各种黏结剂,且黏结剂消耗量比其他砂少。另外,锆英砂 pH 值低,通常接近 6,呈中性或弱酸性,需酸值低,也可用于配制树脂砂,处理时可加热除去挥发物。

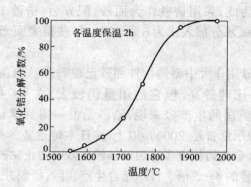

图 7-25　砂热分解与温度关系

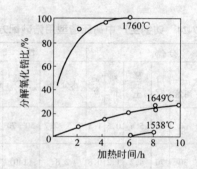

图 7-26　砂热分解与加热时间的关系

7.4.2　锆砂在铸造工业中的应用

由于锆砂具有上述良好的铸造性能,美国于 20 世纪 40 年代初首先用于铸造飞机部件获得成功后,很快得到推广应用,50 年代起开始在铸钢上使用。我国始用于 50 年代末、60 年代初。目前世界锆砂产量的 30 % 左右用于耐火材料和铸造业。锆砂在铸造生产中主要用于铸钢件的面砂,锆英粉涂料和壳型铸造。

A　用作铸钢件的面砂

锆砂用作铸钢件面砂可减少铸件表面缺陷,提高表面光洁度。如连铸机铝锭钢铸模,要求铸模内腔铸字清晰、内表光滑、不起夹子和气孔。为此,采用锆砂作为面砂,配方为:锆砂 100%、桐油4%、陶土 3%、水分加入比为 6%~7%,可获得表面光洁、尺寸精确的铸件。

国外锆砂用作大中型铸钢件面砂已很普遍。如在美国,尽管锆砂的价格比硅砂高,但它的用量仍较大,在 1974 年就曾达85000 t。对英国的生产家来说,锆砂是惟一得到承认的耐火砂种,最高年使用量曾达 20000t 以上 。日本铸造业的厚壁和大型铸钢件、高合金钢铸件也多采用锆砂做面砂以防止黏砂,虽然锆砂的售价为硅砂的 4~5 倍。日本结合生产实际,研制并使用了适合于高压造型特点的防黏砂用砂,用于防止铸钢黏砂缺陷。配方及性能见表 7-24。

表 7-24 铸钢生产中高压造型用锆砂配方

砂种	成 分/%							性 能			用 途
	石 英 砂			锆砂	膨润土	糊精	淀粉	水分/%	湿透气率/%	湿压强度/kPa	
	SiO_2	粒度/mm(目)	用量								
防黏砂用砂	97.17	0.189/0.113(70/140)	60	40	5.5	0.5	1.5	2.5~2.7	50~70	58.8~68.6	大型铸件
防黏砂用砂		0.147/0.074(100/200)	30	70	4.2	1.2	0.8	2.8	(140)	(82.3)(比压17)	大型铸件

锆砂可激冷并局部节热,减少芯型的阻碍作用,防止产生热裂。锆砂由于其导热速率比普通硅砂高,故又被称为"冷砂",且由于它的体膨胀率小,故用作型芯的面砂,可减少型芯对铸件收缩的阻碍作用。如生产 36 cm 阀体,阀体毛重及浇注总重分别为 485kg 和 986kg,钢种为 SC49,铸型及型芯的黏结剂分别为硅酸二钙和醇酸树脂,在生产中铸件存在裂纹,如面砂用锆英砂+0.3% 锯末,背砂用硅砂+0.5% 发泡苯乙烯后裂纹发生率降低。

B 用于制作锆英粉涂料

锆英砂粉涂料在铸钢生产特别是大型铸钢件及合金钢铸件中应用得很广泛。我国不少铸钢厂使用锆英砂粉涂料已有多年历史,如在不锈钢铸件中用锆英砂粉作涂料时所得铸件表面光滑;涂料一般涂刷一次即可,厚大的不锈钢件可涂刷 2～3 次。而将锆英砂粉涂料用于生产铸钢轧辊已有多年历史,轧辊产量平均每年达万吨以上。最大辊重 8 t 多,断面直径达 680 mm,全部采用铁模挂砂或铁模刷锆英砂粉涂料工艺,获得了表面光洁的铸辊。在实践中曾采用表 7-25 中的锆英粉涂料配方。

表 7-25　锆英砂粉涂料配方实例①

| 锆英砂粉 | 成　分/% | | | | | | 制　法 | 用　途 |
	膨润土	白泥	CMC	糊精	糖浆	水柏油		
100	1.5～2			1.5～2	2		湿混 8 h	厚壁铸钢件
100		3	6			0.8	混 40～60 min	轧辊
100		3			6	0.8	混 40～60 min,CMC:水＝1:25	轧辊
100	3				3		干混 15 min,湿混 8 h	合金钢件
100		3			5～6			轧辊

①锆英砂粉粒度要求 80% 通过 0.074mm(200 目),Fe_2O_3 小于 0.1%。

C　用于壳型铸造

锆砂在国外已成功地用于碳钢铸件的壳型铸造,由于锆砂密度大,而壳型铸造所用的砂量又同铸件的尺寸和重量成正比,故砂与金属之比较低,因为锆砂同酚醛树脂的互容性好,因而要比其他砂类经济,并且制得的铸件尺寸精度高,表面光洁度好。

D　用于特殊金属铸造

在钛、锆等稀有金属在铸造过程中一般采用石墨铸型,并用有机物作黏结剂,在成形过程中,存在着诸如钛铸件表面层受到碳污染,铸件内部气孔、缩孔多,铸型成本高,造型及铸型处理周期长等缺陷。以氧化锆为涂料的水玻璃锆砂铸型,代替石墨粉捣实铸型,用于浇注钛铸件获得成功。造型材料为水玻璃锆砂,水玻璃加入量控制在 2.2%～3.0%。涂料为氧化锆醇基快干涂料。铸型焙烧时将铸型逐渐加热到 650℃ 左右,视铸型的大小厚薄,可保温 1～2 h,炉冷至室温进行浇注。成型工艺为混砂—造型(刷涂料)—

焙烧(650~700℃ 保温 1~2 h)—浇注。

实践表明,浇注的钛铸件,表面污染层只有 0.09 mm,铸件内部气、缩孔缺陷少。铸型成本比石墨粉捣实低 50%~60%,造型及铸形处理周期由 96 h 缩短到 24 h,铸型发气量是石墨捣实型的 1/3~1/5。近来在钛铸造工艺中采用了捣实造型工艺,可铸出航空发动机六级静子叶片,以及多种航空航天用的钛精密铸件。

美国矿山局以水玻璃和膨润土作黏结剂的橄榄石和锆砂铸型中生产钛和锆铸件进行比较,结果表明,锆砂-膨润土铸型用于厚度小于 20 cm 的钛和锆铸件是成功的,但橄榄石-膨润土铸型只适宜生产壁厚较小的铸件。

参 考 文 献

1　熊炳昆,郭靖茂,侯嵩寿.有色金属进展·锆铪,中国有色金属工业总公司,1984

2　稀有金属新闻,日刊,东京都:アルム出版社,2001

3　杨正山编译.造型材料.北京:轻工业出版社,2001

4　申斯多帕尔.国外铸造生产.金复华译.沈阳:辽宁科技出版社,1988

5　王诚训,张先义等.ZrO$_2$复合耐火材料.北京:冶金工业出版社,1997

6　张延平.电子陶瓷物理化学基础.北京:电子工业出版社,1996

7　N. 伊卡诺斯.精密陶瓷导论.晓园出版社,1992

8　钱之荣,范广举.耐火材料实用手册.北京:冶金工业出版社,1992

9　林育炼,刘盛秋.耐火材料与能源.北京:冶金工业出版社,1992

10　冶金部建筑研究总院编.耐火混凝土.北京:冶金工业出版社,1980

11　陈肇文.ZrB$_2$与 TiB$_2$质耐火材料.耐火材料,2000

12　可根宝主编.铸造工艺学.北京:机械工业出版社,1985

13　章辉远.国内外锆砂原材料综述.造型材料,1985

14　吕晓成.锆砂在铸造生产中的应用.铸造,1986

8　锆化合物在陶瓷和玻璃中的应用

8.1　概述[1]

　　陶瓷业的发展已有几千年的历史,人类最早使用的石器,可以说是最早的天然陶瓷材料。随着科学技术的进步,陶瓷材料已成为继金属、塑料之后的第三大材料,并衍生出多种门类的陶瓷,形成了工业陶瓷的生产,如建筑工业用的建筑陶瓷和卫生陶瓷;电力工业用的高压陶瓷;化学工业用的耐蚀陶瓷以及玻璃、搪瓷、磨料、耐火材料等硅酸盐制品,通常称为传统陶瓷或普通陶瓷。二战之后,随着宇航、能源和电子工业的发展,陶瓷材料也从传统陶瓷发展成为先进陶瓷(Advanced Ceramics)也称现代陶瓷或精细陶瓷。

　　现代陶瓷从性能上可分为功能陶瓷和结构陶瓷,功能陶瓷(Functional Ceramics)是利用电、磁、声、光、热、力等效应或耦合效应所产生的特性以实现某种功能的陶瓷材料;结构陶瓷(Structural Ceramics)是指具有特殊力学性能及部分热学和化学功能的陶瓷材料。锆化合物特别是 ZrO_2 在现代陶瓷中占有十分重要的作用,现代功能陶瓷的一般分类情况见表 8-1。由于近年来涉及这一方面的专著很多,因此,以下章节仅简要地介绍锆化合物在功能陶瓷、结构陶瓷材料方面的主要用途。

表 8-1　功能陶瓷的分类

项　目		典型材料	主要用途
电功能陶瓷	绝缘陶瓷	Al_2O_3、BeO、MgO、ZrO_2、AlN、SiC	集成电路基片、封装陶瓷、高频绝缘陶瓷

项 目		典 型 材 料	主 要 用 途
电功能陶瓷	介电陶瓷	TiO_2、$La_2Ti_2O_7$、ZrO_2、$Ba_2Ti_9O_{20}$	陶瓷电容量、微波陶瓷
	铁电陶瓷	$BaTiO_2$、$SrTiO_3$、PLZT	陶瓷电容量
	压电陶瓷	PZT、PT、LNN、(Pb-Ba)$NaNb_5O_{15}$	超声换能器、谐振器、滤波器、压电点火、压电电动机、表面波延迟元件
	半导体陶瓷	PTC(Ba-Sr-Pb)TiO_3 NTC(Mn、Co、Ni、Fe、$LaCrO_3$) CTR(V_2O_5) ZnO 压敏电阻 含 Zr SiC 发热体	温度补偿和自控加热元件等温度传感器、温度补偿器等 热传感元件、防火灾传感器等 浪涌电流吸收器、噪声消除、避雷器 电炉、小型电热器等
	快离子导体陶瓷	β-Al_2O_3、ZrO_2	钠-硫电池固体电介质、氧传感器陶瓷
	高温超导陶瓷	La-Ba-Cu-O、Y-Ba-Cu-Zr-O、Bi-Sr-Ca-Cu-O、Ti-Ba-Ca-Cu-O	超导材料
磁功能陶瓷	软磁铁氧体	Mn-Zn、Cu-Zn、Ni-Zn、Cu-Zn-Mg、Cu-Zr	电视机、收录机的磁芯、记录磁头、温度传感器、计算机电源磁芯、电镀吸收体
	硬磁铁氧体	Ba、Sr 铁氧化	铁氧体磁石
	记忆用铁氧体	Li、Mn、Ni、Mg、Zn、Zr 与铁形成的尖晶石型	计算机磁芯
光功能陶瓷	透明 Al_2O_3 陶瓷	Al_2O_3、ZrO_2	高压钠灯
	透明 MgO 陶瓷	MgO、ZrO_2	照明或特殊灯管、红外输出窗材料
	透明 Y_2O_3-ThO_2 陶瓷	Y_2O_3-ThO_2-ZrO_2	激光元件
	透明铁电陶瓷	PLZT	共存储元件、视频显示和存储系统,光开关、光阀等
生物及化学功能陶瓷	湿敏陶瓷	$MgCr_2O_4$-TiO_2、ZnO-Cr_2O_3、Fe_3O_4 等	工业湿度检测、烹饪控制元件
	气敏陶瓷	SnO_2、α-Fe_2O_3、ZrO_2、TiO_2、ZnO 等	汽车传感器、气体泄漏报警,各类气体检测
	载体用陶瓷	堇青石瓷、Al_2O_3 瓷、SiO_2-Al_2O_3瓷等	汽车尾气催化载体、化工用催化载体、醇素固定载体
	催化用陶瓷	沸石、过渡族金属氧化物	接触分解反应催化、排气净化催化
	生物医药陶瓷	Al_2O_3、$Ca_5(F,Cl)P_3O_{12}$	人造牙齿、关节骨等

8.2 锆化合物在功能陶瓷材料中的应用

8.2.1 压电陶瓷材料

A 性能

某些晶体结构受外界作用变形时,有偶极矩形成,在相应的晶体表面产生与应力成比例的极化电荷,像电容器一样可用电位计在相反表面上测出电压;而如果施加相反应力,则可改变电位符号。如将其置于电场中,晶体将产生与电场强度成比例的应变,这种具有使机械能与电能相互转换的效应称压电效应。由于材料变形而产生的电效应,称为正压电效应;对材料施加一电压而产生变形时,称为逆压电效应,$Pb(Zr、Ti)O_3$、$BaTiO_3$就是应用最多的具有这一特性的压电陶瓷材料。

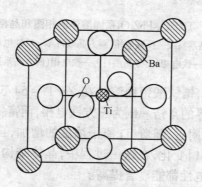

图 8-1 钛钙矿结构示意图

$PbZrO_3$为钙钛矿结构化合物,见图 8-1,在室温下是斜方反铁电体。$PbZrO_3$的居里温度为 230℃,居里温度以上为立方顺电相。但在居里温度和室温之间尚存在另一晶相,此晶相存在的区域甚小,且对杂质十分灵敏。

杰夫等人研究发现,在因成分变化引起晶体结构变化的同质异晶相弈的成分附近可获得大的压电性,图 8-2 是锆钛酸铅固溶体的相图和晶格常数。该固溶体属钙铁矿型结构(ABO_3),其化学式为 $Pb(Zr_{1-x}Ti_x)O_3$ 简写为 PZT,晶胞中 B 的位置可以是 Ti^{4+},也可以是 Zr^{4+}。

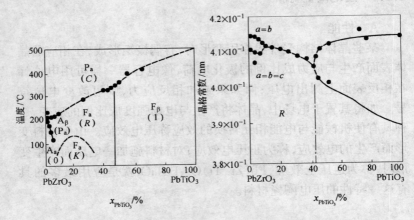

图 8-2 TbTiO₃-PbZrO₃系固溶体的相图和晶格常数

P_a—顺电相(立言晶系);A_a—反铁电相(斜方晶系);A_β—反铁电相(假立方晶系);

F_a—铁电相(三方晶系);F_β—铁电相(四方晶系)

由相图可见,锆钛酸铅固溶体在 Zr/Ti = 54/56 附近,有一同质异晶相界,相界的富锆一侧为三方铁电相,而富钛一侧为四方铁电相。在相界处附近,随着 Ti 离子浓度的增加,自发极化的取向将从[111]向[001]变化,在这一过程中,晶体结构是不稳定的,因此,介电性和压电性都能显著提高。

图 8-3 是 PbTiO₃-PbZrO₃ 系压电陶瓷的介电常数和机电耦合常数在相界附近随组成的变化曲线,图 8-4 是压电常数在相界附近随组成的变化曲线图。因相界主要取决于组成,几乎不随温度而变化,所以能够稳定地利用在相变状态下压电性大的特性。PZT 陶瓷的压电性大约比 BaTiO₃ 大 2 倍,特别是在 -55℃ ~ 200℃ 范围内无晶相转变,由于上述优点,所以能取代 BaTiO₃ 成为压电陶瓷研究和应用的主要材料。后来,锆钛酸铅固溶体几乎

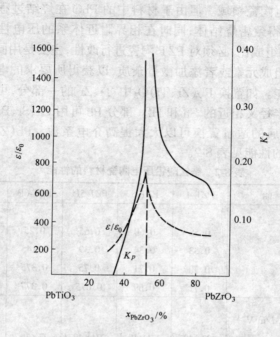

图 8-3 锆钛酸铅系中耦合系数和介电常数随组成的变化

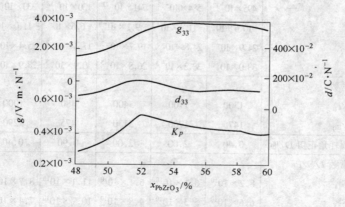

图 8-4 锆钛酸铅系中压电性能随组成的变化

垄断了压电陶瓷领域。但由于材料中的 PbO 在烧结过程中易挥发,难以获得致密烧结体,同时在相界附近体系的压电性依赖于 Ti 和 Zr 的组成比,必须对 PZT 陶瓷进行改性,主要是用同类元素去转换原组成元素或者添加微量杂质,以获得所要求的电学性能和压电性能。如置换 $Pb(Zr、Ti)O_3$ 中 Ti、Zr 的一部分,可用原子价相同而半径又相近的 Sn 和 Hf。部分 Pb 可用 Ca、Sr、Ba、Mg 置换,碱土金属的适量置换可以大大提高介电系数。$Pb(Zr、Ti)O_3$ 压电陶瓷的性能见表 8-2。

表 8-2　锆钛酸铅压电陶瓷材料的性能

性　　能	PZT-4	PZT-5	PZT-5H	PZT-6B	PZT-8
耦合系数					
K_ρ	0.58	0.60	0.65	0.25	0.51
K_{31}	0.33	0.34	0.39	0.145	0.30
K_{33}	0.70	0.71	0.75	0.375	0.64
K_{15}	0.71	0.69	0.675	0.377	0.55
压电常数 $g/V·m·N^{-1}, d/m·V^{-1}$					
d_{31}	-122×10^{-12}	-171×10^{-12}	-274×10^{-12}	-27×10^{-12}	-97×10^{-12}
d_{33}	285×10^{-12}	374×10^{-12}	593×10^{-12}	71×10^{-12}	225×10^{-12}
d_{15}	495×10^{-12}	584×10^{-12}	741×10^{-12}	130×10^{-12}	330×10^{-12}
g_{31}	-10.6×10^{-3}	-11.4×10^{-3}	-9.1×10^{-3}	-6.6×10^{-3}	-11.0×10^{-3}
g_{33}	24.9×10^{-3}	24.8×10^{-3}	19.7×10^{-3}	17.4×10^{-3}	25.4×10^{-3}
g_{15}	38.0×10^{-3}	38.2×10^{-3}	26.8×10^{-3}	30.9×10^{-3}	28.9×10^{-3}
介电常数					
$\varepsilon_{33}^T/\varepsilon_0$	1300	1700	3400	480	1000
$\varepsilon_{11}^T/\varepsilon_0$	1475	1730	3130	475	1290
介质损耗角正切 $D/\%$	0.40	2.00	2.00	0.90	0.40
弹性常数 $l/S/Pa$					
l/S_{11}^E	8.2×10^{10}	6.1×10^{10}	6.1×10^{10}	11.1×10^{10}	8.7×10^{10}
l/S_{33}^E	6.6×10^{10}	5.3×10^{10}	4.8×10^{10}	10.7×10^{10}	7.4×10^{10}
l/S_{44}^E	2.6×10^{10}	2.1×10^{10}	2.3×10^{10}	3.5×10^{10}	3.1×10^{10}

性　能	PZT-4	PZT-5	PZT-5H	PZT-6B	PZT-8
密度 $\rho/g\cdot cm^{-3}$	7.6	7.7	7.5	7.55	7.6
机械品质因数 Q_m	500	75	65	1300	1000
居里点/℃	325	365	193	约350	300

B　应用

含锆压电陶瓷材料的主要应用领域见表8-3,分别介绍如下。

表8-3　含锆压电陶瓷材料的应用领域

应用领域		主要应用实例
电源	压电变压器	雷达、电视显像管、阴极射线管、盖克计数管、激光管和电子复印机等高压电源和压电点火装置
信号源	标准信号源	振荡器、压电音叉、压电音片等用作精密仪器中的时间和频率标准信号源
信号转换	电声换能器	拾声器、送话器、受话器、扬声器、蜂鸣器等声频范围的电声器件
	超声换能器	超声切割、焊接、清洗、搅拌、乳化及超声显示等频率高于20kHz的超声器件
发射与接收	超声换能器	探测地质构造、油井固实程度、无损探伤和测厚、催化反应、超声衍射、疾病诊断等各种工业用的超声器件
	水声换能器	水下导航定位、通讯和探测的声纳、超声测深、鱼群探测和传声器等
信号处理	滤波器	通信广播中所用各种分立滤波器和复合滤波器,如彩电中频滤波器,雷达、自控和计算机系统所用带通滤波器、脉冲滤波器等
	放大器	声表面波信号放大器以及振荡器、混频器、衰减器、隔离器等
	表面波导	声表面波传输线
传感与计测	加速度计、压力计	工业和航空技术上测定振动体或飞行器工作状态的加速度计、自动控制开关、污染检测用振动以及流速计、流量计和液面计等
	角速度计	测量物体角速度及控制飞行器航向的压电陀螺
	红外探测器	监视领空、检测大气污染浓度、非接触式测温及热成像、热电探测、跟踪器等
	位移发生器	激光稳频补偿元件、显微加工设备及光角度、光程长的控制器

应 用 领 域		主 要 应 用 实 例
存储显示	调制	用于电光和声光调制的光阀、光闸、光变射频和光偏转器、声开关等
	存储	光信息存储器、光记忆器
	显示	铁电显示器、声光显示器、组页器等
其他	非线性元件	压电继电器等

a　在水声技术中的应用

由于电磁波在水中传播时衰减很大,雷达和无线电设备无法有效完成水下观察、通讯和探测任务,可借助于声波在水中的传播来实现上述目的。压电陶瓷水声换能器是利用压电陶瓷的正、逆压电效应发射声波或接收声波来完成水下观察、通信和探测工作。因为经过人工极化后的压电陶瓷具有正负极性,在电场作用下能产生电致伸缩效应,在交变电场作用下能产生振动,振动在声频范围就能发出声音,当在共振频率时它能发出很强的声波,能传几海里以至几十海里远,与光波在空气中传播一样,遇到障碍物能反射回来,而压电陶瓷具有接收反射波的功能,把这种反射波转变成电信号,记录下这些电信号,计算传播过来的时间和方向就能判定障碍物的方向和位置,这就相当于"水下雷达"的作用。

压电陶瓷材料用于水声技术具有发射、接收和兼具发射接收三方面的功能。对于发射换能器用的材料,要求压电陶瓷具有高的驱动特性,在大功率下损耗小,承受功率密度大,各项参数的稳定性好,故一般采用"硬性"压电陶瓷。这种"硬性"材料,振动时发出的功率很强,现代的水下声发射器已达兆瓦级功率。

对于接收换能器用的压电陶瓷,要求材料具有高灵敏度和平坦的频率响应,即材料应有高的机电耦合系数、大的介电常数和高的压电响应以及低的老化特性等,故一般采用"软性"压电陶瓷。而对兼有发射和接收功能的换能器,则要求压电陶瓷兼顾上述两者性能,较多的采用添加 Cr 和 Ni,或以等价金属离子置换二元和三元系的压电陶瓷。目前用压电陶瓷制成的水听器的接收灵敏度已达到比人耳还灵敏得多的水平。

水声应用范围很广,目前已使用于海洋地质调查、海洋地貌探测、编制海图、航道疏通及港务工程、海底电缆及管道敷设工程、导航、海事救捞工程、指导渔业生产(渔群探测)以及海底和水中目标物的探测与识别等方面。在现代化的军舰和远洋航船上也早已装备这种称为"声纳"的现代化电子设备。

b 在超声技术中的应用

压电陶瓷在超声技术中的应用十分广泛,利用压电陶瓷的逆压电效应,在高驱动电场下产生高强度超声波,用这种压电振子来振荡液体,可使细小深孔中的油污消除干净,这便是超声清洗装置的功能。以压电陶瓷产生的超声波为动力还被广泛应用如超声乳化、超声焊接、超声打孔、超声粉碎等装置上的机电换能器等方面。这些压电陶瓷应有高强度、高矫顽电场、高机电耦合系数以及良好的时间和温度稳定性。

超声医疗诊断技术是压电陶瓷超声换能器另一成功应用,由于超声波是高频声波,和前面所讲的声波在水中传播一样,由压电陶瓷制成的超声波发生探头发出的超声波在人体内传输,遇到病灶能反射回来被压电陶瓷传感器接收,并在荧光屏上显示,计算声波传输时间,可确定病灶的方位及大小。由于超声波在人体内传输无损人体组织,故得到广泛应用,目前各大医院使用的"超声心动仪"诊断设备也基于上述原理。此外还有超声波测距计、超声波液面计、车辆计数器、电视机遥控器等。这类压电陶瓷的性能要求根据具体仪器而定,有的要求高的接收灵敏度及中等发射性能,有的两者兼求,要么选用"软性"压电陶瓷材料。

c 在高电压发生装置上的应用

利用压电陶瓷的正压电效应,可以简单地将机械能转换为电能,产生高电压,这种高电压发生器是压电陶瓷最早开拓的应用领域,例如压电点火器、引爆引燃、煤气灶点火器和打火机、压电开关和小型电源等,可作为压电变压器,用于小功率仪表上产生高电压小电流。压电变压器一般由驱动部分(施加交流电场以产生振动)和发电部分(机械能转为电能)构成。当一定频率的交流电场施加在驱动部分时,由逆压电效应产生机械形变,并由此引起机械振谐,沿压电陶瓷的一定方向传播,这一机械谐振又通过正压电效应使压电陶瓷的发电部分端面聚集大量束缚电荷,束缚电荷越多,吸引空间电荷也越多,从而在发电部分端面的电极上获得相当高的电压输出。

d 在滤波器上的应用

滤波器的主要功能是决定或限制电路的工作频率。压电陶瓷滤波器利用压电陶瓷的谐振效应,在线路中分割频率,只允许某一频段通过,其余频段受阻。其工作原理是:在交变电场下,压电振子产生机械振动,当外电场频率增加到某一值时,振子的阻抗最小,输出电流最大,此时的频率称为最小阻抗频率;当频率升高到另一值时,振子阻抗最大,输出电流最小,此时频率称为最大阻抗频率。压电振子对最小阻抗频率附近的信号衰减很小,而对最大阻抗频率附近的信号衰减很大,从而起到滤波作用。压电陶滤波器使用的频率范围从 $30\sim300kHz$ 低频到 $30\sim300MHz$ 甚高频。在低频范围的应用有调频立体收音机的多重解调器中的谐振器;中频陶瓷滤波器($455kHz$)用于调幅收音机的中频滤波器;高频滤波器用作电视机上声响中频滤波器及调频收音机上的 $10.7MHz$ 中频滤波器,甚高频范围内,用作彩声电视机的视频中间滤波器。此外,压电陶瓷滤波器还可用作通信机的梯形滤波器、调频接收机用中频滤波器、调频立体声用表面波滤波器、图像中频段用表面波滤波器等。但对制作电压滤波器的压电陶瓷,要求频率随温度和时间的稳定性好,同时,机械品质因数要大,介电常数和机电耦合系数的调节范围宽,材料致密,可加工成薄片,能在高频下使用等。

e 在电声设备上的应用

由于压电陶瓷具有优良的机电性能, 高的化学稳定性, 并且能被加工成各种尺寸和形状的器件且价格低廉, 因此取代了单晶电声器件，使压电陶瓷在电声器件中的应用日益广泛。其原理是利用压电陶瓷正、逆压电效应引起的机械能与电能相互转换功能、制作各种电声器件，如拾音器、扬声器、送受话器、蜂鸣器、声级校准器、电子仪表等。如用铌镁锆钛酸铅压电陶瓷制的测虫拾音器，用于探测粮库中害虫活动声音。当外界微弱的机械力或声音传到压电陶瓷探头时，压电瓷片受力而弯曲变形，产生压电效应，压电片两端的引出线得到电信号，经过放大，在外接示波器上以频率特性显示出来。又如超声波延迟线，利用超声波的传播速度与电磁波传播速度的差异（前者是后者的 $1/10^6$）和压电陶瓷的正、逆压电效应，将电信号经过电能—机械能—电能的转换，产生延迟作用，较易实现毫秒级的信号延迟。延迟线可用于雷达、电视、电子计算机及程序控制等。对电声器件用压电陶瓷材料，既要求有高灵敏度，又要有平坦的频率响应，一般用"软性"陶瓷材料。

f 在其他方面的应用

含锆压电陶瓷材料还可用于各种检测仪和控制系统中的传感器，如利用压电效应产生直线振动质量的线动量代替角动量制成压电陀螺，这种压电陀螺具有体积小、重量轻、可靠性高、固体组件不需维修，无磨损部分而寿命长等优点。利用压电效应感知加速度变化，不仅可测量飞行物体的加速度，还可测量振动物体的加速度。它要求压电陶瓷具有高的压电电压常数和压电应变常数，高的机械品质因数，大的横向弹性模量和较高的居里温度，以提高材料性能与时间和温度的稳定性。

将电容器的制膜工艺移植于压电陶瓷中，发展了压电厚膜声合成器件，这种压电膜，工作电压低(2.8V 生成 100 dB 声压)、电容量高、易匹配、无接触结构，故无火花和噪声、低功耗、无磁力线流，对磁卡无影响。由于膜薄，使频率移向低频、频区增宽、音质提高，可形成合成器件，并可广泛用于对讲计算机、对讲钟表、对讲自动售货机、电子翻译机、高保真立体音频系统、高功率及手提音频装置，但压电声合成器件的技术关键是高强度压电材料以及成膜工艺。

8.2.2　绝缘陶瓷材料

A　性能

绝缘材料在电气电路或电子电路中的作用主要是根据电路设
计要求将导体物理隔离,防止电流在其间流动,从而破坏电路的正
常运行。此外,绝缘材料还对导体有机械支持、散热、及保护电路
环境等作用,要求绝缘材料的导电、电阻率和绝缘强度高,有良好
的导热性,并与导体材料尽可能一致的热膨胀性、耐热性、强度和
化学稳定性等。ZrO_2绝缘陶瓷的介电和热学、力学性能见表8-4。

表 8-4　ZrO_2绝缘陶瓷的介电特性及热学力学性能

介电性能	$\tan\delta$(室温) /1MHz	ϵ'(室温) /1 MHz	DS /kV·mm^{-1}	ρ(25℃) /Ω·cm
	0.01	12.0	约5.0	10^9
热学性能和 力学性能	密度 /g·cm^{-3}	热导率 /W·cm^{-1}·K^{-1}	线膨胀系数 /℃$^{-1}$	抗弯强度 /MPa	抗热冲击性
	5.6	25	$(3.0\sim8.3)$ $\times10^{-6}$	186	差

B　绝缘陶瓷材料的应用

绝缘陶瓷的工业应用历史较早,在1850年左右,陶瓷绝缘子
作为电绝缘器材,使用于铁路通信线路。1880年美国在电力输出
线路中开始使用陶瓷绝缘子,100年后的今天已能制造出耐压
500 kV以上的超高压输电用高性能绝缘子。目前锆质绝缘陶瓷
的应用领域主要是:(1)用于电阻器的膜电阻芯和基板和可变电阻
基板;(2)电阻器的绕线电阻芯;(3)CdS光电池的光电池基板等。

8.2.3　介电陶瓷、铁电陶瓷和热释陶瓷材料[2]

A　介电陶瓷及其应用

介电材料是利用固体的介电特性,并以非传导而是感应的方
式传递电的作用和影响。介电材料的重要特性就是其所含有的电

子、离子或是分子会因外加电场的介入而发生变化,从而改变器件的电特性,如将材料置于电容的两个极板之间时,会增加电容量。衡量介电材料的最主要参数是介电常数 ε 和损耗角 δ。介电材料主要是通过控制其介电性质,使之呈现不同的比介电系数、低介质损耗和适当的介电常数温度系数等性能,以适应各种用途的要求。介电铁电陶瓷是最主要的介电材料,它在电容器、红外探测器、空气和水的声音探测器、超声波能量发生器、光开关、电流控制器及小型恒温仪等方面都有广泛的应用。

当材料内的带电粒子被束缚在固定位置上时,在外电场作用下仅发生微小位移,即形成电极化而不产生电流,带电粒子在电场下作微小位移的性质称为介电性。给一个理想的介电材料加上电场,不会有电荷的长距离输送,而只存在有限的电荷重排,从而介电材料获得一个偶极矩,称之为极化。一般介电材料在电场下产生的极化可分为以下 4 种,即电子极化、离子极化、偶极子趋向极化和空间电荷极化。电子极化是在电场作用下,使原来处于平衡状态的原子正、负电荷重心改变位置,即原子中电子相对于原子核产生的较小位移而形成的极化。离子极化是处在电场中多晶陶瓷体内的正、负离子分别在电场作用下相对位移而形成的电极化。偶极子趋向极化是非对称结构的偶离子在电场作用下,沿电场方向趋向与外电场一致的方向而产生电极化。空间电荷极化是陶瓷多晶体在电场中,空间电荷在晶粒内和电畴中移动,聚集于边界和表面以及一些载流子在一定范围内迁移而产生的极化,通常介电材料的极化是由以上 4 种极化不同组合和叠加。

介电陶瓷材料主要应用在制造陶瓷电容器和微波介质元件方面。20 世纪 50 年代以来,由于收录机、电视机、录像机以及微波等通信技术的飞速发展和近年来计算机技术、摄影技术、汽车制造及钟表技术的进步,促使介电陶瓷材料的工业应用及陶瓷电容器的制作技术有了巨大的发展,卫星通信和无线电微波技术的发展对微波介质陶瓷元件的扩大应用起了推动作用,含锆介电陶瓷主要有以下几种。

a 微波介质陶瓷

微波介质陶瓷主要用于制作微波电路元件,一般微波电路元件要求材料在微波频率下具有高介电常数、低介电损耗、低线膨胀系数和低介电常数温度系数。ZrO_2-SnO_2-TiO_2系陶瓷中,$Zr_{0.8}$-$Sn_{0.2}TiO_4$陶瓷具有较高的Q值。在7GHz下,Q值为6500,ε值为36~37,其温度系数小,线性也好,适用于制作微波谐振器,微波介质陶瓷的制备过程一般为:原料混合→煅烧→破碎→烧制成形。有时需采用热压烧结。电介质谐振器的尺寸应非常精细,需用金刚砂轮进行抛光处理。

b 高介高压电容器陶瓷

介电常数值超过1000的介电陶瓷材料通常为铁电陶瓷材料。相对于低介电常数介电材料而言,它对温度、场强和频率等更为敏感。这种介电材料主要是以钛酸钡为基,通过掺入少量的MnO_2等添加物,制成介电常数很高的电容器用陶瓷材料。若以Sr、Sn、Zr等离子置换钙钛矿型结构的多元复合化合物,使居里点移至常温,增大晶粒尺寸,介电常数值可增至近20000,介电常数的温度系数也随之增加,高介电常数的介电陶瓷广泛应用于电视机、雷达高压电路及避雷器、断路器等。

B 铁电陶瓷材料

介电晶体在一定温度范围内可自发极化,极化强度可随外来电场反向而反向,并与铁磁体一样,具有电滞回线。而因铁电性和铁磁性有类似之处,因此,具有中滞回线的陶瓷晶体称为铁电晶体。但由于气孔相、晶界和杂质相的扩散,一般多晶陶瓷均为不透明,通过适当工艺可以获得透明铁电(电光)陶瓷,掺镧的锆钛酸铅(PLZT)是一种既有透明性、又有铁电性和压电性的光电陶瓷。其通式为:

$$(Pb_{1-x}La_x)(Zr_yTi_z)_{1-\frac{x}{4}}O_3$$

其中,x为0.01~0.30,$y+z=1$。

用于光电领域的透明铁电陶瓷材料,既要有铁电性,还应具有高的透明度,而当 $x = 0.08 \sim 0.2$, $y = 0.65$ 时,材料的透光率最高,而被用作电光调制器中,铁电薄膜材料,电容器等。而 $PbZrO_3$ 也是一种典型的铁电体,但观察不到电滞回线而具有压电性和热释电效应,因而称为反铁电陶瓷,其晶体结构与铁电体相近,居里温度为 503K,在 503K 以上 $PbZrO_3$ 为主晶系的顺电相,在 503K 以下为四方晶系的反铁电相,在居里点处介电常数可达最大值。由于反铁电陶瓷在足够的电场条件作用下,能从稳态的反铁电相转变为暂稳态的铁电相,形成储存电能的作用;而当电场减小或取消时,暂稳态的铁电相又转变为稳态的反铁电相,形成释能过程。因此,可利用这一特性制作非线性元件,并用电荷变化等一系列电特性制造高压大功率储能电容器和反铁电换能器。

C 热释电陶瓷材料[1]

晶体受热后温度升高,由于温度变化 ΔT 导致自发极化的变化,在晶体的一定方向上产生表面电荷,称为热释电效应。热释电效应体现了晶体电量与温度的关系:

$$\Delta P_s = P \Delta T$$

式中 ΔP_s——自发极化的变化量;

P——热释电系数;

ΔT——温度变化值。

含锆热释电陶瓷材料主要有锆钛酸铅铁电—铁电相型陶瓷材料和 PLZT 透明铁电陶瓷。陶瓷热释电材料应用很广,主要用作热释电探测器,其基本结构如图 8-5 所示,在金属管座中央为固定金属导电基座,再于导电基座的中心用特种导电胶固定热释电晶片,晶片厚度为 50 μm,晶片表面上镀上电极。探测器在实践中主要有以下用途:

a 入侵报警

热释电红外探测器的最大使用方向是用作入侵报警系统的人体热辐射传感器。由于热释电探测器能在室温下工作,有很宽的响应光谱及很快的响应速度,所以入侵报警是这种探测器的理想应用领域。当入侵者进入警戒区域时,将产生一个进入探测器的

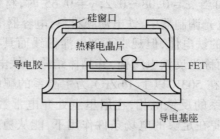

图 8-5 热释电传感器的结构示意图

红外辐射通量的改变。为了提高系统的性能,一般采用多面反射镜光学系统,探测器放在共同的焦点上,通过探测器的像点会产生一列交变信号,频率范围在 0.1~10 Hz 之间,要求探测器在低频区也有良好的性能。

b 火焰探测

火焰探测器常用于可能出现明火的场合,如石油平台、储油罐等,并已用于自动灭火系统。火焰光谱的辐射强度峰值在 4.3 μm,这是热的 CO_2 的发射谱线,在设计光学系统时,须用只能让 4.1~4.7 μm 的红外辐射通过的滤光片。火焰的振动频率约在 10~30 Hz 之间。为了提高可靠性,通常采用双色比较方法,利用第二个光学通道对波长为 5 μm(或 3.8μm)的辐射有响应,比较两路信号的相位和振幅,可以抑制背景干扰而得到真实信号。这种火焰探测系统,不用光学增益就可监视 200 m² 区域内的火情,警戒距离为 20 m。用该光谱的检测方法监测大气污染和测定某些特种气体的含量,只需配置与该气体的特征吸收峰相对应的窄带滤光片。待测物质除气体外,也可是液体,如用双通道方法对牛奶肥度作常规测量,并可测定牛奶中蛋白质和乳糖的含量。

c 非接触测温

有两种场合需选用非接触测温,一是不能接触的运动部件或高温熔体;另一种是小面积的辐射源。热释电红外探测器通常用于 -60℃~100℃ 的温度范围。用透镜或反射镜确定视场,将入射辐射加以调制,用数码管来显示测量温度。由于物体的辐射通量和该物体温度的四次方成正比,所以在电路上要用补偿方法加以线性化。

　　d　激光功率计

　　由于热释电探测器有非常快速的响应速度,所以可用于测量脉冲激光器的脉冲,专用的激光测量用热释电探测器,上升时间已达 30 ns,而且还可正确再现脉冲激光的形状。而电定标热辐射计,可用于测量太阳辐射等,其原理如图 8-5 所示。经调制的激光辐射在热释电探测器的黑色涂层上,该涂层和热电转换器保持热接触,再把和激光同步但相位差 180°的电压脉冲加在探测器表面的加热层上,探测器的输出就由电压脉冲和激光产生的脉冲所组成。如果电与激光辐射对热释电元件的加热是等量的,探测得到的信号为零,这时激光脉冲的平均功率就等于电脉冲的平均功率,而电脉冲的功率是容易测量和显示的。

　　e　红外测量计与水分计

　　热释电探测器用于测量塑料板或薄膜厚度的原理是:若塑料对红外某一波长有吸收峰,从红外线吸收量可以监控塑料板或薄膜的厚度,测量准确在 $\pm 1\mu m$ 左右;利用水对红外线 $1.2\mu m$、$1.45\mu m$、$1.93\mu m$、$2.95\mu m$ 的吸收带,用热释电探测器制成三色水分计,可以精确测量各种产品中的水分。

　　f　红外热像仪

　　热释电靶面摄像管是用热释电效应成热像的三种类型红外热像仪之一。景物的红外辐射经透镜成像在靶面上,由于温度分布差异而产生靶面上的电荷分布不同,在靶的背面用扫描电子束读出。采用光机方法对景物作二维扫描,单元热释电探测器接收热辐射,经放大把热像显示在示波管上,这种热像仪特别适用于室内工作,通常作为临床医学的最新诊断手段之一。同时,热像技术已广泛应用于航空、遥感、无损探伤、临床医学以及节能技术等方面,由于可在室温下工作,价格低廉,也受到广泛重视。

8.2.4　快离子陶瓷材料[2]

A　性能

快离子导体(或称固体电解质)陶瓷材料是非金属导电材料的一种。酸、碱盐在溶解或熔融状态下,具有离子导电性,其中一些物质在较低温度下具有很低的离子电阻率,通常把离子电导率大于 $10^{-2}\Omega\cdot cm$,活化能小于 $0.5\ eV$ 的物质称为快离子导体或固体电解质。一般来说,快离子导体材料的晶体结构具有如下 4 个特征:

(1)结构主体由一类占有特定位置的离子构成;

(2)具有数量远高于可移动离子数的大量空位,在无序的亚晶格里总是存在可供迁移离子占据的空位;

(3)亚晶格点阵之间具有近乎相等的能量和相对低的激活能;

(4)在点阵间总是存在通路,以至于沿着有利的路径可以平移。

常见的快离子导电陶瓷材料有 3 类:

(1)银、铜的卤族和硫族化合物:金属离子在化合物中键合位置相对随意;

(2)具有 β-氧化铝结构的高迁移率单价阳离子氧化物;

(3)具有 CaF_2 结构的含锆的高浓度缺陷的氧化物,如 $CaO\cdot ZrO_2$、$Y_2O_3\cdot ZrO_2$。它们拥有的可迁移离子有 H^+、H_3O^+、NH_4^+、Li^+、Na^+、K^+、Rb^+、Cu^+、Ag^+、Ga^+、Tl^+ 等阳离子和 O^{2-}、F^- 等阴离子。

有些快离子导体只有阳离子导电,如 β-氧化铝只有 Na^+ 导电、$l_i^+ = 1$、用于 300℃ 的 Na-S 电池;具有 β-氧化铝结构的亚铁磁性材料 $KF_{11}O_7$ 既有电子导电,也有离子导电,Fe^{2+} 和 Fe^{3+} 混合离子的存在使它可用于电池的电极;而 CaO 稳定的 ZnO_2 则完全是阴离子 O^{2-} 导电。表 8-5 和表 8-6 分别为一些含锆快离子导电陶瓷的成分与性能。

表 8-5　部分快离子导体的载流子输运数

化合物	温度/℃	t_i	t_i	$t_{c,h}$	化合物	温度/℃	t_i	t_i	$t_{c,h}$
AgBr	200~300	1.00			$ZrO_2 + x(CaO)7\%$	>700		1.00	10^{-4}
BaF_2	500		1.00		$ZrO_2 + x(CeO_2)18\%$	1500		0.52	0.48
PbF_2	200		100		$ZrO_2 + x(CeO_2)50\%$	1500		0.15	0.85

表 8-6　部分快离子导体的成分与性能

化　合　物	导电类型	各温度下的电导率		激活能 /eV	熵变 /kJ
		温度/℃	$\sigma/S \cdot cm^{-1}$		
$Na_3Zr_2Si_2PO_{12}$	阳离子	25	0.2	0.27	6.21
$K_{2x}Mg_xTi_{8-x}O_{16}$	导电	25	0.02	0.22	5.06
$ZrO_2 + x(Sc_2O_3)10\%$	阴离子	1000	0.25	0.65	14.95
$Bi_2O_3 + x(Y_2O_3)25\%$	导电	700	0.16	0.60	13.80

　　由于 ZrO_2 的立方晶体结构在 2370℃ 到熔点 2680℃ 温度区间都是稳定的,通过加入适当的低价离子代替部分锆,则可把氧化锆的立方晶体结构稳定到室温。稳定氧化锆立方结构的离子有 La^{3+}、Sc^{3+}、Ir^{3+}、In^{3+}、Mg^{2+}、Ca^{2+} 和 Mn^{2+},因为它们的离子半径接近四价 Zr^{4+} 的半径约 $r_s = 0.084$ nm。离子半径约 $r_s = 0.112$ nm 的 Ca^{2+} 是最常用的掺杂物质,加入量约为 $x(Ca^{2+})15\%$;Ir^{3+} 的半径约为 $r_s = 0.101$ nm,加入 $x(Ir^{3+})(13~68)\%$ 都可得到全部稳定的氧化锆立方相,但实际应用中加入 $x(Ir^{3+})(7~8)\%$ Ir^{3+} 获得部分稳定立方相的氧化锆所具有的导电性才是最大的,这种混合相氧化锆比全立方相 ZrO_2 具有更好的抗热冲击性;Sc^{3+} 的加入可使 ZrO_2 具有最高的电导率,特别是在较低温度下更有价值。

　　ZrO_2 基固溶体的导电主要是 O^{2-},它们的电导活化能高达 $0.65~1.1$ eV,按电导活化能小于 0.5 eV 指标评价,虽不能被称为快离子导体,但在高温下有比较高的 O^{2-} 电导,仍把它当做快离子导体的一个重要组成部分。立方 ZrO_2 具有氟石结构,如图 8-6所示,O^{2-} 排成简单立方结构,在点阵1/2处占据着 Zr^{4+} 间隙

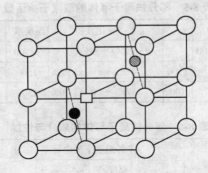

图 8-6　理想氟石结构的半个晶胞中掺杂阳离子及补偿电荷的氧空位图

○—O^{2-}；●—基体阳离子(正 4 价)；

□—空位；◎—掺杂阳离子(正 2 价或正 3 价)

离子。这种氟石结构的四价氧化物 MO_2 在加入碱土金属氧化物 RO 和稀土氧化物 RE_2O_3 等低价阳离子置换 Zr^{4+} 离子后,会在 $M_{1-x}^{4+}R_x^{2+}O_{2-x}$ 或 $M_{1-x}^{4+}RE_x^{2+}O_{2-x}$ 固溶体晶格内出现氧离子空位:加入一个 2 价阳离子产生一个氧离子空位,加入一个 3 价阳离子产生 1/2 个氧离子空位。这些空位稳定了结构,同时在氧离子空位和氟石型结构中存在的间隙均赋予氧化物 ZrO_2、HgO_2、ThO_2、CeO_2、UO_2、Bi_2O_3 等,导致在氧亚晶格中具有高的迁移率,使其产生氧离子传导的特性。表 8-7、表 8-8 和表 8-9 列出了 RO、RE_2O_3 等氧化物稳定的氧化锆材料的性能。

表 8-7　稳定氧化锆的电性能

化学组成 x/%	阴离子空位比/%	$\sigma_i(1000℃)/S \cdot m^{-1}$	E_a/eV
ZrO_2-12CaO	6.0	5.5	1.1
ZrO_2-9Y_2O_3	4.1	12	0.8
ZrO_2-10Sm_2O_3	4.5	5.8	0.95
ZrO_2-8Yb_2O_3	3.7	8.8	0.75
ZrO_2-10Sc_2O_3	4.5	25	0.65

以立方稳定氧化锆作为固体电解质的氧敏传感器在测量气体或熔融金属中的氧含量,监控汽车的排气成分以保持最佳的燃料—空气比值及产品质量控制、节能、减少环境污染、自动控制等各个领域都能发挥重要作用。

表 8-8 氧化锆固体电解质陶瓷的性质

材质及组成(摩尔分数)/%	$94ZrO_2 + 6Y_2O_3$	$88ZrO_2 + 12Y_2O_3$	$85ZrO_2 + 15CaO$
烧成条件:			
温度/℃	1750	1750	1750
保温时间/h	2	2	2
体积密度/$g \cdot cm^{-3}$	5.90	5.70	5.50
显气孔率/%	0	0	约0.01
电导率/$\Omega^{-1} \cdot cm^{-1}$			
700℃	7.24×10^{-3}	9.37×10^{-3}	1.90×10^{-3}
800℃	3.20×10^{-2}	3.57×10^{-2}	1.45×10^{-2}
1000℃	8.01×10^{-2}	7.93×10^{-2}	5.1×10^{-2}
氧离子迁移数			
700℃	0.98	0.98	0.99
850℃	≈ 1.0	0.99	≈ 1.0
1000℃	≈ 0.99	0.99	0.99

表 8-9 氧化锆固体电解质陶瓷的 $P_{e'}$ 值 ($t = 0.5$)

电解质陶瓷种类	组成		$\ln P_{e'}$	$P_{e'}(1600℃)$ /Pa
	摩尔分数/%	质量分数/%		
全稳定 ZrO_2	$84.0ZrO_2$	$92.72O_2$	$-68400/T + 21.59$	1.2×10^{-10}
(CaO, MgO)	$11.3CaO$ $4.7MgO$	$5.5CaO$ $1.6MgO$		
部分稳定 ZrO_2 (MgO)		$97.67ZrO_2$ $2.4MgO$	$-74370/T + 24.42$	5.1×10^{-11}
全稳定 HfO_2 (CaO)	$83.5HfO_2$ $16.5CaO$	$95.0HfO_2$ $5.0CaO$	$-70260/T + 20.25$	9.1×10^{-13}

B　应用

快离子导体主要有两方面的应用:作为固体电解质用作各种电池的隔膜材料;用作固体离子器件。含锆快离子导体陶瓷材料主要用作氧传感器。

氧传感器是用氧离子导体构成的氧浓差电池。因为稳定氧化锆陶瓷晶体中存在氧空位,因此用稳定氧化锆制成隔膜,只允许带电的氧离子通过,若其两侧的氧分压存在压差,就可产生氧离子迁移而形成电位差,这时的电位差可由下式计算:

$$E = 0.5T\lg - \frac{p_{O_2}(\text{I})}{p_{O_2}(\text{II})}$$

因此,只要知道电池一侧的氧分压,就可由上式计算出另一侧的氧分压,这就是氧敏感元件的原理。使用这种氧传感器,可以在复杂的被测物质中迅速、灵敏、选择性地定量测出所需测定的离子或中性分子的浓度。

在炼钢工业中,为了保证炼钢质量,在冶炼过程中必须测定钢液中的氧含量,使用稳定氧化锆氧含量分析器,便可快速进行测定,所需时间少于 20s,甚至可减少到 3～6s,准确度可达 10^{-5}。同时高温固体电解质陶瓷在燃烧控制,工业生产过程控制和废气排放控制等许多方面有着广泛的用途,按其作用可大致分为下述几类:

(1)测量工业炉窑的燃烧废气的氧含量,如蒸汽锅炉和加热炉的烟道废气的氧含量,以控制燃烧过程。

(2)工业窑炉的气氛控制,如热处理炉和玻璃熔窑,以提高产品的质量和降低消耗。

(3)熔融金属(如铁水和钢液)中的氧含量测定,以控制冶金过程。

(4)汽车废气检测与控制,以提高油料的利用效率和减轻环境污染。

(5)民用煤气燃烧控制,以防止一氧化碳中毒。

表 8-10 列出了用途、类型和高温电解质陶瓷的材质。

表 8-10　氧化锆固体电解质测氧探头的用途

应　用	测定方式	电解质陶瓷材料
燃烧及气氛控制	直插式	$ZrO_2\text{-}CaO$ 系
	抽气式	$ZrO_2 \text{-} Y_2O_3$ 系
汽车废气	直插式	$ZrO_2\text{-}CaO$ 系
排放控制		$ZrO_2\text{-}Y_2O_3$ 系
		CaO 系[①], TiO_2 系
钢铁冶炼过程控制	直插式	$ZrO_2\text{-}CaO$ 系
		$ZrO_2 \text{-} Y_2O_3$ 系
民用 CO 报警	直插式	$ZrO_2\text{-}CaO$ 系

①非氧离子导电体。

图 8-7 为利用氧化锆测氧探头控制锅炉燃烧过程的控制系统的示意图。测氧探头安装在锅炉的排烟道内,探头产生的电信号通过放大器,送给氧量指示记录仪,由氧含量高低限位器向执行机构发出动作指令,增加或减少进风量,这样便可随时自动进行调整,确保锅炉稳定运行和处于最佳燃烧状态。

图 8-8 为一般加热炉利用测氧探头的燃烧控制图。控制系统根据氧化锆测氧探头测出的氧含量信号,自动改变空气/燃料比例,使燃料的燃烧总是处于最佳状态。

a　炼钢过程的控制

钢铁冶炼的工艺过程,从高炉、转炉、电炉至炉外精炼,实质上都是氧化还原过程,因而氧含量的控制极为重要。熔融金属中的氧以溶解氧和氧化物(气态、液态和固态)两种形态存在,其中溶解于液态金属中的氧含量的高低可反映熔融金属的氧化程度。因此,测定溶解氧的含量是钢铁生产中一种重要的质量控制措施,ZrO_2测氧探头取得了良好的应用效果。

钢铁生产中可采用氧化锆测氧探头控制的冶炼过程,还有以下几个方面:

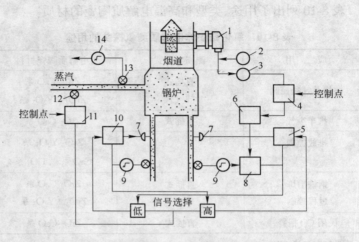

图 8-7 利用氧化锆测氧探头控制锅炉燃烧的闭路控制图

1—氧化锆探头；2—温度控制；3—MV/I 放大器；4—氧量记录控制；5—空气控制；6—高低限；7—缓冲器；8—空气比例单元；9—流量传感器；10—燃料控制；11—蒸汽压力控制；12—压力传感器；13—流量传感器；14—蒸汽流量计

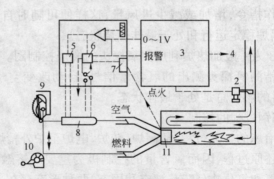

图 8-8 加热炉的燃烧控制系统

1—加热炉；2—氧化锆探头；3—探头控制单元；

4—记录仪；5—控制线路；6—报警线路；7—定时器；

8—凸轮控制器；9—特性凸轮；10—执行马达；11—喷燃器

(1)高炉铁水处理前后的测氧；

(2)氧化转炉吹炼点的氧和碳的控制;

(3)电炉的氧化和精炼控制;

(4)浇注钢包在钢液处理和脱氧前后的氧含量测定;

(5)钢液真空处理的碳含量控制;

(6)钢液的再氧化控制;

(7)钢锭浇注中的沸腾作用和脱氧控制。

图 8-9 为钢液 ZrO_2 测氧探头的原理示意图,钢液测氧探头一般采用以固态金属铬-Cr_2O_3 混合物的分解压为参比氧分压,用 CaO 稳定的 ZrO_2 作固体电解质。

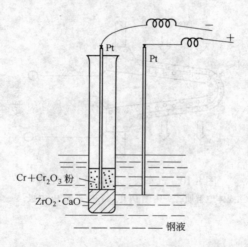

Cr+Cr_2O_3 粉

ZrO_2·CaO

钢液

图 8-9 钢液测氧用氧化锆测氧探头的测氧结构和原理示意图

b 汽车废气排放控制

汽车的发展给人类的活动带来极大的便利,但也消耗巨大的能源,排放的废气造成污染。利用 ZrO_2 测氧探头控制汽车排出的废气可以节约能源和减少环境污染,这项技术正日益受到重视和推广应用。汽车废气控制用测氧探头主要使用 ZrO_2 陶瓷电解质材料。通常用 CaO、MgO 和 Y_2O_3 作稳定剂使其成为萤石型结构。对于汽车废气测氧探头还需考虑测氧电池的电动势的大小,因为电池的电动势与温度有关,在富油区温度较低时测氧电池的电动势较大。但是,电池的实际输出电压与电池的内阻和温度特性有关。在温度较低时,电池的内阻变得很大,在 450℃ 左右,电池的输出电压从其极大值急剧下降。汽车启动时的温度较低,如果希望电池的输出电压提高,以便能迅速进入工作状态,应选用内阻低的电解质陶瓷材料。由于 ZrO_2-Y_2O_3 系电解质陶瓷的电阻比 ZrO_2-CaO 系电解质陶瓷的电阻小(参见图 8-10),因而汽车废气测氧探头一般都采用 ZrO_2-Y_2O_3 系陶瓷作电解质材料,其结构见图 8-10 和图 8-11。

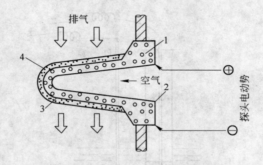

图 8-10　汽车废气测氧探头的结构

1—ZrO_2-Y_2O_3固体电解质;2—内侧 Pt 电极;3—外侧 Pt 电极;4—多孔陶瓷层

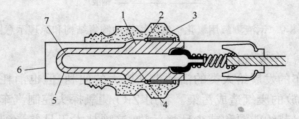

图 8-11　汽车废气控制用测氧探头的结构

1—ZrO_2 陶瓷;2—密封圈;3—火花塞套;4—内层导体;5—外层
电极和保护涂层;6—多孔保护套管;7—空气参比电极

c 民用燃烧报警系统

图 8-12 为一种民用煤气燃烧器的一氧化碳监测报警系统。当燃烧发生异常,产生过量的一氧化碳时,氧化锆测氧探头测出的信号通过控制机构切断煤气并报警,从而可避免一氧化碳中毒事故。

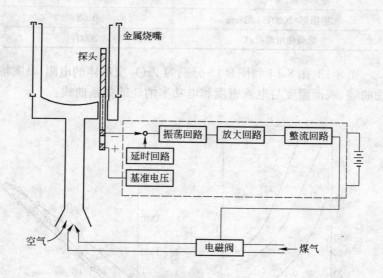

图 8-12 民用煤气燃烧器一氧化碳监测报警系统示意图

8.3 发热陶瓷材料的应用

8.3.1 氧化锆陶瓷发热体的性质

电阻式陶瓷发热材料可分为氧化物和非氧化物两类,ZrO_2 陶瓷发热体属离子导电型发热体。表 8-11 列出了氧化锆发热体的一般物理性能。普通氧化锆发热体由于其线膨胀系数大、导热系数小,耐热冲击性较差,因而升温速度不宜过快。

表 8-11　氧化锆发热体的物理性能

密度/g·cm⁻³	5.6
密度/g·cm^{-3}	5.6
气孔率/%	2.2
线膨胀系数/℃$^{-1}$	8×10^{-6}
导热系数/W·(m·K)$^{-1}$	0.84~1.09
电阻率(2000℃)/Ω·cm	0.08
最高使用温度/℃	2000

　　图 8-13、图 8-14 和图 8-15 分别为 ZrO_2 发热体的电阻-温度特性曲线、表面温度与电流密度和电功率消耗的关系曲线。

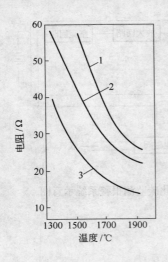

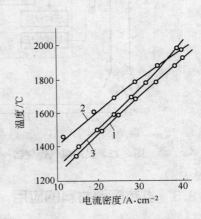

图 8-13　氧化锆发热体的
电阻-温度特性
1—ZrO_2(CaO);2—ZrO_2(Y_2O_3);
3—ZrO_2(CeO_2)

图 8-14　氧化锆发热体表面
温度与电流密度的关系
1—CaO;2—Y_2O_3;
3—CeO_2

　　图中表明,在低温范围内,以 CaO 稳定的 ZrO_2 的电阻较大,Y_2O_3 稳定的 ZrO_2 的电阻较小,因而前者开始导电的温度(1000℃)高于后者(800℃)。同时,氧化锆发热体的表面温度与电流密度呈

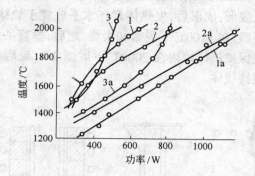

图 8-15　氧化锆发热体的表面温度与功率消耗的关系
1—CaO；2—Y_2O_3；3—CeO_2；1a,2a,3a—总功率消耗

线性关系,这有利于温度的控制。而发热体的消耗功率与稳定剂
有关。在 1800℃ 以上,Ce_2O_3 稳定的氧化锆发热体的消耗功率比
用 CaO 和 Y_2O_3 稳定的发热体小。因此,为获得高温和节约能源,
采用氧化铈稳定的发热体较优。但是这种发热体的功率消耗随温
度升高呈非线性增加,因而高温时控制温度较难。

8.3.2 氧化锆陶瓷发热体的种类与制备

　　氧化锆发热体按加热方式可分为两类:电阻式发热体和感应
式发热体,图 8-16 为 3 种类型的氧化锆发热体。电阻式发热体通
常有柄形和管形,后一种(图 8-16b)管式发热体本身即为高温电
炉的炉管,其工作原理与一般电阻式发热体没有差别,通电后,中
间发热段即发热使电炉升温。感应式发热体实际上就是由一组氧
化锆陶瓷圆形层叠起来的高温感应体(图 8-16c)。在 2.5～
10MHz 频率范围内,当氧化锆材料在高频电场中与感应线圈输出
的频率发生耦合时即进入感应加热工作状态,炉温将迅速上升。

　　图 8-17 为电阻式氧化锆发热体的制备流程。纯度为 99.9%
的 ZrO_2 和稳定剂(CaO、MgO 或 Y_2O_3)置于瓷球磨机内混合细磨
至大部分颗粒小于 3 μm,压块后经高温煅烧得到稳定 ZrO_2 熟料,

再经细磨,与石蜡、蜂蜡结合剂混合,并经真空脱气后用压制法成型或热塑法成形,成形后,发热体素坯水平放置于烧钵内,以工业氧化铝作垫砂,在1100℃下脱蜡和素烧,之后,垂直吊挂放进真空电炉或氢气保护钨棒炉内在2000℃下煅烧2 h,最后在发热体冷端装上铂铑接线体。

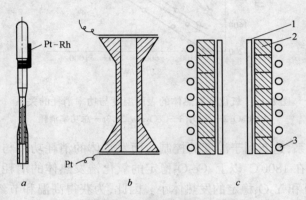

图 8-16 氧化锆发热体的种类

a—柄形电阻式;b—管型电阻式;c—感应式
1—预热用感应发热体;2—氧化锆感应发热体;3—感应式

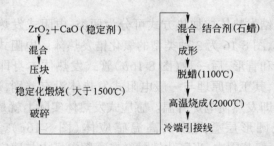

图 8-17 电阻式氧化锆发热体制造工艺流程

氧化锆发热体以薄壁管式结构为宜,壁厚约 2 mm。为降低端部的电阻,与其他发热体相似,也采用加粗冷端直径的办法。但考虑到氧化锆材料承受热应力的能力较小,在设计发热体时,可从冷端至发热段之间增加长约 25 mm 的锥形过渡段。

8.3.3　氧化锆陶瓷发热体的应用

　　由于氧化锆发热体在低温时为绝缘体,约在 1000℃ 以上才具有良好的导电性能,因而在用氧化锆发热体装配电炉时需增设一套辅助预热装置。图 8-18 为电阻式氧化锆发热体电炉的构造,其加热系统由两部分构成:以氧化锆发热体构成的中心高温加热系统和碳化硅或硅化钼发热体构成的外围预热系统。在开始工作时,先用外围的预热系统预热,当炉温达到 1000℃ 左右,氧化锆发热体可以导电发热时,向氧化锆发热体送电加热升至所需的高温。在氧化锆发热体开始通电加热后,辅助预热发热体可继续通电加热,以补充供给电炉的热量,从而可以减轻氧化锆发热体的表面热负荷密度,有利于改善电炉的操作性能和提高氧化锆发热体的寿命。氧化锆发热体与碳化硅和硅化钼发热体不同,其电阻随着温度升高而下降,因此,氧化锆发热体高温电炉只能采用稳定电压改变电流的方式控制电炉的升温。

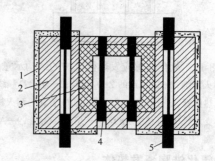

图 8-18　电阻式氧化锆发热体高温电炉
1—耐火纤维;2—高铝轻质砖;3—氧化镁耐火材料;
4—氧化锆发热体;5—硅化钼发热体

　　图 8-19 是一种广泛应用于生产通讯用 SiO_2 光导纤维的氧化锆感应电炉的结构示意图。电炉的主体由 Y_2O_3 稳定的 ZrO_2 制造的中心感应加热管、ZrO_2 颗粒保温材料、石英质套管和感应线圈组

成。开始加热时,将直径略小于炉膛内径的石墨棒悬吊在炉膛内作为低温时的预热感应发热体,约经 3~4 h 感应加热到 1500~1600℃以后,迅速取出石墨棒,此后由 ZrO_2 感应加热管将高频电能转化成热能,可使炉温升至 2000~2300℃。应当注意的是保温隔热材料的选择对炉子的正常运行极为重要,不但要求耐高温,不与 ZrO_2 感应管发生反应,而且对高频电磁波应透明及使用时不会污染炉内气氛,通常采用未稳定的电熔氧化锆颗粒料。

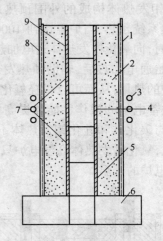

图 8-19　氧化锆感应发热体电炉的结构示意图

1—耐火纤维;2—未稳定的 ZrO_2 颗粒;3—水冷高频线圈;
4—感应发热体管(部分稳定 ZrO_2);5—Al_2O_3 管;6—耐火材料底座;
7—绝热支承管(部分稳定 ZrO_2);8—熔融 SiO_2 管;9—Al_2O_3 管

8.3.4　改进的氧化锆陶瓷发热体

氧化锆陶瓷的电阻与稳定剂的添加量有关,因而氧化锆陶瓷的电阻可以通过改变稳定剂的添加量进行调节。为了减少发热体端部的发热损失,氧化锆发热体的端部非发热段和中部发热段可分别用不同组成的配料制造,图 8-20 为这种发热体的结构。发热体端部非发热段采用添加较多 Y_2O_3 的配料,而中间发热段则用添

加较少 Y_2O_3 的配料制造,从而使端部
的电阻降低和中间部分的电阻增大。

　　由于稳定氧化锆在 1000℃ 左右
才具有良好的导电性能,因而氧化锆
发热体的冷端温度也相应较高,冷端
须采用贵金属铂铑接线体。为降低
成本,开发价格比较便宜的非金属导
电材料代替铂铑接线体。铬酸镧
($LaCrO_3$)和铬酸锶镧($La_{0.8}Sr_{0.2}CrO_3$)基陶瓷材料在常温和高温氧化
气氛下具有优良的导电性能,被选作
氧化锆发热体的冷端接线体材料。
铬酸镧和铬酸锶镧系以 Cr_2O_3、La_2O_3
和 Sr_2O_3 为原料,在温度为 1250 ~
1400℃ 下预先合成,细磨后以石蜡作
结合剂热压注成形,于 1600~1800℃
烧成制得冷端接线体。端部喷镀金
属铝后,套装在氧化锆质发热段上,

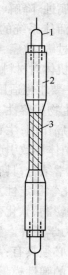

图 8-20　柄形氧
化锆发热体的结构
1—Pt,40% Rh 导线;
2—端部,7% Y_2O_3/摩尔分数;
3—发热段,3% Y_2O_3/摩尔分数

即制得可按一般方法接线使用的高温发热体。

8.4　生物陶瓷材料的应用[1]

8.4.1　生物陶瓷材料的特性

　　生物材料的基本要求如下。

　　由于生物材料与生物系统直接接合,除了应满足各种生物功能
等理化性质要求外,生物医用材料毫无例外都必须具备生物学性
能,这是生物医用材料区别于其他功能材料的最重要特征。生物材
料植入机体后,通过材料与机体组织的直接接触与相互作用而产生
两种反应:一是材料反应,即活体系统对材料的作用,包括生物环境

对材料的腐蚀、降解、磨损和性质退化、甚至破坏。二是宿主反应，即材料对活体系统的作用，包括局部和全身反应，如炎症、细胞毒性、凝血、过敏、致癌、畸形和免疫反应等。其结果可能导致对机体的中毒和机体对材料的排斥。因此，生物医学材料应满足以下基本条件(这一要求也适用于金属锆为材质的生物材料)：

(1)生物相容性。包括：对人体无毒、无刺激、无致畸、致敏、致突变或致癌作用；生物相容性好，在体内不被排斥，无炎症，无慢性感染，种植体不致引起周围组织产生局部或全身性反应，最好能与骨形成化学结合，具有生物活性；无溶血、凝血反应等。

(2)化学稳定性。包括：耐体液侵蚀，不产生有害降解产物；不产生吸水膨润、软化变质；自身不变化等。

(3)力学条件。生物医学材料植入体内替代一定的人体组织，因此它还必须具有：足够的静态强度，如抗弯、抗压、拉伸、剪切等；具有适当的弹性模量和硬度；耐疲劳、摩擦、磨损、有润滑性能。

(4)其他要求。生物医学材料还应具有：良好的空隙度，体液及软硬组织易于长入；易加工成形，使用操作方便；热稳定好，高温消毒不变质等性能。

8.4.2　生物陶瓷材料的应用

生物陶瓷材料是用于人体硬组织修复和重建的生物医学陶瓷材料。在临床上已用于胯、膝关节、人造牙根、颌面重建、心脏瓣膜、中耳听骨等。它具备许多与金属和高分子材料不同的特点：第一，其结构中包含着键结合力很大的离子键和共价键，所以它不仅具有良好的机械强度、硬度，而且在体内难溶解，不易腐蚀变质，热稳定性好，便于加热消毒，耐磨性能好，不易产生疲劳现象，可满足种植学的要求。第二，陶瓷的组成范围比较宽，可以根据实际应用的要求设计组成，控制性能变化。第三，陶瓷成形容易，可以根据使用要求，制成各种形态和尺寸，如颗粒型、柱型、管型；致密型或多孔型，也可制成骨螺钉、骨夹板；制成牙根、关节、长骨、颌骨、颅骨等。第四，随着加工装备及技术的进步，陶瓷的切削、研磨、抛光等已是成熟的工艺。表 8-12 比较了几类常用的生物植入材料的性能。

表 8-12　三类生物材料比较

材料特性	金　属	高分子材料	陶　瓷
生物相容性	不太好	较好	很好
耐侵蚀性	除贵金属外,多数不耐侵蚀,表面易变质	化学性能稳定,耐侵蚀	化学性能稳定,耐侵蚀,不易氧化、水解或降解
耐热性	较好,耐热冲击	受热易变形,易老化	热稳定性好,耐热冲击
强度	很高	差	很高
耐磨性	不太好,磨损产物易污染周围组织	不耐磨	耐磨性好,有一定润滑性能
加工及成形性能	非常好,可加工成任意形状,延展性良好	可加工性好,有一定韧性	塑形性好,脆性大,无延展性

　　生物陶瓷材料可分为 3 类,即惰性生物材料、活性生物材料和可吸收的生物降解陶瓷材料。稳定 ZrO_2 属于惰性生物陶瓷,这类材料用于能承受负载的矫形材料,如骨科、牙科及颌面上。部分稳定化的氧化锆和氧化铝一样,生物相容性良好,在人体内稳定性高,而且比氧化铝的断裂韧性值更高,耐磨性也更为优良,用作生物材料可减小植入物的尺寸和实现低摩擦、磨损,因而在人工牙根和人工股关节制造方面的应用引人注目。对于承受负载的生物医用氧化锆陶瓷、氧化铝陶瓷等材料,国际标准化组织(ISO)对其组织、力学性能、物理性能已制定了相应的标准,见表 8-13。

表 8-13　ZrO_2 及 Al_2O_3 生物陶瓷物理性能

物理性能	PSZ	高纯 Al_2O_3	ISO Al_2O_3
含量 ω/%	>99.8	>99.5	>97
密度/g·cm^{-3}	5.6~6.12	>3.93	≥3.90
晶粒尺寸/μm	1	3~6	<7
表面粗糙度 R_a/μm	0.008	0.02	
硬度(HV)	1300	2300	>2000

物 理 性 能	PSZ	高纯 Al_2O_3	ISO Al_2O_3
抗压强度/MPa		4500	
抗弯强度/MPa	1200	550	400
杨式模量	200	380	
断裂韧性/MPa·m$^{1/2}$	15	5~6	

8.5 光学纤维、光学镀膜材料的应用

8.5.1 光学纤维

A 组成和性能

光学纤维简称光纤,是用高透明电介质材料制成的可弯曲光导纤维材料,不仅具有束缚和传输从红外到可见光区的功能,而且也具有传感功能。单根光纤的直径仅为几到几十微米,是由内层材料(芯料)和色层材料(涂料)组成的一种复合结构,见图 8-21。

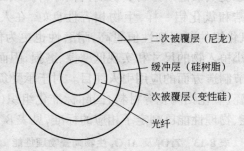

二次被覆层(尼龙)

缓冲层(硅树脂)

次被覆层(变性硅)

光纤

图 8-21 光纤横截面结构示意图

由于光纤芯料的折射率高于色层材料的折射率,当入射光由内层射到两层的界面时,只要入射角小于临界角,就可由光纤的一端传播到另一端。光纤按其用途可分为传输信息的光导纤维和用于传输能量的光导纤维。前者用于光纤通信和光纤传感。光纤通信具有信息容量大,体积小,重量轻、抗干扰功能强、保密性好的优点,

在数据、传输、电视信号传送、计算机网络连接方面广泛应用。光纤传感主要用来直接从被检测物上提取和传输所需要的信息。

含锆稀土氟化物是重要光纤材料,其材料为以氟化锆或氟化铪为基础的氟锆酸盐玻璃或氟铪酸盐玻璃,性能见表8-14。

表 8-14　含锆氟化玻璃的物化性质

化学组成(摩尔分数)/%	透光范围/μm	密度/g·cm^{-3}	折射率 n	转变温度/℃	熔点/℃	线膨胀系数/℃$^{-1}$	零色散波长/μm	化学稳定性
57ZrF$_4$ 34BaF$_2$ 5LaF$_3$ 4AlF$_3$	0.2~7.5	4.62	1.519	300	520	157×10^{-7}	1.7	好

而在氟化物玻璃中,氟锆酸盐玻璃的抗失透性仅次于氟铍酸盐玻璃,是性能最好的重金属氟化物玻璃,用于光纤拉制的最基本的系统是 ZrF$_4$-BaF$_2$-LaF$_3$ 三元系,其中 ZrF$_4$ 是玻璃网络形成体,BaF$_2$ 是玻璃网络修饰体,LaF$_3$ 则起降低玻璃失透倾向的网络中间体作用。在此基础上,引入 AlF$_3$,YF$_3$,HfF$_4$ 及碱金属氟化物 NaF 或 LiF 的玻璃性能更好。光学和热学性能在较大范围内连续可调,更适宜于光纤拉制的 ZrF$_4$(HfF$_4$)-BaF$_2$-LaF$_3$(YF$_3$)-AlF$_3$-NaF(LiF) 系统玻璃。表 8-15 中列出了几种氟锆酸盐玻璃光纤芯、皮料的化学组成。

表 8-15　氟锆酸盐玻璃光纤的化学组成　　　(单位:%(摩尔分数))

玻璃	ZBGA		ZBLYAL		Z(H)BLYAN		ZB(P)LAN		Z(H)BLAN	
	芯料	皮料	芯料	皮料	芯料	皮料	芯料	皮料	芯料	皮料
ZrF$_4$	61	59.6	49	47.5	49	23.7	51	53	53	39.7
HfF$_4$						23.8				13.3
BaF$_2$	32	31.2	25	23.5	25	23.5	16	19	20	18
PbF$_2$										

玻璃	ZBGA		ZBLYAL		Z(H)BLYAN		ZB(P)LAN		Z(H)BLAN	
	芯料	皮料	芯料	皮料	芯料	皮料	芯料	皮料	芯料	皮料
GdF_3	4	3.8								
LaF_3			3.5	2.5	3.5	2.5	5	5	4	4
YF_3			2	2	2					
AlF_3	3	5.4	2.5	4.5	2.5	4.5	3	3	3	3
LiF			18				20	20		
NaF				20	18	20			20	20
芯料	1.5162	1.5095	1.5009	1.5224	1.4991					
皮料	1.5132	1.4952	1.4890	1.5086	1.4925					

B 应用

光导玻璃纤维是一种能够导光、传像的玻璃纤维,目前已有可见光、红外、紫外等导光、传输制品,主要应用领域如下:

a 光纤通信

光纤通信传递信息的速度可超过 10^9 bit/s,成为取代金属的优质材料。由于氟化物玻璃光纤的损耗小,仅为 $10^{-2}\sim10^{-3}$ dB/km,通过合理选择光纤结构,可使波导色散与材料色散相抵消,实现在最低损耗波长处零色散传输,因此氟化物玻璃纤维是实现超长距离无中继光通信的光纤材料。长度大于 100 m 的氟锆酸盐玻璃光纤在 $2.59\mu m$ 处的损耗已降至 0.65 dB/km(英国通信实验室数据),并获得了波长为 2.55 μm 处散射损耗为 0.025 dB/km、长 5 cm 的氟玻璃光纤,接近理论散射损耗值(美国海军实验室数据),有利于现有的氟玻璃光纤进行超长波段光纤通信系统的演示。如法国国家通信研究中心用波长为 2.61 μm 的 HF 激光器作光源,用 HgCdTe 探测器检测,对长 56 m 损耗为 15dB/km 的单模氟锆酸盐玻璃光纤进行了速率为 140 Mbit/s 的传输,误码率小于 10^{-9}。日本电报电话公司传送系统研究所用长 400m 的单模氟化物玻璃光纤进行速率为 400 Mbit/s 光信号进行传输,光源采用波

长为 $2.55~\mu m$ 的固体色心激光器,表明用氟玻璃光纤进行大容量光通信是可能的。目前,超低损耗氟化物玻璃光纤的研究致力于从工艺上继续降低和消除由亚微观散射中心和杂质吸收引起的损耗和超长光纤的制造技术。

b 高功率激光传输

氟化物玻璃低的非线性折射率使其具有较高的激光损伤阈值。通常如 $Er:YAG(2.94~\mu m)$,$HF(2.7~\mu m)$ 和 $DF(3.8~\mu m)$ 等激光器产生的 $2\sim4~\mu m$ 波长的激光可用氟化物玻璃光纤传输,而波长为 $5.3~\mu m$ 的 CO 激光,用硫化物玻璃光纤较为合适,而 $10.6~\mu m$ 的 CO_2 激光则需用硒化物或硒化物-碲化物混合系统的玻璃光纤来传输。目前已用这些光纤和相应的激光器制成各种各样的样机,正在显微外科、内科诊断和工业材料加工等方面进行试用。

c 纤维激光器

氟化物玻璃基质声子频率低,发光中心在氟化物玻璃中发光量子效率高,同时氟化物玻璃从紫外到红外极宽的透光范围为量子效率高,同时氟化物玻璃从紫外到中红外极宽的透光范围为掺杂离子(特别是其激发波长或发光波长在近紫外或中红外的掺杂离子)的发光和多掺杂敏化发光创造了极好条件。目前,Nd^{3+}、Er^{3+}、Tm^{3+} 或 Ho^{3+} 等稀土离子掺杂的氟锆酸盐玻璃光纤均已获得激光输出,波长从 $0.82~\mu m$ 到 $2.8~\mu m$,在许多波段还实现了可调谐激光输出。最近又在掺 Tm^{3+} 和掺 Ho^{3+} 的氟锆酸盐玻璃光纤中通过双光子吸收分别在 455 nm 和 480 nm 及 550 nm 和 750 nm 获得了激光输出,并实现了上转换(Upconversion)。若干稀土激活的氟锆酸盐玻璃纤维激光器的特性见表 8-16,其中用波长为 795 nm 半导体二极管光束泵的掺钕氟锆酸盐玻璃纤维激光器在 1.05 和 $1.35~\mu m$ 处激光输出的量子效率均已接近于 1。应该指出,氟化物玻璃中发光离子的激发态吸收小,许多在石英光纤中不易获得的激光跃迁,如 Nd^{3+} 的 $1.35~\mu m$ 处激光跃迁等,在氟化物玻璃光纤中的可得到高效率的输出。

表 8-16　稀土激活氟锆酸盐玻璃纤维激光器的特性

激活离子	工作波长/μm	光泵波长/nm	阈值/mW	斜率/%	最大输出功率/mW
Nd^{3+}	1.05	795	20	70	57
	1.33	795	60	57	30
Er^{3+}	0.85	514.5			
	0.98	514.5	19	8.7	10
	1.55	514.5			
	2.71	476.5 等	6.9	9	0.25
Tm^{3+}	0.455	676.4 与 647.1	约 170		
	0.480	674.4 与 647.1	90		0.40
	0.82	676.4	45	1.6	0.5
	1.48	676.4	40		10^{-2}
	1.88	676.4	50	3.3	1.3
	2.35	676.4	31	3.8	2.2
Ho^{3+}	0.55	647.1	135	20	10
	0.75	647.1	230		2
	1.38	488	1120	0.28	
	2.08[①]	488	163		

①工作波长为 2.08μm 的 Ho^{3+} 工作状况为 3kHz,其余工作状况为连续。

d　光纤传感器

工业废气如 CO、CO_2、N_xO_y、SO_2 及 CH_4 等和有机液体在中红外波段均有较强的吸收带,利用带非氧化物玻璃光纤的傅里叶转换红外光谱仪,可对这些气体和液体的浓度进行远距离检测。用氟锆酸盐玻璃光纤制成的温度传感器已用于室温至数百度高温的精确测量,并可在光学陀螺、程序控制及测量、导弹光纤制导等方面应用。

8.5.2　薄膜材料的应用[4]

增透膜与高反射膜是照相机、显微镜、复印机、天文观测仪器和精密仪器和医疗设备、激光设备的关键部件。滤光片和振光片广泛用于分析仪器、舞台灯光和高级灯具。导电透明膜(ITO 膜)

用作太阳能电池的导电极、液晶显示板、飞机、舰艇仪器仪表及电加热除霜除雾,防静电防微波保护墙等。电变色膜可用于眼镜、汽车和建筑玻璃的调光隔热和电视机、电脑的图板。传感膜则用于易燃易爆气体的报警和自控装置,也是医疗检测仪器中的灵敏电极。

增透膜也称减射膜,可提高镜片的透光度,其原理是在玻片上镀一层或多层折射率比玻片小的材料,厚度为 1/4 波长,可减少反射光损失。近年来,含锆铪化合物和金属在光学镀膜、电子学镀膜、防护镀膜材料中均得到广泛应用,其分类见表 8-17,应用实例见表 8-18、表 8-19 和表 8-20。

表 8-17　含锆、铪陶瓷薄膜的应用分类

分类	应　用	薄膜材料
光学薄膜	反射膜、增光膜、减反膜、选择性反射薄、窗口薄膜	ZrO_2、HfO_2、Al_2O_3、SiO_2、TiO_2、Cr_2O_3、Ta_2O_5、Ni-Al 和金刚石等
电子学薄膜	电极膜、绝缘膜、电阻器、电容器、电感器、传感器、记忆元件、超导元件、微波声学器件、薄膜晶体管、集成电路基片、热沉或散射片等	$Pb(Zr,Hf,Ti)O_3$、$(Pb,La)(Zr,Hf,Ti)O_3$、In_2O_3、Al_2O_3、SiC、Si_3N_4 等
集成光学薄膜	光波学、光开关、光调制、光偏转、二次谐波发生、薄膜激光器	$Pb(Zr,Hf,Ti)O_3$、$(Pb,La)(Zr,Hf,Ti)O_3$、Al_2O_3、Nb_2O_5、$LiNbO_3$ 等
防护用薄膜	耐腐蚀、耐磨损、耐冲刷、耐高温氧化、防潮防热、高强度高硬度、装饰性能优异	$(Zr,Hf)N$、TiN、SiC 等

表 8-18　含锆复合氧化物镀膜材料的应用

材料	组成	折射率	蒸发方式	特点	用途
$ZrO_2 + TiO_2$	TiO_2 50%~70%	2.05~2.15	电子枪蒸发	可按需要配制具有 $ZrTiO_4$ 晶型的致密薄膜	增透膜、高反膜、滤光片各种光学仪器
$ZrO_2 + Ta_2O_5$	Ta_2O_5 30%	2.15	电子枪蒸发	ZrO_2 形成立方晶相,晶粒细化,牢固	增透膜、高反膜、滤光片各种光学仪器

材料	组成	折射率	蒸发方式	特　点	用　途
$ZrO_2 + Y_2O_3$	Y_2O_3 10%~20%	1.9	电子枪蒸发	形成稳定性氧化锆、致密低温时可形成非晶型膜	增透膜、高反膜、滤光片各种光学仪器
$ZrO_2 + Al_2O_3$	Al_2O_3 30%~60%	1.75~1.65	电子枪蒸发	形成氧化铝固溶体、膜牢固抗腐蚀	用作多层膜中折射率材料

表 8-19　锆铪氧化物在薄膜工艺中的应用

材料	密度/g·cm^{-3}	熔点/℃	折射率	透光范围/μm	蒸发方式	用　途
ZrO_2	5.5	2700	2	0.25~9	电子枪蒸发	形成高附着膜层,于多层膜系和介电电容器薄膜
ZrO_x	5.5	(较易蒸发)	约2		电子枪蒸发	充氧形成 ZrO_2 膜,不充氧可形成灰色至黑色保护膜
HfO_2	9.7	2790	2.0	0.2~9	电子枪蒸发	是紫外波段优良硬介质高折射膜,多用于天文、激光等设备以及介电膜

表 8-20　锆、铪在镀膜材料中的应用

材料	纯度/%	密度/g·cm^{-3}	熔点/℃	形状	蒸发方式	用　途
锆	99~99.5	6.49	1852	丝、片	电子枪或溅射	干涉膜、保护膜,如改善钨电极发射特性
铪	99~99.5	13.1	2222	丝、片	电子枪或溅射	介电膜(薄膜式电容器)、干涉膜
钛-锆(合金)				靶	溅射或蒸发氧化	形成仿金色氮化锆膜,用于餐具、灯具、手表等美化保护
钛-锆				丝或靶	O、CH$_4$中蒸发	形成灰色或黑色碳化钛、碳化锆保护膜,耐腐蚀、耐摩擦,用于刀具和高速运动部件表面保护
				丝、片靶	电子枪或热蒸发	不完全氧化形成氧化钛彩色包膜,如工艺品、建筑玻璃

8.6 增韧陶瓷材料

8.6.1 原理

关于含锆陶瓷材料的增韧性能,许多资料都有阐述。文献[5]指出,四方相-单斜相转变伴随的体积膨胀,可以提高陶瓷的韧性和强度。这一导致工程陶瓷产生重大发展的理论首先由盖维提出,并被应用于其他陶瓷基体。高温四方相保持到室温,是相变增韧的必要条件。四方氧化锆粒子尺寸小于某临界尺寸时,不发生相变,保持亚稳态四方相。但在一定温度下,保持四方氧化锆的临界尺寸随氧化钇含量的增加而增大,见图 8-22。通过合金化和增加陶瓷基体的弹性模量都可以增大临界尺寸,有利于四方相的保持。表 8-21 列出了不同基体中四方 ZrO_2 的临界尺寸。氧化锆相变韧化机制,一般认为有应力诱导相变韧化、微裂纹韧化和压缩表面层强化。在陶瓷中可以引入亚稳定的四方氧化锆,在制备时加入,或借热处理析出第二相颗粒。在冷却经过相变温度时,如果四方氧化锆的颗粒很细,或基体对其压应力很大,相变受到压抑,四方相就可以保持到室温。如果裂纹受外应力的作用扩展时,在裂纹前端就形成大的张应力,使基体对四方氧化锆的压抑得到松弛,四方相转变为单斜相。而相变颗粒的剪切应力(1% ~7%)和体积膨胀(3% ~5%),对基体产生压应变,使裂纹停止扩展,以致需要更大的能量才能使主裂纹延伸。或者说,在裂纹尖端应力场的作用下,氧化锆粒子发生四方—单斜相变而吸收了能量,即外力作了功,从而提高了断裂韧性。

表 8-21　不同基体中四方 ZrO_2 的临界尺寸

基体材料	Al_2O_3	$\beta''\text{-}Al_2O_3$	莫来石	尖晶石	Si_3N_4	Mg-PSZ	Y-PSZ
临界尺寸 /μm	0.6~0.7	0.9~1.0	1	0.8~1	<0.1	0.1~0.2	0.3
氧化锆的体积分数 /%	16	15	22	17.5	15	8.1 %MgO (摩尔分数)	2 %Y_2O_3 (摩尔分数)

朗格根据裂纹尖端尺寸为 R 范围内四方氧化锆粒子发生相变时,应力场诱发相变所作的功,推导出应力诱导相变对断裂韧性的贡献,断裂韧性表达式如下:

$$K_{IC} = \left[K_0^2 + \frac{2RV_iE_c(|\Delta G_c| - \Delta U_{s0}f)}{1 - v_c^2} \right]^{1/2}$$

式中,K_0 为无相变材料的断裂韧性;$(|\Delta G_c| - \Delta U_{s0}f)$ 为单位体积对应力诱导相变所作的功;E_c 和 v_c 分别为弹性模量和泊松比;V_i 是四方相的体积分数;R 为相变区大小,大约等于粒子大小;ΔG_c 为四方—单斜相变时的化学自由能变化;ΔU_{s0} 为相弈变能的变化。

$(1 - f)$ 为裂纹扩展时,粒子上的约束解除而减少的应变能份数,增加四方相体积份数、弹性模量和单位体积对相变所作的功,都可以提高断裂韧性。

不同基体中室温下氧化锆颗粒保持四方相的临界尺寸不同,当氧化锆颗粒大于临界尺寸时,在室温四方相已转变为单斜相并在其周围的基体中形成微裂纹。当主裂纹扩展到氧化锆颗粒时,这种均匀分布的微裂纹可以缓和主裂纹尖端的应力集中或者使主裂纹分叉而吸收能量。这就是氧化锆的微裂纹增韧。对于微裂纹增韧,氧化锆颗粒应当大至正好能产生相变,而产生有限度的微裂纹。可以通过制备工艺条件来得到所希望的颗粒尺寸。

为了得到最好的韧性,氧化锆的体积含量有一最佳值。断裂韧性随氧化锆含量增加达最大值后,开始下降。韧性的增加同微裂纹的密度成正比。但当微裂纹的密度、长度增至相互连接时,则韧性下降。微裂纹的相互作用使强度下降,韧性峰值随 ZrO_2 粒径的减小,向高 ZrO_2 含量方向移动。

表面强化是提高相变韧化陶瓷强度的有效手段。研磨相变韧化氧化锆的表面,可以使表面层的四方相氧化锆颗粒转变为单斜相,并产生体积膨胀,形成压缩表面层,从而强化陶瓷。具有压缩表面层的陶瓷不再对表面的微小缺陷敏感。处于压缩状态下的表面缺陷不易发展至产生破坏。

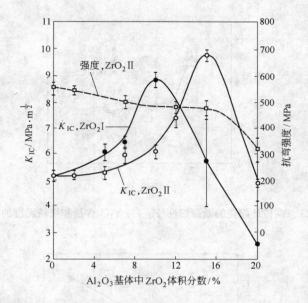

图 8-22 断裂韧性和抗弯强度随 Al_2O_3 中的 ZrO_2 含量的变化

在氧化锆增韧的 Na-β''-Al_2O_3 中发现,添加四方氧化锆和立方氧化锆的 β''-Al_2O_3,在基体的晶粒大小和单相 β''-Al_2O_3 的晶粒大小相近,不改变裂纹尺寸的情况下,断裂韧性都提高。立方氧化锆的韧化效果同第二相粒子的弥散韧化作用有关。没有相变韧化作用的立方氧化锆的韧化作用是由于裂纹在前进时避开了第二相硬质点,使裂纹扩展路径曲折、分叉而吸收更多能量,提高了韧性。因此,四方氧化锆颗粒对陶瓷基体的韧化,除了相变韧化机制之外,还有第二相质点的弥散韧化机制。图 8-22~图 8-25 为 Al_2O_3、Y_2O_3 及温度对断裂韧性和弯曲强度的影响。

8.6.2 ZrO_2 增韧陶瓷

A 部分稳定氧化锆增韧陶瓷

部分稳定氧化锆陶瓷 PSZ,由立方相氧化锆、四方相和(或)单

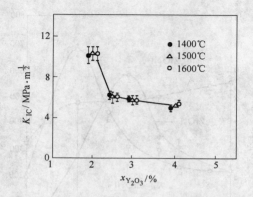

图 8-23　Y-TZP 陶瓷的断裂韧性(K_{IC})与 Y_2O_3 含量和烧结温度的关系

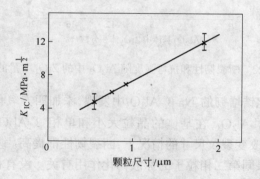

图 8-24　2% Y_2O_3(摩尔分数)的 Y-TZP 的晶粒尺寸
与断裂韧性(K_{IC})的关系

斜相氧化锆组成。当稳定剂添加量不足形成完全稳定的立方相,单相的立方氧化锆经热处理析出第二相,就可得到部分稳定氧化锆。

添加氧化镁的部分稳定氧化锆 MgPSZ 的制备方法为:成分 ZrO_2-3% MgO 的陶瓷,在 1700℃以上烧结可以得到单相的立方氧化锆。快冷,避免第二相的析出。接着在 1400℃进行等温时效处理适当时间,即在立方相基体上析出透镜状的细四方相沉淀。如果时效时间过长,四方相沉淀质点长得太大甚至转变为单斜相。

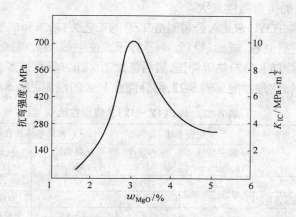

图 8-25 不同 Mg-PSZ 陶瓷在室温下的弯曲强度和断裂韧性

  添加氧化钇的部分稳定氧化锆 Y-PSZ 的优点是容易制备。氧化锆粒子尺寸较大时,仍可保持亚稳四方相。部分稳定氧化锆的韧性和强度比完全稳定立方氧化锆高得多。氧化铈 CeO_2 和氧化锆可以形成很宽范围的四方氧化锆固溶体相区。添加摩尔分数为 15%~20% CeO_2 可使四方氧化锆的相变温度 M_s 降低到 25℃以下。氧化铈和混合稀土氧化物是受到注意的稳定剂。

  B 四方氧化锆多晶体 TZP

  在添加氧化钇的部分稳定氧化锆时发现陶瓷的韧性随所保持的四方相的量直线提高。显然,如果陶瓷全部由四方氧化锆组成,应有最好的韧性。里奇(Rieth)首先报道了 ZrO_2-Y_2O_3 系中由 100% 四方氧化锆组成的陶瓷。稳定剂氧化钇的加入量对 TZP 的力学性能有很大影响。为了避免陶瓷中单斜相氧化锆的形成,Y_2O_3 的加入量最少应为摩尔分数 1.8%。这一成分的 TZP 陶瓷,亚稳的四方氧化锆易转变为单斜相,因此其断裂韧性最高。根据表面的单斜相含量随时效时间变化的曲线,当固溶体的氧化钇含量(摩尔分数)为 2.8% 时,表面才是稳定的。而晶粒大小在小于 0.2 μm 时,才能保持亚稳的四方相。在氧化钇含量为 3%(mol)

时,TZP 的抗弯强度最大。

日本 TOYO SODA 公司制造 TZP 的工艺为:粉末和成型剂经喷雾干燥进行制粒,成形(模压、冷等静压或注射成型),机加工,排除成形剂,烧结和(或)热等静压,最后机加工。四方氧化锆多晶体 TZ-3Y 的机械物理性能见表 8-22,部分商业 PSZ 的性能见表 8-23。

表 8-22　TZP(TZ－3Y)的物理性能

材　　料	陶瓷基体		ZrO_2-陶瓷基体复合材料	
	断裂韧性 $K_{IC}/MPa \cdot m^{1/2}$	抗弯强度 /MPa	断裂韧性 $K_{IC}/MPa \cdot m^{1/2}$	抗弯强度 /MPa
立方 ZrO_2	2.4	180	2～3	200～300
部分稳定 ZrO_2			6～8	600～800
TZP			7～12	1000～2500
Al_2O_3	4	500	5～8	500～1300
β''-Al_2O_3	2.2	220	3.4	330～400
莫来石	1.8	150	4～5	400～500
尖晶石	2	180	4～5	350～500
堇青石	1.4	120	3	300
烧结氮化硅	5	600	6～7	700～900

表 8-23　商业 PSZ 的物理性能

项　　目	Mg-PSZ	Ca-PSZ	Y-PSZ	Ca/Mg-PSZ	Y-TZP	Ce-TZP
稳定剂/%	2.5～3.5	3～4.5	5～12.5	3	2～3	12～15
硬度/GPa	14.4[①]	17.1[②]	13.6[③]	15	10～12	7～10
室温断裂韧性 $K_{IC}/MPa \cdot m^{1/2}$	7～15	6～9	6	4.6	6～15	6～30
杨氏模量/GPa	200[①]	200～217	210～238		140～200	140～200
室温弯曲强度/MPa	430～720	400～690	650～1400	350	800～1300	500～800
1000℃线膨胀系数/K^{-1}	9.2[①] ×10^{-6}	9.2[②] ×10^{-6}	10.2[③] ×10^{-6}		(9.6～10.4) ×10^{-6}	
室温热导率/$W \cdot (m \cdot K)^{-1}$	1～2	1～2	1～2	1～2	2～2.3	

① 2.8% MgO；② 4% CaO；③ 5% Y_2O_3。

C 其他 ZrO_2 陶瓷复合材料

这类氧化锆增韧陶瓷是氧化锆与其他陶瓷的复合材料。其组织是 ZrO_2 粒子分散在其他陶瓷的基体上,部分稳定氧化锆(PSZ)是双相组织,立方相基体上分散着四方相粒子,四方氧化锆多晶体(TZP)的组织由纯的细小四方相晶粒组成。

在部分稳定氧化锆的基体上添加氧化铝也可以提高氧化锆的强度和韧性。氧化铝含量为 20% 时,抗弯强度可达 2400 MPa。而弥散于其他陶瓷基体中的四方氧化锆粒子通过相变韧化,可显著提高陶瓷的韧性和强度。由于应力诱导相变的韧化效果在高温下减少,部分稳定氧化锆的强度有高温衰减现象。添加大量氧化铝可提高氧化锆的高温强度和抗热冲击性。加入 SiC、Al_2O_3 晶须也可以提高氧化锆的高温强度。

表 8-24 为四方氧化锆多晶体 TZ-3Y(3% Y_2O_3) 和热等静压 Al_2O_3-ZrO_2(3% Y_2O_3) 陶瓷 Super-Z 的物理力学性能。

8.6.3 ZrO_2 增韧陶瓷的应用

半稳定氧化锆在绝热内燃机中的应用是成功的。美国绝热发动机计划的目标是取消水冷系统,对燃烧室绝热,利用排出的热能,提高热效率,减少发动机重量。对陶瓷材料的要求是低热导性,高线膨胀系数、低弹性模量(接近铸铁),高抗热冲击性,高工作温度(1100℃),高强度、高韧性和高耐磨性。相变韧化氧化锆,导热系数小,线膨胀系数大,强度韧性好,是合适的材料。在绝热内燃机中。另外氧化锆还可用做汽缸内衬、活塞顶、气门导管、进气和排气阀座、轴承、挺杆、凸轮、凸轮随动件和活塞环等零件。陶瓷绝热内燃机的热效率已达到 48%(普通内燃机为 30%)。陶瓷内燃机省去了散热器、水泵、冷却管等 360 个零件,质量减少 191kg,增韧陶瓷在转缸式发动机中用做转子。

氧化锆陶瓷在机械工业上用做耐磨耐蚀零件效果也很好,可用作采矿工业的干轴承,化学和泥浆泵上的密封件和叶片。用四方氧化锆多晶体制造的泵已商品化,氧化锆模具、刀具等工具也已

表8-24 TZP多晶的加工性能

项 目		TZ-3Y		Super-Z			Al$_2$O$_3$
		烧结	热等静压	3Y20A	3Y40A	3Y60A	
抗弯强度/MPa	室温	1200	1700	2400	2100	2000	350
	高温	800℃	1000℃	1000℃	1000℃	1000℃	800℃
		350	350	800	1000	1000	250
断裂韧性(M.I.法)/MN		7	7	6			3
硬度(HV)/室温		1280	1330	1470	1570	1650	1600~2000
1000℃		400	400	480	550	650	
密度/g·cm^{-3}		6.05	6.07	5.51	5.02	4.60	3.9
弹性模量/MPa		2.05×10^5	2.05×10^5	2.60×10^5	2.80×10^5		4.07×10^5
抗热冲击性		250	250	470	470		200
导热系数/W·(cm·K)$^{-1}$	室温	0.029	0.029	0.059	0.092		0.33
	800℃	0.029	0.029	0.042	0.063		
线膨胀系数(200℃)/℃$^{-1}$		10×10^{-6}	10×10^{-6}	9.4×10^{-6}	8.5×10^{-6}		6.5×10^{-6} (25~500℃)

商品化。

　　日本近来开发出高铈氧化锆增韧陶瓷刀具,复合物用 Ce_2O_3 作稳定剂,以取代金属制陶瓷,断裂韧性是金属的 3 倍,切削能力提高 1.5 倍。

8.7　锆釉[6~9]

8.7.1　概述

　　建筑陶瓷(或称民用陶瓷)是锆化合物应用的最大市场。锆釉则是建筑陶瓷的重要组成部分。建筑陶瓷与国计民生息息相关,据统计仅 20 世纪 90 年代末期世界建筑陶瓷用墙、地砖总产量已达 30 亿 m^2,我国为 8 亿 m^2,近年来高达 10 亿 m^2,卫生陶瓷产量达千万余件。

　　釉是用于覆盖陶瓷坯体表面的玻璃态薄层,使制品不易沾污并具有光泽。一般条件下,釉层不吸水,不透气,并能提高制品的机械强度,改善制品热稳定性与化学稳定性,各种艺术釉还起装饰作用。同时,釉具有玻璃的通性,没有固定的熔点,各向同性,在一定温度范围内能够结晶等。

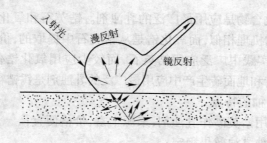

图 8-26　光在釉层中的反射和透射示意图

　　乳浊釉具有较高的遮盖能力和白度。当光线射于釉层时,一部分透过釉层到达坯体,一部分被釉面反射,一部分进入釉层时被折射,并由于釉中的固体、过冷液体微粒以致气泡造成的相界面发生再折射、散射和漫反射,这种光学现象称乳浊作用。釉的玻璃相和分散于其中的乳浊剂粒子(或玻璃滴)之间对光的折射率差别越大,则釉的乳浊程度越高。图8-26为光在釉层中的反射和透射示意图。釉中的固相、液相、气相粒子造成的上述乳浊作用,分别称为固相乳浊和液相乳浊、气相乳浊。

8.7.2 乳浊剂及应用

常用的乳浊剂有 TiO_2、Sb_2O_3、Na_2SiF_6、NaF、CaF_2、SnO_2、$ZrSiO_4$、ZrO_2 和 CeO_2 以及一些磷酸盐。它们和基础玻璃的折射率见表8-25。

表8-25 各种乳浊剂及基础玻璃的折射率

名　称	折　射　率	名　称	折　射　率
基础玻璃	1.50~1.70	Sb_2O_3	2.18~2.60
TiO_2	2.50~2.60	NaF	1.32
Na_2SiF_6	1.33	SnO_2	1.99~2.09
CaF	1.43	ZrO_2	2.13~2.20
$ZrSiO_4$	1.94	CeO_2	2.33

锆的化合物是应用最广泛的乳浊剂。锆英石和氧化锆在釉中形成乳浊的机理相似,而氧化锆是从锆英石中提取的,价格高于锆英石,因而实践中广泛应用锆英石,而较少应用氧化锆作乳浊剂。目前釉面砖和地面砖生产中应用最广泛的乳浊剂是锡锆釉与锡釉。

A　锆釉的特点

(1)采用锆英砂作乳浊剂,来源丰富,价格便宜;

(2)锆釉乳浊效果稳定;

(3)对窑炉气氛不敏感;

(4)釉高温黏度大。

B　锆釉的乳浊机理

锆釉的乳浊性是由釉中再生的或残留的锆化合物微粒产生

的,这种化合物一般是 $ZrSiO_4$,只有在特定的条件才可能是 ZrO_2。熔化于熔块中的锆化合物在釉烧升温过程中,以微小的细分散的晶体形态重新析出,可使釉具很强的乳浊性。同时,能降低釉的线膨胀系数,提高釉的高温黏度并改善釉的化学稳定性和弹性。

C 影响锆釉乳浊性的因素

锆英砂加入到熔块中比以生料方式加入所起的乳浊作用要充分,得到乳浊性好的锆釉的基本条件之一是加入到熔块中的锆英石尽可能完全地被熔解,即使是高温生料釉,锆化合物以熔块的形式引入也能提高釉的乳浊程度。熔块的细度与釉烧制度对釉的乳浊性有显著影响。釉烧时,随着温度的升高,析出晶体,并逐渐长大得到最好的乳浊。若釉烧温度过高,小晶体被熔融,釉乳浊性降低。加入到生料釉中的锆化合物的颗粒尺寸对乳浊性有决定性的影响,为了充分乳浊,锆化合物的颗粒要尽可能细。有文献认为,细度最好达 $5\mu m$。

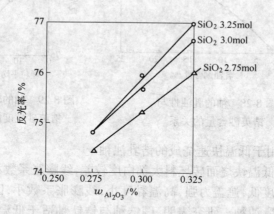

图 8-27 在 SiO_2 含量不同的情况下,釉中 Al_2O_3 含量与其乳浊性的关系

釉成分中 SiO_2、Al_2O_3 有利于釉的乳浊性。图 8-27 示出在 SiO_2 含量不同的情况下,釉中 Al_2O_3 对乳浊性的影响。研究发现析出锆英砂的釉里含有约 55% 或更多的 SiO_2;而析出斜锆石的釉里 SiO_2 的含量较少,约为 52%~50% 或更少,SiO_2 含量介于上

述二者之间的釉里,晶相中可能既有斜锆石,也有锆英砂。而斜锆砂晶粒折射率高于锆英石晶粒。另外,在一定范围内锆釉乳浊性随乳浊剂用量增加而增加。图 8-28、图 8-29 为釉的乳浊性与锆英砂含量、粒度的关系。组成为:

$$\left.\begin{array}{ll} 0.135 & K_2O \\ 0.169 & Na_2O \\ 0.274 & CaO \\ 0.422 & ZnO \end{array}\right\} \left.\begin{array}{l} 0.215 \\ 0.003 \end{array}\right. \left.\begin{array}{l} Al_2O_3 \\ Fe_2O_3 \end{array}\right\} \left.\begin{array}{ll} 0.277 & SiO_2 \\ 0.357 & B_2O_3 \\ 0.145 & ZrO_2 \end{array}\right.$$

锆釉釉面白度高且稳定,光泽好,对气氛不敏感,烧成范围宽,并且较锡釉成本低。

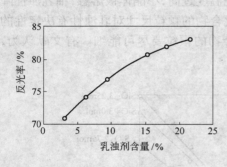

图 8-28　釉的乳浊性与
锆英砂含量的关系

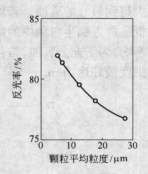

图 8-29　釉的乳浊性与
锆英砂粒度的关系

D　用于低温快速烧成的锆乳浊釉

由于低温快烧面砖坯料大都白度较差,线膨胀系数小,要求釉的烧成温度低,遮盖力强,高温黏度小,线膨胀系数小,因此,广泛采用硼锆乳浊釉。研究表明,硼锆釉与锆钛釉适于低温快烧。锆釉具最强乳浊作用的温度是 850~1000℃,符合低温快烧的要求。低温快烧的釉面砖,其中间层不易形成,因此对坯釉的适应性有影响,要求釉应具有更低的线膨胀系数,以弥补中间层形成不足的影响。为降低釉的烧成温度,可配入 B_2O_3、K_2O、Na_2O、SrO、BaO 等强熔剂,以保证釉面光滑。表8-26、表8-27和表8-28分别为工业

表 8-26 面砖釉的熔块配方质量比

（单位：%）

熔块编号	硼酸	硼砂	煅烧苏打	碳酸钾	长石	石英砂	高岭土	锆英砂	工业氧化铝	硼酸盐	碳酸钡	白垩大理石	白云石	氧化锌	碳酸锶	氟硅酸钠
1	22.3					28.0	17.2	7.7			5.2	8.0	6.9	4.7		
2	25.4		5.0	6.0		16.6	12.5	12.0		钙 22.0			0.5			
3	23.8		7.1			36.3		9.4	6.4		4.2	9.0		1.7	1.8	
4		16.0				30.0	14.0	8.0	6.6		9.0	4.0	9.0	10.0		
5						35.0		12.0		钙 38.5	4.4		MgCO₃2.0	1.5		
6	3.94	30.93				33.30	11.28	13.41			1.02	5.68		1.04		
7	16.5			5.2		34.2	11.2	14.5			2.0	4.7	3.8	3.5		1.4
8	9.6		7.1	6.0		30.5	22.8	11.2				1.0	3.4	4.6		2.9
9	25.0		4.0			13.0	16.0	17.0				13.0				12.0
10	16.5	16.5				35.0		12.0	6.6	硬硼酸钙石 10.0	4.4		MgCO₃ 2.0	1.8		
11	16.0			硝酸钾 1.0	26.0	29.0		12.0		钾钠 10.0	2.0	2.0		1.0		CaF₂ 2.0
12	18.8		0.6		18.2	24.0	1.5	18.3				8.3		8.3		2.2

注：釉的组成：熔块 90%~95%，可塑黏土 10%~5% 或熔块 95%，高岭土 3%，膨润土 2% 或熔块 100 份重，羧甲基纤维素 0.1~0.2 份重。

表 8-27 面砖釉熔块的化学成分

(单位：%)

SiO$_2$	Al$_2$O$_3$	CaO	MgO	ZrO$_2$	B$_2$O$_3$	Na$_2$O	K$_2$O	ZnO	BaO	PbO	SrO	α/K^{-1}
49.3	8.4	8.2	1.8	6.1	10.4	4.6		6.0	5.2			6.24×10^{-6}
32.10	6.30	11.1	0.60	10.20	30.60	4.00	5.10					7.5×10^{-6}
47.7	8.3	7.2	1.3	8.5	16.4	4.7		2.2	3.7			5.15×10^{-6}
45.1	8.8	8.5	4.0	4.6	6.6	3.0	0.2	11.3	7.9			5.66×10^{-6}
46.44	9.86	11.40	1.75	2.93	18.41	3.23	Cπ	1.47	4.65			
32.7	10.4	9.0		13.3	11.8	8.2				Na$_2$SiF$_6$14.6		
46.2	7.7	7.2	0.9	9.5	18.8	3.2		2.1			5.55	
60.0	6.3	2.8	0.2	9.0	12.9	6.0	0.5	1.0	1.3			5.50×10^{-6}
50.0	5.3	5.5	1.3	13.5	7.8	6.8		9.7				5.80×10^{-6}
50.1	6.2	7.3	0.8	10.4	18.4	4.5		2.3				5.60×10^{-6}
48.2	7.2	0.2		12.0	19.0	1.5	9.3			1.5	1.1	

注：1. 化学成分由加入的分子组成计算；
2. 用于快速烧成的瓷砖，烧成时间约 1 h，烧成温度约 1000℃。

生产中面砖釉熔块的配方、化学成分,以及建筑卫生制品釉及熔块组成实例,典型的锆釉配方见表 8-29。

表 8-28　建筑卫生制品的釉及熔块的组成　　　　（单位:%）

原　料	熔块	釉	熔块	釉	熔块	釉	熔块	釉	釉
长　石	15.6	19.0	13.9	11.9		5.0		18.0	25.6
石英砂	15.5	19.0	13.8	31.7	32.3	23.0	32.5	18.0	25.5
氧化锌	2.0	1.3	3.7	6.2	1.8	3.0	1.8	2.0	3.2
碳酸钡	4.1	7.1	1.8	1.9	3.0	5.0	4.3	4.0	6.8
白　垩	23.0		20.5		13.7	6.0			11.3
滑　石	10.4		9.3			3.5			5.1
高岭土		2.0		3.1	11.5	2.5	13.0	2.0	3.0
黏　土		4.6		5.2		2.0		6.0	5.1
锆英石	29.4		26.3		12.1	14.0	11.6	11.0	14.4
氟硅酸钠			10.7						
结晶硼砂					15.6		25.6		
硼　酸					10.0				
白云石						熔烧高岭土 7.0	11.2	9.0	
熔　块		47		40.0		29.0		30.0	

表 8-29　典型的锆釉配方　　　　（单位:%）

组　分	釉　编　号								
	1	2	3	4	5	6	7	8	9
熔块 A′[①]					19.0	23.7		18.4	
熔块 B′[②]						7.5		16.9	
熔块 g′[③]						7.5			35.7
熔块 F′[④]						7.5			22.0
石　英	17.5	16.8	23.0	27.0	9.7	7.3	19.2	10.8	
长　石	36.5	30.9	21.3	18.4	30.5	28.8	24.2	19.5	11.6
高岭土	9.3	10.0	7.1	5.1	9.0	10.0		6.7	7.9

组 分	釉 编 号								
	1	2	3	4	5	6	7	8	9
可塑黏土			5.0	5.0			6.3		
白 垩	16.5	15.5	10.0	13.4	7.1	2.9	10.2	2.6	
氧化锌	1.0	2.0	6.4	16.5	9.3		2.4	5.1	3.0
碳酸钡	2.0	3.5	4.2	5.6		5.7	17.5	6.1	
滑 石	2.3					3.7		2.1	
白云石		4.8	3.3						
氧化铅							7.5		
A	14.9		19.7	9.0	15.4	10.4	12.7	11.8	
B		16.5							19.8

注：熔块组成(%)：① 熔块 A′—10.4Na$_2$O, 20GaO, 23.3B$_2$O$_3$, 46.3SiO$_2$；② 熔块 B′—85PbO, 15SiO$_2$；③ 熔块 g′—6.46Na$_2$O, 59.17PbO, 14.53 B$_2$O$_3$, 19.84 SiO$_2$；④ 熔块 F′—3.68 KNaO, 4.41GaO, 30.78PbO, A, B 为专用锆英石试样。

8.7.3 含锆陶瓷颜料(色剂)及应用

A 陶瓷颜料的用途

a 坯泥的着色

将颜料中的着色物质(色剂)与坯料混合,使烧后的坯体呈现一定的颜色。有色坯泥可用于制造陈设瓷件、日用器皿及建筑用的墙地砖。白色坯泥还可作遮盖坯体颜色的釉下涂层(化妆土)。

b 釉料的着色

用色剂与基础釉料可调配成各种颜色釉及艺术釉。

c 绘制花纹图案

大量用于釉层表面及釉下进行手工彩绘,也可用作贴花纸、丝网印刷、转移印花、喷花的颜料。

B 含锆陶瓷色剂的组成及应用

含锆着色剂可构成多种色调,如灰色、黄色、棕褐色、绿色、红色等,其组成及用途见表 8-30 和表 8-31。其中常用的以钒锆系色剂色调构成的用途最多。在合成硅酸锆的过程中,过渡金属和稀土金属离子能进入其晶格,形成光亮稳定的色剂。钒离子进入 $ZrSiO_4$ 晶格成为钒-锆蓝;镨离子进入形成镨黄;铬、铁分别形成硅酸锆绿、铁锆红等各种固溶体型的色剂。

表 8-30　含锆陶瓷色剂的颜色类型及用途

颜色	名称	组成	构成矿物	用途
灰	锆灰	Co-Cr-Zr、Co-Mn-Zr、Co-Ni-Zr Co-Ni-Zr-Si	锆英石 锆英石 $ZrSiO_4$[Co、Ni]	色釉 色釉、釉下彩
黄	钒锆黄	Zr-V	斜锆石 ZrO_2[V]	色釉、釉下彩
	锆黄	Zr-Ti-V、Zr-Y-V Zr-Si-Pr	斜锆石 ZrO_2[Ti、V]、ZrO_2[Y、V] 锆英石 $ZrSiO_4$[Pr]	色釉、釉下彩 色釉、色坯、釉上彩、釉下彩(氧化气氛)
	镉黄	Zr-Si-Cd-S	CdS 被 $ZrSiO_4$ 包裹	色釉
棕褐	栗茶	Zr-Si-Pr-Fe	锆英石 $ZrSiO_4$[Pr、Fe]	色釉、釉下彩
绿	镨钒绿	Zr-Si-Pr-V	锆英石 $ZrSiO_4$[Pr、V]	色釉
蓝	钒锆蓝[①]	Zr-Si-V	锆英石 $ZrSiO_4$[V]	色釉、色坯
红	铁锆红(珊瑚红) 硒镉红	Zr-Si-Fe Zr-Si-Cd-S-Se	锆英石 $ZrSiO_4$[Fe] Cd(S、Se)被 $ZrSiO_4$ 所包裹	色釉、色坯、釉下彩 色釉、釉下彩

①土耳其蓝。

另一种色剂为分散载体型的色剂,即在 ZrO_2 晶体上分布着很多钒的氧化物,这就是钒锆黄色剂。

蓝色和黄色色剂按不同比例配合后还能得到一系列不同色调的黄绿色色剂,这两类色剂在颜色釉面砖生产和各种高温颜色釉中广泛应用,也用于制备釉下彩料。

钒也是一种变价元素,由于离子所具有的价数不同而呈不同的颜色,V^{4+} 是呈蓝色的;V^{5+} 为黄色和褐色;V^{3+} 为绿色。钒锆蓝

表 8-31　锆着色剂的组成

着色剂和釉的颜色	ZrO_2	NH_4VO_3	NaF	SnO_2	Cr_2O_3	Na_2NO_4	Pr_8O_{11}	V_2O_5	MnO_2	SnO_2	$CaCO_3$	ZnO	$Al(OH)_3$	Fe_2O_3	Sn_2O_5	焙烧温度/℃
淡蓝色	62.7	3.8	2.3 ($NaCl$)	31.2												800
淡蓝色	50.0	8.3	8.4	33.3												1000
黄　色	95.0	5.0														1250
绿　色	91.0	9.0														1250
绿　色	62.2	6.3		31.1												1250
绿　色	71.39	4.77		23.83												1250
蓝绿色	41.6		7.0 ($NaCl$)	27.7	2.8 (K_2CrO_4)	20.9										1100
黄　色	41.9		7.1	27.9		21.0	2.1									1100
橙黄色	94.3	3.8						1.9								1260
灰　色	63.25		2.28	31.3					3.16							1000
黄　色	61.76或$ZrSiO_4$		3.25	30.12			4.87									1250
玫瑰红色	58.4				$K_2Cr_2O_7$,5%溶液58.5ml					17.7	23.9					1500
玫瑰黄褐色	24.8				5.0							42.5	21.3	5.7	0.7	1200
橙黄色	86.8				3.03							4.0	2.17	4.0		1350
海浪色	61.8	3.76	2.23	30.6					1.54							950

组成/%

色剂就是 V^{4+} 固溶在 $ZrSiO_4$ 晶体中所成的一种呈色稳定的中温色剂。这种色剂必须采用 ZrO_2 与 SiO_2 为原料制成而不能直接用锆石为原料,因为 V^{4+} 只能在建立锆石晶体结构的过程中才能与它发生固溶。色料中金属钒一般是由钒酸铵、偏钒酸铵或 V_2O_5 引入的。由于采用 V^{5+} 的化合物作原料,为了使 V^{5+} 充分还原成 V^{4+},必须在色料中加入 NaF、NaCl 等化合物,它起还原剂和矿化剂的作用,从而使锆钒蓝能在 1000℃ 左右的低温下合成。

在釉中加入 5% 左右钒-锆蓝色剂即呈深宝石蓝色,该色剂受釉组成的影响不大。乳浊剂用 ZrO_2 或 $ZrSiO_4$ 时颜色深,用 SnO_2 时颜色淡。

钒-锆黄(V-Zr) 和钒-锡黄(V-Sn)都属于分散载体结构型的色剂。钒锡黄是由于 V_2O_5 悬浮在 SnO_2 晶体上所致。一般来说,V_2O_5 的悬浮饱和值在 10% 左右。所以采用 SnO_2 90%,V_2O_5 10% 的配方,于 1280℃ 下合成色剂显色最深。釉中加入 3% 钒锡黄色剂即显柠檬黄色。这种色剂对还原气氛较敏感,适于氧化焰下烧成。钒—锡黄是 V_2O_5 悬浮于载体 ZrO_2 上,它是由 ZrO_2 92%,NH_4VO_3 8% 合成的。釉中加入 5% 即呈奶黄色,还原气氛下颜色变浅,但对气氛的适应能力强于 V-Sn 黄。

上述两种黄色剂,在工业生产中时常出现带褐色色调的缺点,但固溶体型锆黄色剂已能供专业生产,其呈色鲜明,稳定性优于前两种色剂。表 8-32 为锆-钒色剂的几个实用配方。

表 8-32 锆钒色剂配方实例

色料名称	配方组成	煅烧温度/℃	用 途
钒-锆蓝	五氧化二钒 5～8 氧化锆 48～60 石英 29～32 氟化钠 5～12	1000～1150	釉中加入 5%～8% 可制得明亮的天蓝色釉,与钒锆黄、钒锡黄、锆黄配合可得不同色调的浅绿色
钒-锆黄	钒酸铵(或 V_2O_5)5～10 氧化锆 90～92	1280	釉中加入 3%～6% 可制得奶黄色釉

色料名称	配方组成	煅烧温度/℃	用　　途
钒-锡黄	五氧化二钒 5~10 氧化锡 90~92	1280	釉中加入 3%~6% 可制得柠檬黄色釉
锆　黄	氧化锆 60~63 硅　石 29~31 氧化镨 3~5 氟化钠 3~5 氯化铵 3~4	1250~1280	釉中加入 3%~5% 可制得纯正的黄色釉

8.8　含锆玻璃[10,11]和饰物

常见的玻璃产品的化学组成多以 SiO_2 为主成分,并含有 Al_2O_3、MgO、CaO、B_2O_3、PbO、Na_2O 和 K_2O 等。在添加适量 $ZrSiO_4$ 或 ZrO_2 后可制得不同用途的玻璃。如乳白玻璃因含适量 ZrO_2 成乳浊状;加入 2.3% 的 ZrO_2 可制得光色玻璃等。锆化合物还可作为玻璃的色剂。表 8-33 列出了锆化合物在玻璃工业中的一些实例。

表 8-33　锆化合物在玻璃工业中应用的一些实例

项　目	主　要　用　途	原料
(1)含锆的硅酸盐玻璃	锆使硅酸盐玻璃的折射率增大 在玻璃中加二氧化锆比加氧化铅性能优,因此已在基本上用二氧化锆代替氧化铅。锆水晶玻璃的折射率为 1.549,而铅水晶玻璃的折射率为 1.540	二氧化锆
(2)光学玻璃	1. 在燧石玻璃中加 0.5%~7% ZrO_2 和 0.5%~4% Al_2O_3,共 2.5%~10%,以制得具有两个焦点的透镜,提高了玻璃质量 2. 特种光学玻璃的成分:SiO_2 10.3%;BaO 24.2%;B_2O_3 21.8%;ThO_2 13.4%;La_2O_3 17.3%;ZnO 5%;PbO 3%;ZrO_2 5% 同时在三氧化硼和三氧化二镧的基础上得到的光钍光学玻璃成分如下: Ba_2O_3 37%~43.5%;SiO_2 4%~10%;ZrO_2 1.9%~6%;La_2O_3 30%~43.4%;K_2O 7.2%~17%。折射率为 1.688	二氧化锆

项　　目	主　要　用　途	原　料
(3)抛光和削磨玻璃	二氧化锆加速了光学玻璃的抛光和削磨过程,可单独用锆也可同时加二氧化铈,二氧化锆比二氧化铈价格低,抛光剂的组成为:70%～80% ZrO_2,20% GeO_2	二氧化锆
(4)特种技术玻璃、耐酸、碱的化学稳定的实验室玻璃	在高铝玻璃中添加各种氧化物,以检验其耐碱性,结果以 ZrO_2 最佳 在硅酸盐玻璃中加入 3.5% ZrO_2 就提高了它的耐酸和耐碱性能 新的化学实验室玻璃成分如下:SiO_2～68%,Al_2O_3～4%,ZrO_2～3.5%,CaO～7%,MgO～3%,BaO～14.5%	二氧化锆
(5)中压和高压蒸气锅炉的水位表玻璃及其他特殊耐热玻璃(飞机、潜艇用玻璃等)	玻璃中加入 21%～27% ZrO_2 使具有高的稳定性和机械强度,并可代替云母	二氧化锆或锆砂
(6)玻璃中加入 ZrO_2 能吸收紫外线、红外线,以及作发光反射器的添加剂	这种玻璃的组成为:40%～65% SiO_2;5%～27.5% 碱(Na_2O、K_2O 或他们的混合物,但 K_2O 的量不应低于 12%);8%～12.5% 碱土金属氧化物(CaO、MgO 和 BaO 或它们的混合物);10%～30% ZrO_2,其他杂质不超过 2%。玻璃的折射率为 1.57～1.65	二氧化锆或锆石
(7)化学稳定的无硼玻璃	用锆英石代替硼酸酐及硼砂	锆砂和二氧化锆
(8)用于硼代硅酸盐钎焊的玻璃组分	软化温度为 700℃ 左右,线膨胀系数为 55×10^{-7} K^{-1},组成变化界限为:氧化锆 5%～60%,氧化钠 15%～55%,氧化硼 25%～45%,氧化铝、氧化硅、二氧化锆＜10%,碱金属氧化物＜5%	二氧化锆
(9)镉－硼酸锆玻璃	这种玻璃能吸收热中子,是原子能工业中应用的材料	二氧化锆
(10)医疗用玻璃的添加剂	一种新型的医学用玻璃为含锆(2% ZrO_2)的硼钡玻璃,它属于安瓿玻璃的一种,用于热压杀菌,特点是在碱溶液中稳定	二氧化锆锆砂
(11)抗腐蚀的玻璃纤维	增加玻璃纤维中 ZrO_2 含量至 3%,则在 NaOH 作用下,重量损失可减少 16.1%～2.7%,而在 Na_2CO_3 作用下重量损失减少 5.78%～2.65%。随着 ZrO_2 含量增加,重量损失会更降低。生产玻璃纤维时加 ZrO_2 减缓了结晶速率降低了溶体的黏度。这种玻璃的化学稳定性比中性玻璃高,并具有良好的蒸煮性能和加工性能。用于制造玻璃纤维的玻璃成分为:SiO_2 50%～62%;($TiO_2 + ZrO_2$) 5%～25%;($ZrO_2 < 16$%);B_2O_3 12%;Na_2O 10%～20%;Al_2O_3 10%;F 8%,熔点是 900℃	二氧化锆

　　含锆宝石及饰物是近年来发展起来的一个新产业,经 ZrO_2 加工成的各种颜色的宝石,是美观优良的饰物。

参 考 文 献

1　徐　政,倪安伟.现代功能陶瓷.北京:国防工业出版社,1998

2　朱　敏.功能材料.北京:机械工业出版社,2002

3　徐光宪.稀土.第 2 版,下册.北京:冶金工业出版社,1995

4　张明贤.钛锆铪及其化合物在光学镀膜技术中的应用,第八届钛锆铪学术会议论文,1995

5　殷　声.现代陶瓷及应用.北京:科技出版社,1998

6　陶瓷墙地砖生产编写组.陶瓷墙地砖生产.北京:建筑工业出版社,1983

7　黄励之.普通陶瓷.长沙:华南理工大学出版社,1992

8　祝桂洪,周健儿等.陶瓷釉配制基础,北京:轻工业出版社,1989

9　国家图书馆藏.锆釉

10　N.伊卡诺斯.精密陶瓷导论.陈皇钧,刘坤灵译.北京:世界图书出版社,1992

11　冯　映.锆及其化合物的应用.北京有色金属研究总院,1971(内部资料)

9 锆鞣剂、锆铪催化剂及其他应用

9.1 锆鞣剂

9.1.1 概述

锆鞣剂是用于制革工业的重要原料。用鞣剂处理生皮使之成革的过程,称为制革或鞣革。鞣剂之所以能改变生皮的性质使之成革,是因为它们与皮蛋白质结合之后,在皮蛋白质多肽链之间生成交联键,从而增加了皮蛋白质结构的稳定性。所以革比生皮柔软、耐温、耐曲折,不易断裂,透气性和透水性好,且具有耐湿热、耐化学药品和微生物侵蚀等性质。制革工业中的鞣剂分为有机和无机两大类,四价碱式锆盐是无机盐鞣剂中的一种。锆鞣革的优点是:粒纹紧密细致;身骨丰满而有弹性;可改善血筋等生皮缺陷,提高成品革等级;底革的耐磨性比纯植鞣底革大;适合生产白色革、皱纹革等特殊需要的革。

9.1.2 鞣皮锆盐化学[1]

制革工业上应用的锆盐有硫酸锆和氯化锆两种,常用的是硫酸锆,因其鞣性比氯化锆好。硫酸锆是从锆英砂与碳酸钠在高温下反应制得的,反应为:

$$ZrSiO_4 + Na_2CO_3 \xrightarrow{1000\sim1100℃} Na_2ZrSiO_5 + CO_2$$

这种锆化合物作为锆鞣剂时称为锆鞣剂 ZS,锆鞣剂 ZS 中含有硅盐。如欲制备不含硅盐的锆鞣剂,可用硫酸处理锆鞣剂 ZS,将二氧化硅除去即可,反应式如下:

$$Na_2ZrSiO_5 + 3H_2SO_4 \longrightarrow Na_2SO_4 + Zr(SO_4)_2 + SiO_2 + 3H_2O$$

所得产品称为硫酸锆鞣剂,其成分见表 9-1。

表 9-1 锆鞣剂(ZS)和硫酸锆鞣剂的成分 （单位:%）

项　　目	锆鞣剂(ZS)	硫酸锆鞣剂
ZrO_2	26.14～27.52	>18
CaO	0.11～0.84	
SiO_2	8.30～10.79	<0.1
SO_4^{2-}	39.90～40.05	50
Fe_2O_3		<0.2

另外一种可用于制革的锆盐是四氯化锆($ZrCl_4$)。四氯化锆为白色晶体,在潮湿空气中吸潮而释放出盐酸雾,在水中迅速水解为 $ZrOCl_2$ 和盐酸:

$$ZrCl_4 + H_2O \rightleftharpoons ZrOCl_2 + 2HCl$$

锆盐像铬盐一样,在水溶液中发生水解和配聚作用:

$$Zr(SO_4)_2 \cdot 2H_2O \rightleftharpoons ZrSO_4(OH)_2 + H_2SO_4$$

$$ZrSO_4(OH)_2 \rightleftharpoons ZrOSO_4 + H_2O$$

硫酸锆水解生成碱式硫酸锆,碱式硫酸锆失水即成硫酸锆酰。

锆盐的水解作用比铬盐、铝盐及铁盐快得多,向锆盐溶液中加碱,可以制得不同碱度的硫酸锆,最高碱度可达 55%。碱度超过 55% 时,溶液变浑浊,受热后析出沉淀。碱式硫酸锆溶液的稳定度比碱式硫酸铁和碱式硫酸钛高得多,并接近于相应碱度的碱式硫酸铬溶液。而且硫酸锆、氧氯化锆等无机酸盐在溶液中不论碱度多少,都不以氧锆根(Zr＝O)形式存在。锆也很少以单原子的络合离子存在,在水溶液中,锆与锆之间不直接相连,不含氧的阴离子不与锆生成共价结合,含氧的阴离子(如 SO_4^{2-})则可通过氧原子与锆结合,结合后使锆络合物的阳电荷减少,甚至变为阴离子。最后产物将根据锆与含氧阴离子或与其他阴离子的比例,以及稀释情况、温度、时间等因素而定。在水溶液中,含锆的络合离子是以四聚物的形式存在的,其中 4 个 Zr 原子在四方形的 4 个角上,Zr 与 Zr 之间借配聚羟基的两个氧原子相连接,一个配聚羟基在四方形平面上方,另一个在平面下方。

有时,Zr$\underset{H}{\overset{H}{\underset{O}{\overset{O}{\diagup\diagdown}}}}$Zr 的结构,可由一个氧原子桥合,成为 Zr—O—Zr 的结构,但这种结合并不破坏原来四聚物的结构,也不影响离子的电荷。四聚物的组分取决于周围溶液的条件,但方形的四聚结构是稳定的,在一般情况下保持不变。一个四聚物单体可与另一个四聚物离子聚合,它们之间的结合是通过两个配聚羟基键,或由阴离子(如 SO_4^{2-})中的氧原子来完成。

锆络合物的水解,使阴电荷减少。通过配聚羟基使分子聚合变大。硫酸锆在溶液中水解,生成阴离子型锆络合物。两个中性的四聚物,可由 SO_4^{2-} 桥合,使分子聚集变大。

由于锆的络合物在水溶液中以四聚体为单位进行配聚,所以配聚化合物分子很大,因而在稍高的 pH 值如 3.0 时即可发生沉淀,所以锆鞣都是在强酸性条件下(pH 值不大于 3.0 时)进行鞣制。即使在这种酸度条件下,锆盐也要发生水解,生成碱式锆盐,并且对胶原具有很强的亲和力,成为不可逆结合,但在实践中要加入醋酸、乳酸等"隐匿剂"调整 pH,以提高锆鞣效果。

9.1.3 锆鞣机理

锆络合物在水溶液中形成四聚物的结构表明,锆鞣的作用是一种有机聚合物(胶原)与另一种聚合物(锆的四聚物及多聚物)生成极性反应的结果。胶原中存在的阳电荷和阴电荷,分别与锆盐中相反的阴电荷和阳电荷反应,生成交联,这种结合不仅与锆络合物的总电荷相关(它是四聚物内部电荷平衡后的差数),且由于四聚物中每一个锆原子的电荷不一定是完全相同的,而外界(胶原)

的阳电荷或阴电荷,可单独和四聚物中的一个锆原子反应点结合,其他电荷又可和另外的锆原子反应点结合,所以一个四聚物的反应对象不是某一种特定的电荷,而是多种电荷都可与锆四聚物反应。

在锆络合物溶液中,阳离子型、非离子型与阴离子型是共存的,由于 SO_4^{2-} 与 Cl^- 的浓度不同,锆离子的电荷也不相同。例如,SO_4^{2-} 的浓度影响了锆的水解程度及生成的锆离子电荷,因为 SO_4^{2-} 是直接与 Zr 相连的。反之,当溶液中 $Cl^-:SO_4^{2-}$ 的比例很大,即当 Cl^- 过量时,生成锆络合物。

应当指出,在锆鞣过程中,锆不断从溶液中除去,锆的含量逐步减少,而其他离子却减少得不多,这时,锆离子的结构与电荷都要发生改变。

胶原中不同的官能团,可以在四聚物的某一点上和 Zr 结合,生成极性键。因此锆鞣的作用可分为以下 3 类,即:锆络合物中带阴电荷的反应点与胶原中的极性氨基生成极性键;带阳电荷的反应点可以与胶原中离解羧基形成极性键;非离子型反应点和胶原中未离解羟基的氧原子生成共价结合,氨基与亚胺基中的 N 原子是不参加这种配位作用的。以上 3 种作用,既可共存,也可根据溶液条件以其一为主。

当 pH 值高时,胶原中的氧原子和 ZrO_2 的水合物还可生成共价结合,除能增加胶原多肽链间的交联以外,还是纯物理性的填充作用。锆的聚合度也要影响胶原对锆的结合量。不同的聚合度适应不同的反应。研究表明,硫酸锆在鞣剂条件下与羧基无反应,锆主要与碱性基反应。

9.1.4　锆鞣的应用[2]

锆鞣的方法很多,有纯锆鞣(轻革锆鞣、重革锆鞣),锆铬鞣,锆铝鞣,锆铝铬混合鞣和锆植鞣等。

A　重革锆鞣法的配鞣液

重革锆鞣法的配鞣液实例见表 9-2。

表 9-2 重革锆鞣的配鞣方案实例　　　　（单位：%）

项　目	1	2	3
硫酸锆钠以 ZrO_2 计	3	6～6.5	
锆鞣剂 ZS 以 ZrO_2 计	3		6.8
结晶醋酸钠	4.5	3.5～4.5	4.5～5.5
乳酸,80%	0.7	0.7～0.9	0.9～1.1
水	60～70	60～70	60～70

注:表中数据为材料用量占皮重的 %。

B　轻革锆鞣法的物料配比

锆鞣剂用量是根据皮子种类、性质和厚度的不同,以 ZrO_2 计为裸皮重的 3.5%～5%。以含 ZrO_2 19%～22% 的锆鞣剂计算为皮重的 18%～25%,见表 9-3。

C　黄牛底革、猪或羊夹里革的锆鞣配方实例

表 9-4 列出了黄牛底革、猪或羊夹里革的锆鞣配方实例。

表 9-3 鞣制几种猪革的物料用量　　　　（单位：%）

物　料	猪夹里革	带子革	猪正面革
硫酸锆,裸皮重	25	35	25
醋酸钠,对锆盐重	20	20	8(皮重)
乳酸,对锆盐重	2.3	2.3	1.2(皮重)
纯碱,对锆盐重	14	14	
鞣液 pH 值	1.8～2.2	1.8～2.2	1.8～2.2
甲酸钠			8(皮重)
小苏打			4.5(皮重)

表 9-4 几种锆鞣剂的配方

项　目	锆　鞣　配　方
黄牛底革	硫酸锆　　　3%(以 ZrO_2 计算) 锆鞣剂 ZS　　3%(以 ZrO_2 计算) 结晶醋酸钠　4.5% 乳酸(80%)　0.7% 水　　　　　60% pH 值　　　1.3～1.5

项　　目	锆　鞣　配　方
黄牛底革	锆鞣剂 ZS 成分为: 　　ZrO₂　　27%左右 　　SiO₂　　10%左右 　　SO₄²⁻　　40%左右 　　CaO　　微量
羊夹里里革	硫酸锆(ZrO₂ 18%)30%～35%,用等量水(60～70℃)溶解后加入: 醋酸钠(58%～60%)20%(锆鞣剂重) 乳酸(80%)2.3% 20%纯碱(98%)溶于 4～5 倍水中,加入锆鞣剂溶液中至 pH 值为 1.6～2.2,放置备用

9.2　锆铪催化剂[3]

9.2.1　锆铪催化剂的特点

A　锆铪催化剂

锆铪同属过渡族金属元素,其化合物可作为催化剂材料用于催化反应,特别适用作催化剂的材料有锆铪的氧化物,含氧酸盐和它们的卤化物。这是由于锆铪化合物的中心金属离子存在着 d 空轨道,接受电子的能力很强,但由于铪及其化合物的价格昂贵,工业上几乎不使用铪的化合物,因此有关研究较少。表 9-5 列出了锆催化剂的用途和反应。

B　锆催化剂反应的特性

从表 9-5 可见,用作工业催化剂的锆化合物中,氧化物和卤化物较多。其特点是锆的氧化物常与氧化铝或氧化硅形成共沉淀物,用于烃类分解、异构化、烷基化等反应中。使用的温度在300℃以上。在高温时,这种催化剂的作用主要是由固体酸的性质所决定的。另一方面,在低温时具有活性的化合物是卤化物类,它们对由链烯烃聚合合成润滑油的反应特别有效,亲电子性是其重要性质。上述两类反应的温度虽不同,但都起因于亲电子性,这一点则

表 9-5　锆催化剂的应用和主要化学反应

反 应 物	催 化 剂	反应条件	文　献
烃类重整	Al₂O₃-Be,Ti,Zr 的氟氧化物		U.S.Pat.2,524,771(1950)
石脑油			
烃类	ZrO₂-SiO₂-Al₂O₃		U.S.Pat.2,608,525(1952)
烃类	Ni,Ni-ZrSiO₄-MgO	900℃	U.S.Pat.2,628,890(1953)
烃类	含 Ni,Zr 的水蒸气	800~850℃	U.S.Pat.2,801,159(1957)
烃油	Be,Ti,Zr 的氟氧化物-Al₂O₃		U.S.Pat.2,249,061(1948)
烃油	Al,B,Zr,Ti 的氟氧化物-SiO₂,用 AlCl₃ 处理,再活化		U.S.Pat.2,897,136(1959)
烃类（裂）	SiO₂-Al₂O₃-ZrO₂		Ind.End.Chem.,41,2573(1953)
松香的热分解	ZrO₂-SiO₂-Al₂O₃	450~500℃	J.Am.Chem.Soc,74,1030(1952)
异构化反应			
烷基乙烯基醚	Al₂O₃ 凝胶,ThO₂-Al₂O₃,B₂O₃,ZrO₂,SiO₂WO₂	400℃以下	U.S.Pat.2,642,460(1953)
催化重整及转换反应（解）			
烃类	含 BeO,ZrO₂ 的含水氧化硅	426℃,常压	U.S.Pat.2,454,369(1948)
烃类	SiO₂-ZrO₂ 凝胶		U.S.Pat.2,487,717(1949)
重质烃-轻质烃	Th,Ti,Zr 氧化物·Al₂O₃	398~455℃,319 kPa	U.S.Pat.2,620,293(1952)
烃油	ZrO₂-SiO₂		U.S.Pat.2,764,558(1956)

续表 9-5

	反 应 物	催 化 剂	反应条件	文 献
聚合反应	乙烯	活性 Ti、Zr-Ti、Zr 化合物	300℃，6080 kPa	Brit. Pat. 811,633(1959)
	乙烯	Ti、Zr 化合物与有机碱金属合物的反应产物	40℃，加压	U.S. Pat. 2,867,612(1959)
	异丁烯	$ZrCl_4$	130 ～ 200℃，2027～7043kPa	Doklady Aknd. Nauk Armenian U. S.S.R. 22,105(1956)
	链烯烃-润滑油	ThO_2、ZrO_2、SiO_2-Al_2O_3	203～260℃	U.S. Pat. 2,500,203(1950)
	链烯烃	TiO、Ti_2O_3、ZrO_2、HfO_2、ThO_2-活性炭	99～300℃	U.S. Pat. 2,766,312(1956)
	链烯烃	$Pb(C_2H_5)_4$-$TiCl_3$、VCl_3、$TiCl_4$、$ZrCl_4$	638～426 kPa	Brit. Pat. 795,882(1958)
	链烯烃	烷基铝、钛酸、锆酸酯	50℃	Brit. Pat. 810,576(1957)
	链烯烃	Al有机化合物-Ti、Zr 卤化物	90～105℃	Brit. Pat. 804,079(1958)
	链烯烃	$ZrCl_4$-醚化合物	-20～165℃	U.S. Pat. 2,682,531(1954)
	异烯类	卤化锆-烷基磷酸盐	240℃	U.S. Pat. 2,854,498(1958)
	二烯类与异丁烯	$ZrCl_4$ 化合物-卤化物	-164～0℃	Ger. Pat. 948,088(1956)

续表 9-5

类别	反应物	催化剂	反应条件	文献
水合及脱水反应	乙烯→乙醛	$ZnZrO_3$	335~351℃	U.S.Pat.2,712,559(1955)
	异丙醇与乙醇丁醇	ZrO_2	297~383℃	Doklady Akad Nauk S.S.S.R
	烯丙醇	ZrO_2,$MgSO_4$	300~310℃	Izvest. Akad. Nauk S. S. S. R. Ordel. Khim Nauk 365(1958)
卤化反应	四氯乙烯氟化	ZrF_4+活性炭	450~473℃	U.S.Pat.2,714,618(1955)
	六氯丙酮的氟化	ZrF_4	200℃	U.S.Pat.2,807,646(1957)
合成反应	乙腈(由烯烃与NH_3)	Al,In,Ti,Th,Zr,ZrO_2-SiO_2	482~760℃,250大气压(25331 kPa)	U.S.Pat.2,535,082(1950)
	腈(由乙醛与氨)	Cr_2O_3,V_2O_5,Co-ZrO_2	480℃	U.S.Pat.2,653,964(1953)
	甲硫醇	Th,Zr,W、Mo,Cr 的氧化物	385℃,7大气压(709 kPa)	U.S.Pat.2,874,129(1959)
	烷基氯苯基硅烷	$ZrCl_4$	150℃	U.S.Pat.2,888,478(1959)
	氨(由氢氰化氢)	Fe,Al,Th,Ti,Zr,Mo,V,Co,Ni 的氧化物-Al_2O_3	200~290℃	J. Appl. Chem.(London)2,681(1952)
	二硫化碳	ZrO_2	550~700℃	U.S.Pat.2,668,752(1954)
置换及有关反应	芳烃环烷化	Al,Zr的卤化物		U.S.Pat.2,727,931(1955)
	异丙基及其衍生物脱丙基	ZrO_2,SiO_2-Al_2O_3	450℃	J.Am.Chem.Soc.73,1320(1951)
	烷烃与重氢	W,Mo,Ta,Ni,Zr,Cr,V,Pt,Pd		J.Chem.Phys.26,1774(1957)
	废气转化反应	REO-ZrO_2-Pt	700℃	

是相同的。因此,使用酸性氧化物作为锆化合物或铪化合物的载体时,可以预计它们在以亲电子过程为速度控制步骤的反应中,能够作为有效的催化剂的原料成分。

9.2.2 锆化合物在催化剂中的研究与应用

A 醇脱水反应用锆催化剂

吉斯科研究了用 $ZrO_2\text{-}SiO_2$ 催化剂进行乙醇及异丙醇脱水的活性与酸度的关系,试验结果见图 9-1。

由图 9-1 可见,催化活性和酸度成正比,氧化物的酸度与异构化或脱水反应的催化活性之间具有正线性关系。此外,比表面或酸的强度与催化活性也有密切关系。由于反应类型不同,只有当酸性中心的酸强度达到一定值以后催化反应才有效,表明催化活性与反应的微观结构有关,应研究酸性中心与对反应有关的化学物质的电子结构的关系。

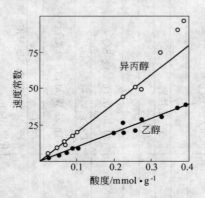

图 9-1 在 $ZrO_2\text{-}SiO_2$ 催化剂上进行的乙醇及异丙醇的
分解活性与酸度的关系

B 环氧乙烷高聚反应用锆磷酸盐催化剂

在固体酸催化剂的阳离子聚合反应中,酸度与催化活性有关,酸度大的磷酸锆能够作为这种反应的有效催化剂。用锆、钛、钒、铁等的磷酸盐对高聚反应进行了研究,结果见图 9-2。结果表明,酸度和聚合率之间呈线性关系。根据这一点以及在不同焙烧温度下制得的催化剂的结构或物理性质的差异,可以认为,聚合的机理是通过固体酸催化剂进行的阳离子链式聚合反应。

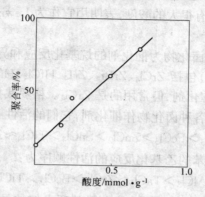

图 9-2　在磷酸锆催化剂上所进行的环氧乙烷高聚反应,
其催化剂酸度与聚合率的关系

　　C　用锆的磷酸盐-金属有机化合物为催化剂的乙烯高聚反应
　　应用这种催化剂的特点是能够得到特殊的超高聚合体。催化剂的原料磷酸锆以在 500℃ 时焙烧为好。焙烧条件与聚合活性间的关系见图9-3。这种化合物和AlEt$_3$组合应用,可使聚合反应在

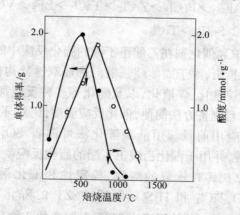

图 9-3　磷酸锆的焙烧温度与乙烯的聚合活性

室温至 80℃ ,5~100 atm(507~10133 kPa)的条件下进行。其特点是此催化剂体系在 100℃ 以上预加热后就会失活,表明磷酸锆和 $AlEt_3$ 的反应生成物与催化活性有关。磷酸锆的离子交换能力很强,其共沉物有很大的酸度,表明用它作为 Lewis 酸型催化剂是有效的。

D 用锆的卤化物为催化剂的烷基化反应和异构化反应

卤化锆(铪)包括 $ZrCl_4$、$ZrBr_4$、ZrI_4、$HfCl_4$、$HfBr_4$、HfI_4 等,都可以看作是酸催化剂,但常用的是 $ZrCl_4$。格罗威报道了在苯的酰化反应中,采用各种卤化物作催化剂,它们的活性顺序如下:

$$AlCl_3 > FeCl_3 > ZnCl_2 > SnCl_4 > TiCl_4 \approx ZrCl_4$$

另外,对于苯的乙基化反应的活性顺序为:

$$AlCl_3 > TaCl_5 \approx ZrCl_4 > BeCl_2 > TiCl_4$$

莱塞尔研究了用于环己烷⇄甲基环戊烷的异构化反应,活性顺序如下:

$$AlBr_3 > GaBr_3 > GaCl_3 > FeCl_3 > SbCl_5 > ZrCl_4 > BF_3, BCl_3,$$
$$SnCl_4, SbCl_3$$

综合以上结果分析卤化物的 Lewis 酸的催化作用,可以列为如下顺序:

$$AlBr_3 > AlCl_3 > FeCl_3 > ZrCl_4 > TaCl_5 > BF_3 > VCl_4 > TiCl_3 >$$
$$WCl_6 > ZnCl_2 > SnCl_4 > TiCl_4$$

E 含 ZrO_2 催化剂在乙酸正丁酯的脂化反应中的应用

文献[4]指出,由于固体超强酸对烯烃双键异构化、烷烃骨架异构化、烯烃烷基化、煤液化、以及酯化等多种反应都显示出较高的催化活性,且制备方法简便,催化反应温度低,对环境友好,因而有着广泛的应用前景。用低温陈化法可制备 $SO_4^{2-}/ZrO_2\text{-}TiO_2$ (SZT)超强酸,并用于催化乙酸正丁酯的脂化反应。研究表明,低温陈化的 SZT 具有较强的酸性、稳定性和催化活性。SZT 由 $ZrOCl_2 \cdot 8H_2O$、$TiCl_4$ 和 H_2SO_4 制得。SZT 的陈化温度分别为 -15℃、0℃ 和 20℃、焙烧温度为 550℃ 时制备的 3 种 SZT 固体超强酸分别为 SZT-15、SZT-0 和 SZT+20,在 35℃ 时催化正丁烷异构化反应来对其催化活性进行评价,结果见图 9-4。图 9-4 表明,不同温度下陈化的 SZT 催化正丁烷异构化反应活性变化趋势基本一致,随着陈化温度的降低,样品的催化活性增加幅度较大,且都在 $w_{Zr}/w_{Ti} = 0.5$ 时达最大值。

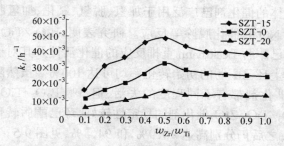

图 9-4　SZT 催化正丁烷异构化反应活性

表 9-6 列出了在取 $w_{Zr}/w_{Ti} = 0.5$,陈化温度为 -15℃ 或 20℃,焙烧温度为 550℃ 或 600℃ 的 SZT 用于催化乙酸和正丁醇合成乙酸正丁酯的酯化反应的催化性能,表明含 ZrO_2 的 SZT-15 焙烧温度 550℃ 时的催化性能最优。

表 9-6　SZT 的催化性能

结　构	陈化温度/℃	焙烧温度/℃	催化率/%
H_2SO_4			70.7
SZT+20	20	550	75.2
SZT-15	-15	550	97.2
SZT+20	20	600	73.5
SZT-15	-15	600	79.3

文献[5]指出,ZrO_2 为单斜晶相的 SZ(SO_4^{2-}/ZrO_2)对丁烷异构化反应具有较高的催化活性。

F　含 ZrO_2 催化剂在环己酮肟催化中的应用

文献[6]报道了 B_2O_3/TiO_2-ZrO_2 的催化特性,指出以固体酸为催化剂催化环己酮肟气相 Beck-mann 重排反应制备己内酰胺,是解决以浓硫酸为催化剂的传统工艺所带来的环境污染及安全等问题的重要方法。其中负载型 B_2O_3 催化剂,使用的载体均为单一的氧化物,如 SiO_2,Al_2O_3,ThO_2,TiO_2 和 ZrO_2 等,对于许多催化剂,以复合氧化物作载体通常比以单一氧化物作载体具有更好的催化性能。TiO_2-ZrO_2 复合氧化物比单一的 TiO_2 和 ZrO_2 具有更强的表面酸碱性、更好的热稳定性和更大的比表面积,以 TiO_2-ZrO_2 为载体的催化剂已广泛用于加氢、脱氢、氧化、加氢脱硫以及氟氯烃和 NO 的催化脱除等反应。研究表明,B_2O_3/TiO_2-ZrO_2 催化剂对环己酮肟 Beckmann 重排反应的催化活性及其对于所有催化剂样品上环己酮肟的初始转化率均可达 100%。虽然随着反应的进行,催化剂都有不同程度的失活,但 5% B_2O_3/TiO_2-ZrO_2 和 12% B_2O_3/TiO_2-ZrO_2 催化剂的稳定性较好,环己酮肟转化率可保持 100%,之后仍分别高达 90.9% 和 94.5%,见图 9-5。

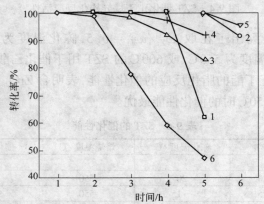

图 9-5　B_2O_3/TiO_2 – ZrO_2 催化剂上环己酮肟的转化率
1—0%;2—5%;3—8%;4—10%;5—12%;6—20%

9.2.3　ZrO_2 在汽车尾气净化催化剂中的应用

　　A　概况[7]
　　由于汽车、摩托车以及拖拉机特别是汽车等机动车的尾气排放已成为世界大中城市主要的大气污染源,而控制机动车尾气排放污染,最有效的措施是安装机外汽车尾气净化器。催化剂技术是汽车尾气净化器的核心关键技术。美国、日本和欧洲等工业发达国家已将汽车尾气净化技术作为汽车发动机尾气净化的必要手段,并得到了大量的应用。

目前汽车尾气净化催化剂采用多层活性层,并用 ZrO_2、BaO 和 La_2O_3 作为稳定剂。现代的汽车尾气净化器一般是由载体、活性层、催化剂、减震隔热垫及外壳等组成,由载体表面的催化剂材料对汽车发动机排出废气中的污染物进行化学转化处理。汽车尾气中的有害气体主要是 CO、HC 和 NO_x。催化剂的作用就是将 CO、HC 和 NO_x 转化为 CO_2、H_2O 和 N_2,实现汽车尾气低污染或无污染排放,其作用原理示意图见图9-6。尾气通过净化器时的化学反应如下:

图 9-6 催化转化处理汽车尾气原理示意图

氧化反应:

$$2CO + O_2 \longrightarrow 2CO_2$$
$$CO + H_2O \longrightarrow CO_2 + H_2$$
$$4HC + 5O_2 \longrightarrow 4CO_2 + 2H_2O$$
$$2HC + 2O_2 \longrightarrow CO_2 + CO + H_2O$$

还原反应:

$$2CO + 2NO \longrightarrow N_2 + 2CO_2$$
$$4HC + 10NO \longrightarrow 4CO_2 + 2H_2O + 5N_2$$
$$2NO \longrightarrow N_2 + O_2$$
$$2NO_2 \longrightarrow N_2 + 2O_2$$

氧化铈由于其三价态铈和四价态铈的氧化还原转换能力而在

催化反应中得到广泛的应用,在汽车尾气净化的三效催化(TWC)中起着重要作用。但氧化铈由于在大于 850℃的高温下因自身颗粒烧结使催化作用降低,而汽车尾气的温度则高达 1000℃。同时,氧化铈的储氧能力(OSC)在较大的温度范围内转换效率较低,因此在氧化铈中掺入 ZrO₂以稳定氧化铈的立方萤石结构,可提高催化剂的高温稳定性,降低 Ce⁴⁺的活化能和体相的起始还原温度,复合氧化物的使用温度可提高至 1000℃。因而铈锆复合氧化物以其大的储放氧能力和优异的高温稳定性在三效催化剂中获得了广泛的应用。

B 应用

用作汽车尾气净化的催化剂包括稀土-氧化锆、稀土-氧化锆掺 Pd 催化剂等。

a 掺 Pd 稀土-氧化锆催化剂[8]

汽车尾气净化三效催化剂的储放氧能力是衡量三效(CO 转换成 CO_2、HC 转换能 CO_2、H_2O 和 NO_x 转换成 N_2 和 O_2 的效率)的重要参数。测定了纯氧化铈催化剂、铈锆(70/30)复合氧化物催化剂以及加 Pd 催化剂在不同温度下的储氧能力,表明催化剂的工作温度越高,储放氧能力越高。因此,从储放氧能力来比较催化剂的优劣,主要应看较低工作温度时 OSC 的差异;掺入 Pd 后的储放氧能力有了大幅度提高,催化温度 350℃时提高了 1.7 倍(CeO_2)和 5.3 倍(($Ce, Zr)O_2$),可见低温催化少不了贵金属;600℃老化的铈锆复合氧化物(掺 Pd)的 OSC 是氧化铈(掺 Pd)的3.3 倍(350℃),1050℃老化后前者的 OSC 竟是后者的 142 倍(350℃),可见铈锆复合氧化物的储放氧能力比氧化铈有了大幅度的提高,其高温(1050℃)热稳定性也比氧化铈优异得多。表 9-7列出了上述几种催化剂的性能。

表 9-7 稀土－氧化锆催化剂的性质

样品	老化温度 /℃	SSA /m²·g⁻¹	OSC(200℃) /μmol·g⁻¹	晶格常数 /nm	晶粒尺寸 /nm
CeO_2	600	40.0	217	0.542	

样 品	老化温度 /℃	SSA /m²·g⁻¹	OSC(200℃) /μmol·g⁻¹	晶格常数 /nm	晶粒尺寸 /nm
$(Ce,Zr)O_2$	600	46.0	440	0.536	8
$(La,Ce,Zr)O_2$	600	46.6	269	0.540	9
CeO_2	900		105		
$(Ce,Zr)O_2$	900	20.0	335	0.537	12
$(La,Ce,Zr)O_2$	900	20.9	254	0.540	12
$(Ce,Zr)O_2$	1100			0.536	22
$(La,Ce,Zr)O_2$	1100	6.0		0.537	12

由表 9-7 可见,铈锆复合氧化物的 OSC 比氧化铈高 1~2 倍, 900℃ 的热稳定性能好。$(La,Ce,Zr)O_2$ 的储放氧能力高于 CeO_2, 但低于 $(Ce,Zr)O_2$。而 $(La,Ce,Zr)O_2$ 的高温热稳定性则优于 $(Ce, Zr)O_2$,$(La,Ce,Zr)O_2$ 在 900℃ 老化后的 OSC 为 254 $\mu mol/g$,比 600℃ 老化后的 OSC 仅低 15 $\mu mol/g$,而 $(Ce,Zr)O_2$ 900 ℃ 老化后 的 OSC 比 600℃ 老化后的 OSC 低 105 $\mu mol/g$。表中的晶粒尺寸 数据表明,La 掺入 $(Ce,Zr)O_2$ 中起到了阻止晶粒生长的作用,抑制 了催化剂的高温烧结现象及其导致的催化活性大幅度降低的作 用,从而改善了催化剂的高温热稳定性。

汽车尾气净化催化剂的起燃温度(50% 的有害气体转换成无害 气体的温度)是判别催化剂性能的又一重要参数。表 9-8 列出了几 种含 ZrO_2 催化剂的起燃温度。$(Ce,Zr)O_2$(掺贵金属)净化 CO、 C_3H_6 和 NO 的起燃温度比 CeO_2(掺贵金属)分别低 45℃、54℃ 和 18℃,而 $(La,Ce,Zr)O_2$(掺贵金属)净化废气的起燃温度则比 CeO_2 (掺贵金属)分别低 36℃、43℃ 和 13℃,表明 Zr 掺入立方相 CeO_2 晶 格中形成的 CeO_2-ZrO_2 固溶体比 CeO_2 的低温催化性能好。

表 9-8 掺钯 CeO_2、$(Ce,Zr)O_2$ 和 $(La,Ce,Zr)O_2$ 催化剂的起燃温度

催 化 剂	起燃温度 /℃		
	CO	N	C_3H_6
贵金属掺 CeO_2	284.2	290.4	323.7

续表 9-8

催 化 剂	起燃温度/℃		
	CO	N	C_3H_6
贵金属掺$(Ce,Zr)O_2$	239.6	272.7	269.7
贵金属掺$(La,Ce,Zr)O_2$	248.0	277.1	280.2

b   含镨 ZrO_2 催化剂[5]

Ce-Zr 固溶体的储氧能力较纯 CeO_2 有显著的增加,这是因为四方相六配位的 Zr^{4+} 进入立方相八配位 Ce^{4+} 的 CeO_2 晶格中,产生大量氧空位,使氧在体相中的活动能力显著增加,从而导致固溶体有高的储氧能力。而在稀土元素中,Pr 也有 Pr^{3+}/Pr^{4+} 价态的变化,可能有类似 Ce 的助催化性质,Pr 的介入可能对 Ce－Zr 固溶体的催化性质有协同效应。PrO_2 中的 Pr^{4+} 与 Ce^{4+} 同为立方相八配位,但晶格参数较 CeO_2 略小,因而少量 Pr 的加入可能使 Ce 的晶格略有畸变而产生更多的表面和体相缺陷,使得储氧能力进一步提高。

表 9-9 给出了 3 种含 ZrO_2 催化剂储氧量测定的结果,表明镨的加入对 Ce-Zr 固溶体的储氧能力有一定程度的改善;但是不含铈的 PM-PZ 催化剂的储氧量要比其他两个样品小。可能是未形成 CeO_2-ZrO_2 固溶体之故。

表 9-9   含镨催化剂的储氧能力

催 化 剂	混合氧化物	$OSC/\mu mol\cdot g^{-1}$
PM-CZ	$Ce_{0.66}Zr_{0.34}O_2$	236
PM-CZ	$Pr_{0.66}Zr_{0.34}O_2$	65
PM-CZP	$Ce_{0.55}Pr_{0.11}Zr_{0.34}O_2$	252

表 9-10、表 9-11 和图 9-7 分别为掺镨催化剂的转化起燃温度、转化率和三效活性。

表 9-10 CO、C$_3$H$_4$ 和 NO$_x$ 转化的起燃温度

样　品	起燃温度 /℃					
	新鲜样品			老化样品		
	CO	C$_3$H$_6$	NO$_x$	CO	C$_3$H$_6$	NO$_x$
PM-CZ	242.4	255.4	255.4	242.8	273.6	256.8
PM-CZ	234.8	245.6	240.7	297.9	334.2	311.0
PM-CPZ	246.5	258.2	255.6	254.9	303.4	274.4

表 9-11 不同当量数 S 对 NO$_x$、CO、C$_3$H$_6$ 的转化率的影响

样　品	转化率 /%								
	$S=0.75$			$S=1.00$			$S=1.30$		
	NO$_x$	CO	C$_3$H$_6$	NO$_x$	CO	C$_3$H$_6$	NO$_x$	CO	C$_3$H$_6$
PM-CZ	96	100	49	100	100	100	43	100	100
PM-CZ	94	100	42	90	100	90	66	100	100
PM-CPZ	98	100	45	98	100	100	65	100	100

　　表 9-10 数据表明：3 种催化剂都有较低的起燃温度，且活性差别很小，其中以 PM-PZ 的起燃温度较低；老化以后，3 种催化剂活性变化很大，PM-PZ 的起燃温度比 PM-CZ 和 PM-CPZ 的高，表明其热稳定性差。而含 Ce 的样品热稳定性较高，这与 Ce 对贵金属活性中心的热稳定作用有关。但老化后 PM-CZ 的起燃温度比 PM-CPZ 低。测定了三个老化样品在固定温度 360℃ 下的 S 值转化率（见图 9-7），并选取 S 为 0.75、1.00 和 1.30 的 3 点 CO、C$_3$H$_6$ 和 NO$_x$ 的转化率列于表 9-11。表明 3 种催化剂都有很高的三效活性，在当量数为等当量点 $S=1.00$ 处，CO、C$_3$H$_6$ 和 NO$_x$ 转化率均在 90% 以上；在贫氧区 $S=0.75$ 的 CO 氧化和 NO$_x$ 还原活性也有很好的表现；在富氧区 $S=1.30$ 处，CO 和 C$_3$H$_6$ 均达到完全转化。值得注意的是，加入 Pr 的 PM-PZ 和 PM-CPZ，在 $S=1.30$ 处的 NO$_x$ 还原转化率均达到 65% 以上，比含 Ce-Zr 样品 PM-CZ 的 43% 高出近 50%；而且从图 9-7 中可以看出，PM-PZ 和 PM-CPZ 的 NO$_x$ 转化率曲线在富氧区 $S\geqslant1.00$ 的下降趋势要比样品

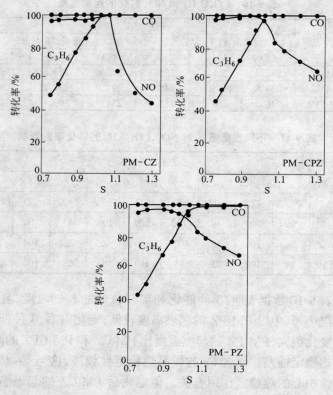

图 9-7　催化剂的三效活性

PM-CZ 缓慢得多,这在三效催化剂的实际应用中具有重要意义。

　　除上述用途外,资料[10]报道,用锆的氯化物做催化剂,可使乙烯和丙烯的聚合作用较 AlCl₃ 高 1 倍。锆—硅酸盐催化剂可提高聚合体中丁烷—丁烯气相热裂馏分。ZrO_2 则可催化乙醇的分解;并能催化橡胶的硫化,提高橡胶的韧性及硬度。用水和磷酸铵与水和碳酸锆所生成的络合物,制取的磷酸锆,可作为离子交换剂分离 Sm 和 Nb[11]。资料[11]报道,改变钛酸钇和钛酸锆用量,可制得抗辐射的无定形 $Gd_2(Zr_xTi_{1-x})_2O_7$。

9.3 锆化合物的其他应用

9.3.1 锆化合物在涂料、造纸和医药中的应用

由于锆皂能与氯基酸或油脂酸离子反应生成薄膜,具有排水性能,可用作油漆的干燥剂,而锆干燥剂适于生产风干油。由于 ZrO_2 的光折射率与 TiO_2 相似,ZrO_2 也可用作高级油漆的遮光剂,并可用作造纸的填充料。在生产彩漆时,用锆和钠的硅酸盐做稳定剂可有较好效果。此外 ZrO_2 也可用作化妆品抗光线照射材料,以保护皮肤不受紫外线灼伤,并增加化妆品的柔性。某些锆的化合物可用于一些药剂和药物的制备,含锆的皮肤药是治疗有毒的常春藤所引起的皮肤病的良药。ZrO_2 可作胃药等。

9.3.2 锆化合物在纺织工业中的应用[12]

硼化锆、碳化锆和氮化锆在生产纺织制品中可作为增重剂使纺织物加重。锆盐、醋酸锆、乙二醇酸锆酰、酯酸锆酰等可作为防水剂,用于毛、绢、麻、羊毛、锦纶等并可以增加防水度,提高耐洗性能。氧氯化锆、醋酸锆、锆和钠的硅酸盐是染料中的淀色颜料,也可作为一些酸性染料和碱性染料的凝结剂,用于纺织品的淀色,并可用作添加剂制备织物的乳浊剂。

参 考 文 献

1　魏庆元.皮革鞣制化学.北京:轻工业出版社,1979

2　吕绪庸,陈永杰.美国皮革鞣剂与鞣制.北京:轻工业出版社,1981

3　尾崎萃等.美国皮革鞣剂与鞣制,催化剂手册.北京:化学工业出版社,1987

4　陈同方,古绪鹏等.无机化学学报,2002

5　赵玉宝,曾燕伟等.催化学报,2002

6　毛东森,卢冠忠等.催化学报,2002

7　翁端,李振宏等.稀土,2001

8 王振华,陆世鑫等. 稀土,2000

9 汪文栋,林培琰. 稀土,2000

10 冯 映. 锆及其化合物的应用.北京有色金属研究总院情报室编. 1967

11 北京有色金属研究总院. 现代材料动态,2001(内部资料)

12 北京有色金属研究总院. 现代材料动态,2001(内部资料)

冶金工业出版社部分图书书目

书　　名	定　价
稀有金属冶金与材料工程丛书	
锆铪冶金	48.00 元
钨钼冶金	79.00 元
钛冶金	33.00 元
金银冶金	49.00 元
电炉炼锌	75.00 元
铟冶金	56.00 元
稀有金属冶金学	34.80 元
2004 年材料科学与工程新进展(上、下)	260.00 元
材料的结构	49.00 元
金刚石薄膜沉积制备工艺与应用	20.00 元
金属凝固过程中的晶体生长与控制	25.00 元
有色金属冶金动力学及新工艺(英文版)	28.00 元
有色冶金炉窑仿真与优化	32.50 元
固体电解质和化学传感器	54.00 元
有色金属材料的真空冶金	42.00 元
有色金属提取冶金手册	
铜镍	65.00 元
锡锑汞	59.00 元
轻金属冶金学	39.80 元
21 世纪中国有色金属工业可持续发展战略	48.00 元
有色冶金工厂设计基础	24.00 元
矿石及有色金属分析手册	47.80 元
重金属冶金分析	39.80 元
轻金属冶金分析	22.00 元
贵金属分析	19.00 元
有色冶金炉设计手册	165.00 元
陶瓷基复合材料导论(第 2 版)	23.00 元
陶瓷-金属复合材料	25.00 元